湖北省公益学术著作出版专项资金
Hubei Special Funds for Academic and Public-interest Publications

Plants of Balsaminaceae in China

中国凤仙花科植物

主　编：丛义艳　胡光万　刘克明　王青锋

参　编：彭　帅　游　芳　杨　青　田　径
宋永秀　胡　田　袁桃花　郑海磊
旷仁平　周　柳　郑一鸣　邱堪英
贺桥生　宋昱瑶　陈正顺　杨　平

长江出版传媒　湖北科学技术出版社

图书在版编目（CIP）数据

中国凤仙花科植物 / 丛义艳等主编 .
武汉 : 湖北科学技术出版社， 2024. 12. -- ISBN 978-7-
5706-3620-4
Ⅰ . S681.1
中国国家版本馆 CIP 数据核字第 2024EE6157 号

责任编辑：严　冰
责任校对：陈横宇　　　　封面设计：曾雅明

出版发行：湖北科学技术出版社
地　　址：武汉市雄楚大街 268 号（湖北出版文化城 B 座 13—14 层）
电　　话：027-87679468　　　　邮　　编：430070

印　　刷：湖北金港彩印有限公司　　　　邮　　编：430040

880 毫米 ×1230 毫米　1/16　　20.5 印张　530 千字
2024 年 12 月第 1 版　　2024 年 12 月第 1 次印刷
定　　价：298.00 元

PREFACE

前 言

凤仙花科（Balsaminaceae）包含两个属：水角属（*Hydrocera* Blume ex Wight & Arnott）和凤仙花属（*Impatiens* L.）。水角属仅水角一种，凤仙花属物种超过 1000 种，是被子植物中物种最丰富的世界性大属之一。该属全球有 5 个分布热点地区，即热带非洲、马达加斯加、印度南部和斯里兰卡、喜马拉雅东部以及亚洲东南部地区。

众所周知，凤仙花属是公认的分类学上的困难类群，主要原因有以下三个方面。一，该属植物茎肉质多汁，标本采集后难以干燥保存；花部结构复杂精密，形态多样性较高，虽然这些性状极具分类价值，但同时也给分类造成困难；花被片娇嫩，压干的标本上花的各部结构常粘连重叠在一起，难以分离，给物种鉴定工作造成不可忽视的困扰。二，该属植物形态变异复杂，同一物种的不同居群也会发生一定程度的变异，如花色、花部形态等，而这些分类性状有时难以通过标本获得，需要结合大量的野外实地观察。三，该属植物分布具有较高的地域性和特有性，大多数种类为狭域分布的特有种，这无疑加大了野外调查、标本采集及物种鉴定等工作的难度。

凤仙花属自建立以来，不少学者对其进行了研究。早期的研究主要集中在资源调查、标本采集、形态分类等方面。我国学者对凤仙花属的研究比较有影响的首推陈艺林先生，他对该属的分类、标本鉴定、新分类群发表及建立属下分类系统等工作极大地促进了我国凤仙花属的分类学研究。由他主编的《中国植物志》（凤仙花科），依据形态特征对凤仙花属建立了一个初步的分类系统。2016 年，于胜祥等学者结合形态和分子学证据建立了一个较为完善的属下分类系统，将该属分为棒凤仙花亚属（*Impatiens* subgen. *Clavicarpa*）和凤仙花亚属（*I.* subgen. *Impatiens*）；凤仙花亚属进一步划分为 7 个组。本书依据以上分类系统，对中国凤仙花属植物进行了全面探讨和系统梳理。

据不完全统计，截至 2022 年，中国共记载野生凤仙花科植物 352 种，其中特有种 273 种；主要分布于云南、贵州、四川、广西及西藏等地。本书编著团队从 20 世纪 90 年代开始从事凤仙花科植物分类研究，在植物区系调查、分类性状及方法探讨、新分类群发表等方面进行了探索性研究，积累了大量植物区系和标本资料。通过多年野外考察、拍摄高清彩色图片及采集大量标本，共记录了 222 种（包括 4 变种）凤仙花科植物形态特征、地理分布、生境及物候等信息，编写本书旨在通过简洁精练的文字，较为系统全面地向读者介绍中国凤仙花科植物。全书共四章，前三章主要介绍了凤仙花科分类研究历史、形态多样性、微形态特征与性状演化；第四章较为全面地介绍了中国凤仙花科物种的形态特征、生境、物候及花部解剖照片等信息。

凤仙花科物种丰富，形态变异复杂，要想编著一本能全面反映凤仙花科研究现状的著作对我们来说是一个巨大的挑战。由于笔者水平、时间有限，不足之处，谨请广大读者提出宝贵意见。

编 者

2024 年 12 月

CONTENTS

目录

第一章
凤仙花科分类学研究概述

CHAPTER 1
AN OVERVIEW OF TAXONOMIC STUDIES ON THE BALSAMINACEAE

一、经典分类学研究介绍

凤仙花科（Balsaminaceae）隶属于杜鹃花目（Ericales）（APG Ⅳ，Chase et al., 2016），包含两个属：水角属（*Hydrocera* Blume ex Wight & Arnott）和凤仙花属（*Impatiens* L.）。水角属仅水角（*Hydrocera trifloral* (L.) Wight & Arnott）一种，分布于我国海南岛、东南亚半岛、马来群岛、印度南部和斯里兰卡，常见于湖边、沼泽湿地或水稻田中（Chen et al., 2007）。与水角属相比，凤仙花属物种丰富、分布范围广，是被子植物中物种最丰富的世界性大属之一，其物种数量超过 1000 种。全球共有五个分布热点中心，即热带非洲、马达加斯加、印度南部和斯里兰卡、喜马拉雅东部以及亚洲东南部地区（Yuan et al., 2004）。

凤仙花属植物花部形态作为物种鉴定的重要分类特征具有极大的多样性，然而，其花部结构在干燥的腊叶标本上严重粘连且难以分离复原。正因如此，凤仙花属被视为分类研究的困难类群。Hooker（1908）在书中曾言："采用腊叶标本从事分类学研究的人都知道，对植物分类学者来说，再没有什么困难能超过对凤仙花属植物的分析、比较和描述了……"。

早在 1859 年，Hooker 和 Thomson 便基于习性、叶的排列方式、花序类型、花部形态、蒴果形状、种子数量和种皮纹饰等特征，对产自印度和喜马拉雅地区凤仙花属植物进行分类研究，将该属分成了 7 个类群：*Scapigerae*, *Oppositifoliae*, *Subverticillatae*, *Uniflorae*, *Lateriflorae*, *Umbellatae* et *Capitatae* 和 *Racemosae* (Hooker & Thomson, 1859)。随后，在 1875 年出版的《英属印度植物志》(*Flora of British India*)（Hooker, 1875）中，Hooker 根据果实和种子的形态特征，提出了一个新的凤仙花属下分类系统，将该属分为两个系（Series）：系 A（Series A）蒴果短椭圆形，中间膨大，种子近圆形，通常具反光易碎的或有毛的种皮；系 B（Series B）蒴果长线形或棒状，稀短棒状，种子长圆形或倒卵球形，常扁，外种皮常具皱纹，革质，无毛。根据叶的排列方式、花序形态，这两个系又被进一步划分成不同的组。1997 年，《印度植物志》（*Flora of India*）凤仙花科（Vivekananthan et al., 1997）出版，该志详细记录和描述了水角属及凤仙花属植物 203 种，并提供了一套完整的物种分种检索表，成为印度凤仙花科植物较为权威的著作。

1895 年，德国植物学家 Warburg 和 Reiche 提出了一个凤仙花属属下的分类系统（Warburg & Reiche, 1895）。他们根据植株茎存在与否，将凤仙花属划分为两个亚属：无茎凤仙花亚属（*I.* subgen. *Acaulimpatiens*）和有茎凤仙花亚属（*I.* subgen. *Caulimpatiens*）。无茎凤仙花亚属的植物只分布于印度南部半岛和斯里兰卡地区，根据距的长短，该亚属被进一步分为两个组。相比之下，有茎凤仙花亚属植物物种丰富且分布范围广，其下又根据花序类型和花的形态结构分为 12 个组。值得注意的是，Hooker 和 Thomson（1859）在此之前就已观察到凤仙花属植物的有茎与无茎两种形态，但他们并未将此作为属下分类的重要依据。

1897 年，Warburg 沿用他与 Reiche 提出的凤仙花属属下分类系统，指出非洲凤仙花属植物都属于有茎凤仙花亚属（Warburg, 1897）。1909 年，Gilg 采用 Warburg 和 Reiche（1895）的分类系统，对 85 种非洲凤仙花属植物进行了分类修订，描述了许多新种，并将一些名称处理为异名，同时提出了两个新的组（Gilg, 1909）。1980 年，英国植物学家 Grey-Wilson 对非洲的凤仙花做了较全面、深入的研究，并将其研究成果汇编成《非洲凤仙花》(*Impatiens of Africa*）一书（Grey-Wilson, 1980）。Grey-Wilson 并未采纳 Warburg 和 Reiche 的分类系统，而是根据叶的排列方式（对生、轮生或螺旋状排列）、花序柄长度、唇瓣的形状（囊状、漏斗状或舟状）、距的长短、距和唇瓣的相对长度等将非洲大陆凤仙花分为 6 个类群（group）。同时，该书还提供了详细的属下物种检索表和每个物种的墨线图和分布图。该书对非洲凤仙花属植物的研究具有里程碑意义，为后续的研究奠定了坚实的基础，但在分类依据上，未充分考虑果实的形态特征，这可能对某些非洲类群的分类造成局限。

1934 年，法国植物学家 Perrier de la Bâthie 首次对分布于马达加斯加和科摩罗群岛的凤仙花属植物进行了属下的系统分类（Perrier de la Bâthie, 1934）。他将唇瓣具有明显距和花药顶孔开裂的物种分为一组，即 *I.* sect. *Preimpatiens*，并根据花色和距的形态将这个组分成两个类群：*Vulgare* group 和 *Humberitane* group。将唇瓣无距且花药向顶开裂的物种分为两个组，其中单种组 *I.* sect. *Impatientella* 具有三棱锥形尖锐的花药，且闭花受精；另一个组 *I.* sect. *Trimorphopetalum* 以钝或截形的花药为特点，这两个组都为马达加斯加岛特有。随后，Fischer 和 Rahelivololona（2002）在 Perrier de la Bâthie 的研究基础上对属下分类系统进行了改进，将 *I.* sect. *Preimpatiens* 提升至亚属水平，更名为 *I.* subgen. *Impatiens*，并将 *I.* sect. *Trimorphopetalum* 提升至亚属水平 *I.* subgen. *Trimorphopetalum*，同时将 *I.* sect. *Impatientella* 并入该亚属。然而，这些针对凤仙花属植物的分类研究主要局限于马达加斯加和科摩罗群岛，因此这一属下分类系统并不适用于所有凤仙花属植物，且其分组依据的形态学特征对于整个类群的属下分类借鉴意义有限。

1908 年，Hooker 首次对中国凤仙花属植物进行了比较系统的研究，他发表的 Les Espèces du Genre ‘*Impatiens*’ Dans L’Herbier du Museum de Paris (Hooker, 1908) 文中记录了 66 种中国凤仙花属植物，且大多数种为新描述的物种，并根据苞片位置、花序类型、侧生萼片数量、花被、花药先端尖或钝、果实和种子形态等特征制定了一个详细的属下分种检索表。此外，他还发现中国凤仙花属植物存在翼瓣上部裂片顶端具长丝状体的特有类群（长丝类），约有 20 个种。陈艺林先生是最早对中国凤仙花属植物进行分类研究的本土分类学家，他于 1978 年发表了《国产凤仙花属植物的研究》（陈艺林，1978），该文收录国产凤仙花属 65 个物种（包括十余个新类群）。他在属的分类上借鉴了前人（Hooker, 1908）的观点，并在其基础上进行了优化，按照有无总花序梗，将国产凤仙花分为两大类，之后根据叶片生长方式、苞片有无、翼瓣与唇瓣形态等特征进行分类研究，并提供了属下检索表。在随后研究中，他继续补充描述了一批国产凤仙花属植物新种（陈艺林，1980, 1989, 1990, 1999, 2000; 陈艺林 等，1990）。2001 年，他主编的《中国植物志》（凤仙花科）出版。该书是第一部全面系统研究我国凤仙花属植物的志书，共记载凤仙花 220 种，对每个物种都进行了详细描述，部分提供了墨线图，并给所有物种编制了一套检索表。鉴于该类群在分类处理上的复杂性，该志书并未进行属下划分。这部志书是我国凤仙花属植物研究的重要里程碑。此后，在 2008 年出版的《中国植物志》英文版（*Flora of China*）中记录有凤仙花属植物 227 种（Chen et al., 2008），但同样未进行属内划分。2012 年，于胜祥编撰了《中国凤仙花》一书，该书收录了 135 种凤仙花属植物。基于心皮数目、果实类型、花序、花部形态以及种皮、花粉等微形态，将中国本土凤仙花分成了 8 个组：棒果组（*I.* sect. *Clavicarpa*）、石山组（*I.* sect. *Calcareimontana*）、梭果组（*I.* sect. *Fusicarpa*）、总状花序组（*I.* sect. *Racemus*）、蝎尾状花序组（*I.* sect. *Scorpioid-cyma*）、长丝组（*I.* sect. *Longifilamenta*）、粗圆齿组（*I.* sect. *Crena*）、疏花组（*I.* sect. *Laxiflora*）。该书还详细介绍了凤仙花野外采集的准备工作和标本制作的方法等，为后续研究者提供了宝贵的经验参考。

二、系统发育学研究介绍

随着测序技术的发展，分子系统学通过建立复杂的进化模型，以及利用不同算法来比较物种间序列的变异程度，从而精确地重建其进化关系。系统发育分析在种间关系确定、物种形成与灭绝研究等方面具有重要作用（Morlon et al., 2022）。系统发育学在植物系统学研究中应用广泛，深刻地改变了经典分类学研究，渐渐成为植物系统分类学的一个热点领域。

对凤仙花属进行系统发育学研究最早是在 2002 年，日本学者 Fujihashi 等人利用叶绿体基因 *rbcL* 和基因间隔区 *trnL-F* 序列，选用旱金莲属（*Tropaeolum*）作为外类群，对产自喜马拉雅山脉东麓、中国台湾、日本以及肯尼亚的25种凤仙花进行了系统发育学研究（Fujihashi et al., 2002）。结果显示这25种凤仙花主要分为两个大的单系支，其中一分支由喜马拉雅物种组成，另一分支则包含各地区的物种。该研究表明，唇瓣的形态多样化是物种水平分类的重要性状。该研究结合分子和形态特征（如染色体基数和花序类型）对凤仙花属进行了系统发育分析，但是由于取样不足和技术的局限，研究结果并不能很好地解释整个凤仙花属系统发育关系和演化问题。

2004年，Yuan等人对世界范围内112种凤仙花科植物，以及5种来自凤仙花科近缘类群蜜囊花科（Marcgraviaceae）和四贵木科（Tetrameristaceae）植物的ITS序列，采用最大简约法（Maximum parsimony, Mp）和邻接法（Neighbor-joining, NJ）进行系统发育分析（Yuan et al., 2004）。证明凤仙花属为单系类群，与水角属互为姐妹类群，并根据系统树将凤仙花属划分为16个分支，其中一个分支是马达加斯加岛特有的无距类群。尽管ITS的系统树中几个分支具有较高支持率，但该系统发育树仍然无法解决整个凤仙花属系统发育关系。此外，该文章的系统发育树揭示凤仙花属植物起源于东南亚，后从东南亚分散到欧亚大陆北部和北美，再经由喜马拉雅山脉扩散到中亚和东欧，以及印度和非洲，而马达加斯加岛凤仙花属植物则显示起源于非洲。同时，分子系统学研究结果表明凤仙花的祖先染色体基数为10，染色体有向非倍性减少的趋势演化。遗憾的是，他们并没有将现在所定义的棒凤仙花亚属植物取样包括进来，而该亚属是凤仙花属中较为原始的类群。在其进化树上，锐齿凤仙花（*Impatiens arguta* Hook. f. & Thomson）处于整个凤仙花属的基部，这和后来的系统发育研究有冲突。该研究虽有较为广泛取样范围，但是没有将关键类群囊括进来，导致其属下系统发育分析的结论可信度不高。

2006年，Janssens等人使用叶绿体基因间隔区片段*atpB-rbcL*以及ITS和*atpB-rbcL*序列联合数据对86种凤仙花属植物和5个蜜囊花科和四贵木科的外类群进行了系统发育研究（Janssens et al., 2006）。使用最大简约法和贝叶斯法（Mrbayes）构建了系统发育树。结果显示凤仙花属和水角属互为姐妹群，与前人研究结果一致，并将凤仙花属划分为15个分支。同时根据系统发育树推测凤仙花属植物可能起源于中国南部，并向周边扩散，随后又分布到北美、非洲、印度、东南亚半岛和喜马拉雅地区。叶绿体*atpB-rbcL*间隔区序列的系统发育分析提供了一个支持率较高的树，叶绿体和核质组合数据系统发育结果相似，而*atpB-rbcL*系统树和ITS系统树存在冲突。

2007年，Janssens等研究了MADS-box转录因子基因（参与建立花瓣和雄蕊花器官）内含子区域*ImpDEF1*和*ImpDEF2*的系统发育关系，对59种凤仙花属*ImpDEF1*和*ImpDEF2*序列进行了扩增（Janssens et al., 2007）。研究结果表明，分离和联合的*ImpDEF1*和*ImpDEF2*数据集的系统发育分析结果与先前获得的叶绿体数据集高度一致。随后他们联合核基因*ImpDEF1*、*ImpDEF2*和叶绿体序列*atpB-rbcL*进行建树，发现联合建树结果和单独使用叶绿体数据建树的结果高度一致，并且几个主要分支的支持率得到了提高。这说明*ImpDEF*基因对凤仙花属属下的系统学研究具有重要意义。随后，Janssens等结合花粉形态和叶绿体*atpB-rbcL*序列，对产自亚洲的115种凤仙花进行了系统发育分析，将凤仙花属划分为12个分支（Janssens et al., 2012)。

2016年，于胜祥等人利用核基因ITS序列，以及叶绿体基因间隔区*atpB-rbcL*和*trnL-F*序列对全球范围的150种凤仙花属植物进行了系统发育分析(Yu et al., 2016)。结合46个形态学(花粉形态、心皮数目、花序及蒴果形态等）性状提出了较为完善、自然的凤仙花属属下分类系统。该研究将凤仙花属分为棒凤仙花亚属和凤仙花亚属。棒凤仙花亚属植物具有三沟型花粉和四心皮，而凤仙花亚属则根据花序类型、花部结构和果实等特征进一步划分为7个组，即心旗组（*I.* sect. *Semeiocardium*），总状花序组（*I.* sect. *Racemosae*），束花组（*I.* sect. *Fasciculatae*），凤仙花组（*I.* sect. *Impatiens*），块茎组（*I.* sect. *Tuberosae*），蝎尾状花序组（*I.* sect. *Scorpioidae*），单花组（*I.* sect. *Uniflorae*）。结合该属物种地理分布，处于系统发育树基部的棒凤仙亚属分布于中国西南部地区；凤仙花亚属中的心旗组分布于中国西南部和东南亚地区，总状花序组分布于东南亚至喜马拉雅地区，束花组分布于喜马拉雅山脉东麓至中国西南部，凤仙花组分布于中国西南部、东南亚、北美和欧亚大陆北部，块茎组分布于非洲，蝎尾状花序组分布于中国西南部地区，单花组在中国西南部、喜马拉雅山脉东麓、印度南部 – 斯里兰卡、非洲和马达加斯加岛都有分布。这一属下分类系统结合形态特征和分子系统发育学证据，较为全面地对世界范围凤仙花属植物取样，各个组在系统树上为单系分支，因其全面自然而广泛使用。由于凤仙花属植物数量庞大且具有极高多样性，使得该研究工作还存在一些瑕疵，一些组过于庞大，关键分类性状并不能覆盖组下的所有物种。

三、花粉和种子微形态的分类研究概述

相较于叶片、花等器官，由于花粉及种子发育始终处于相对封闭的独立环境，它们展现出更高的保守性和稳定性（马骥等，2005；倪穗和李纪元，2007），因此，在凤仙花属植物的分类中，花粉和种子的微形态特征，特别是种皮纹饰，具有重要的参考价值。

鲁迎青（1991）对 13 种凤仙花属植物的花粉微形态进行了扫描观察，发现了三沟和四沟两种类型的花粉，并指出三沟花粉类群与水角属的亲缘关系更密切。蔡秀珍等人（2008）通过对 10 种中国凤仙花属植物的孢粉学研究表明，可根据花粉形态，尤其是花粉外壁纹饰的颗粒特征进行该属的分类鉴定。Janssens 等人（2012）报道了产自亚洲的 115 种凤仙花属植物的花粉微形态，研究发现凤仙花属植物花粉变异性很大，提出三角形的三孔花粉是凤仙花属花粉的祖征，后演化出矩形四孔花粉。后续研究中，Janssens 等人（2018）报道了非洲的 63 种凤仙花属植物的花粉粒性状。郭慧等人对总状花序组、凤仙花组、棒凤仙花亚属的花粉微形态进行了报道（郭慧等，2016；曾蕾等，2016；王茜等，2020）。

1982 年，Shimizu 和 Takao 以产自泰国的 8 种凤仙花属植物为实验材料，探究了该属植物子房的内部结构以及胚珠的排列方式，并探讨了其在分类中的价值，为种子微形态的研究奠定了基础（Shimuzu & Takao 1982）。2005 年，Song 等人对产自中国西南部 38 种凤仙花属植物种子微形态进行了研究，将种皮纹饰划分为光滑型、颗粒型、网状型和隆起型四大类型，并进一步细分了网状型和隆起型的亚型。同年，日本学者 Utami 和 Shimizu（2005）对产自中国、印度、泰国、缅甸等地的 65 种凤仙花属植物进行了观察，划分该属种皮类型，并与凤仙花属植物染色体数、花性、幼苗形态等性状进行了比较，对凤仙花属的系统问题进行了初步探讨。随后，蔡秀珍等人（2013）进一步深入研究了 24 种中国凤仙花属植物，将种皮划分为网状型和隆起型两大类型，并探讨了种子微形态对凤仙花属植物的分类学价值，同时推测了该属种皮纹饰的演化过程。张林静等人（2016）对总状花序组的凤仙花进行了研究，将种皮纹饰分为网状和指状隆起两种类型，并指出该组的种皮微形态与宏观性状相关性不高，但种子微形态具有种水平上的特异性和稳定性，对该组物种鉴定具有重要意义。夏常英（2020）报道了 18 种棒凤仙花亚属物种的种皮纹饰，根据种子的长宽比、网眼内附属物、网脊形状等性状将其分为 7 个组，但发现来自不同居群的耳叶棒凤仙花被分到了不同的组。

近些年来，我国有越来越多的植物分类学者从事凤仙花属植物的分类研究，使得该属的分类工作取得了丰硕的成果。随着大量野外考察工作的开展，不断有新的凤仙花属分类群被发表。据不完全统计，2000—2019 年这 20 年间，中国有 69 个凤仙花属新物种发表（Du et al., 2020）。根据最新文献统计（袁桃花 等，2022），我国共有野生和归化凤仙花属植物 352 种（包含 18 变种 1 亚种 1 变型）。基于本书作者团队多年来进行的大量分类工作，也描述了该属一些新种（Cai et al., 2015; Peng et al., 2020; Gu et al., 2021; Peng et al., 2021A; Peng et al., 2021B; Song et al., 2021A; Song et al., 2021B; Song et al., 2021C; Ding et al., 2022; Hu et al., 2022; Zheng et al., 2023; 张彩飞 等，2020）。

第二章
凤仙花科植物形态多样性

CHAPTER 2
MORPHOLOGICAL DIVERSITY OF PLANTS IN THE BALSAMINACEAE

凤仙花因其花形宛如飞凤、头翅尾足俱全、花瓣五色相杂而得名，被誉为“双子叶中的兰花”。唐朝诗人赵嘏在《赠女仙》中曾以“水思云情小凤仙，月涵花态语如弦”赞美其风姿。对植物学家来说，从植物学的角度对其形态进行科学且准确的描述，以便深入研究，是令他们格外着迷的事情。

一、根

经多年的野外考察，作者发现，凤仙花科植物的根系为须根系。科内一年生物种的根系较为细弱（图 2.1: 1–7），而多年生物种的根系则较为粗壮（图 2.1: 8–12），部分种类具有块根，如块根凤仙花（*Impatiens rapiformis*）。遗憾的是，大多数野外采集的标本缺失了根的形态，关于该属根的描述有待完善。因此，建议在野外采集该属标本时，尽量采集完整植株。

图 2.1　凤仙花科植物根的多样性

1. 高山凤仙花 *Impatiens nubigena*, 2. 具角凤仙花 *I. ceratophora*, 3. 隆子凤仙花 *I. lhunzeensis*, 4. 荨麻叶凤仙花 *I. urticifolia*, 5. 舟状凤仙花 *I. cymbifera*, 6. 长翼凤仙花 *I. longialata*, 7. 龙州凤仙花 *I. morsei*, 8. 棒凤仙花 *I. clavigera*, 9. 耳叶棒凤仙花 *I. auriculata*, 10. 同距凤仙花 *I. holocentra*, 11. 紫背凤仙花 *I. purpureifolia*, 12. 块根凤仙花 *I. rapiformis*.

二、茎

凤仙花科植物地上茎直立或匍匐，绝大多数凤仙花科植物的茎肉质，含水量大，多数种类茎节处膨大（图 2.2: 1），少数种类茎呈现灌木状（图 2.2: 1–2）。在野外考察中，发现部分种类具有块茎、根状茎等地下茎（图 2.2: 5–7），如荔波凤仙花（*Impatiens liboensis*）。此外，地上茎是否具棱、翅等特征（图 2.2: 3–4），在物种鉴定中具有重要价值。值得一提的是，虽然中国已报道的凤仙花科植物均为有地上茎，但国外亦有无地上茎凤仙花科植物存在。

图 2.2　凤仙花科植物茎的多样性

1. 大叶凤仙花 *Impatiens apalophylla*, 2. 高大凤仙花 *I.kerriae*, 3. 翅茎凤仙花 *I. pterocaulis*, 4. 耳叶棒凤仙花 *I. auriculata*, 5a–c. 贵州凤仙花 *I.guizhouensis*, 6. 荔波凤仙花 *I. liboensis*, 7. 麻栗坡凤仙花 *I.malipoensis*.

三、叶

凤仙花科植物的叶均为单叶，多为互生，少部分为轮生或对生，有的种类基部叶对生，上部叶互生，如草莓凤仙花（*I. fragicolor*）。有的种类的叶多聚生于茎枝顶端，近轮生，如路南凤仙花 *I. loulanensis*。

叶形在凤仙花科植物中表现出较高的多样性。常见的叶形包括卵形、倒卵形、披针形、倒披针形、线形及椭圆形等（图 2.3）。然而，野外调查发现，同种植物的不同居群，甚至同一株植物不同位置的叶片形状表现出差异，如 异型叶凤仙花（*I. dimorphophylla*）的上部叶近无柄，卵状披针形，而下部的叶具长柄，卵形或卵状长圆形。尽管叶形易于观察，但在物种鉴定中，叶形并非理想的分类性状。叶柄或叶片基部通常存在着数量、形态各异的腺体，主要为球状腺体和棒状腺体，其可作为鉴定物种依据之一。叶缘锯齿形态主要包括圆齿和锯齿两大类（图 2.3）。

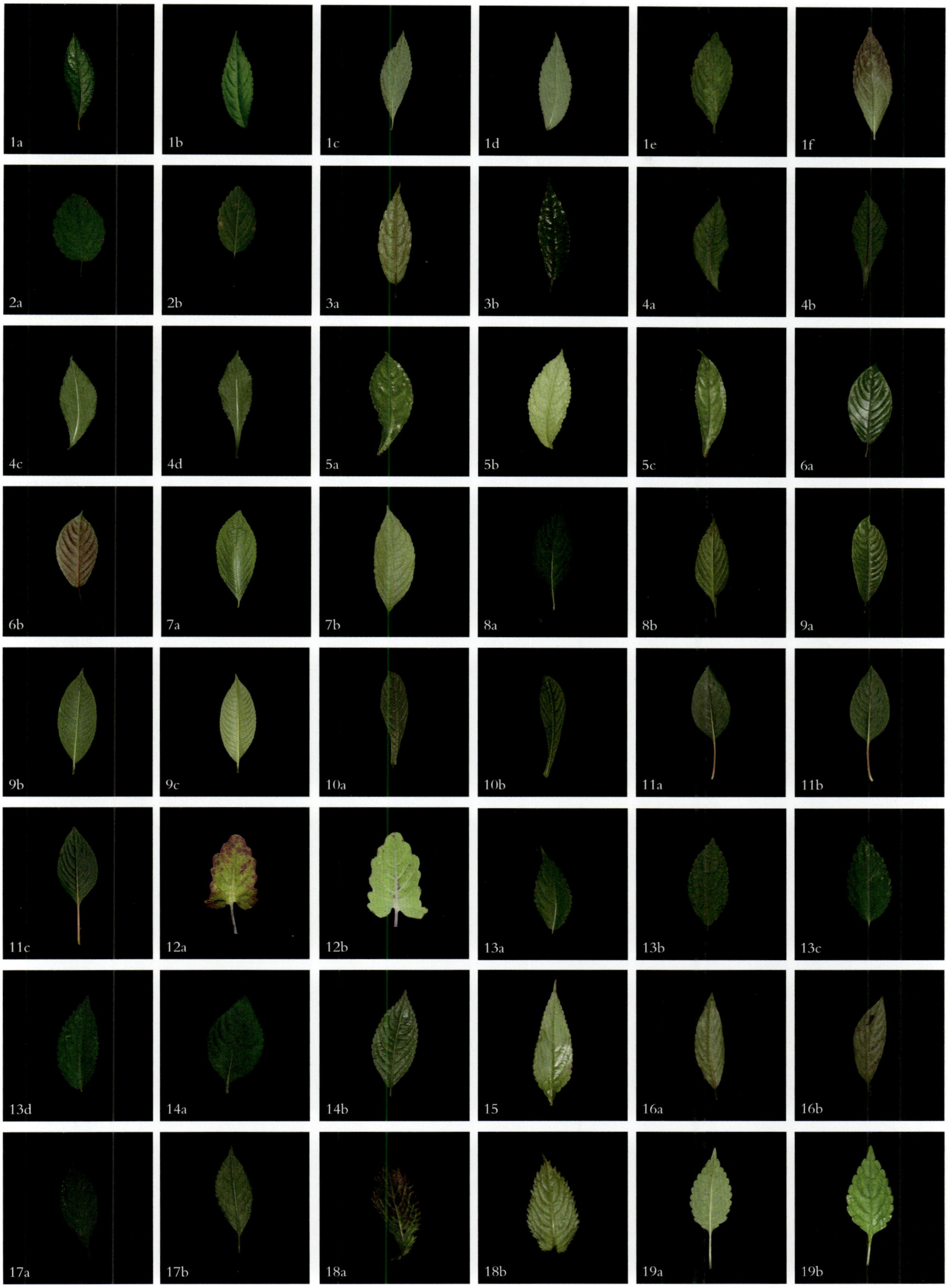
1a
1b
1c
1d
1e
1f
2a
2b
3a
3b
4a
4b
4c
4d
5a
5b
5c
6a
6b
7a
7b
8a
8b
9a
9b
9c
10a
10b
11a
11b
11c
12a
12b
13a
13b
13c
13d
14a
14b
15
16a
16b
17a
17b
18a
18b
19a
19b

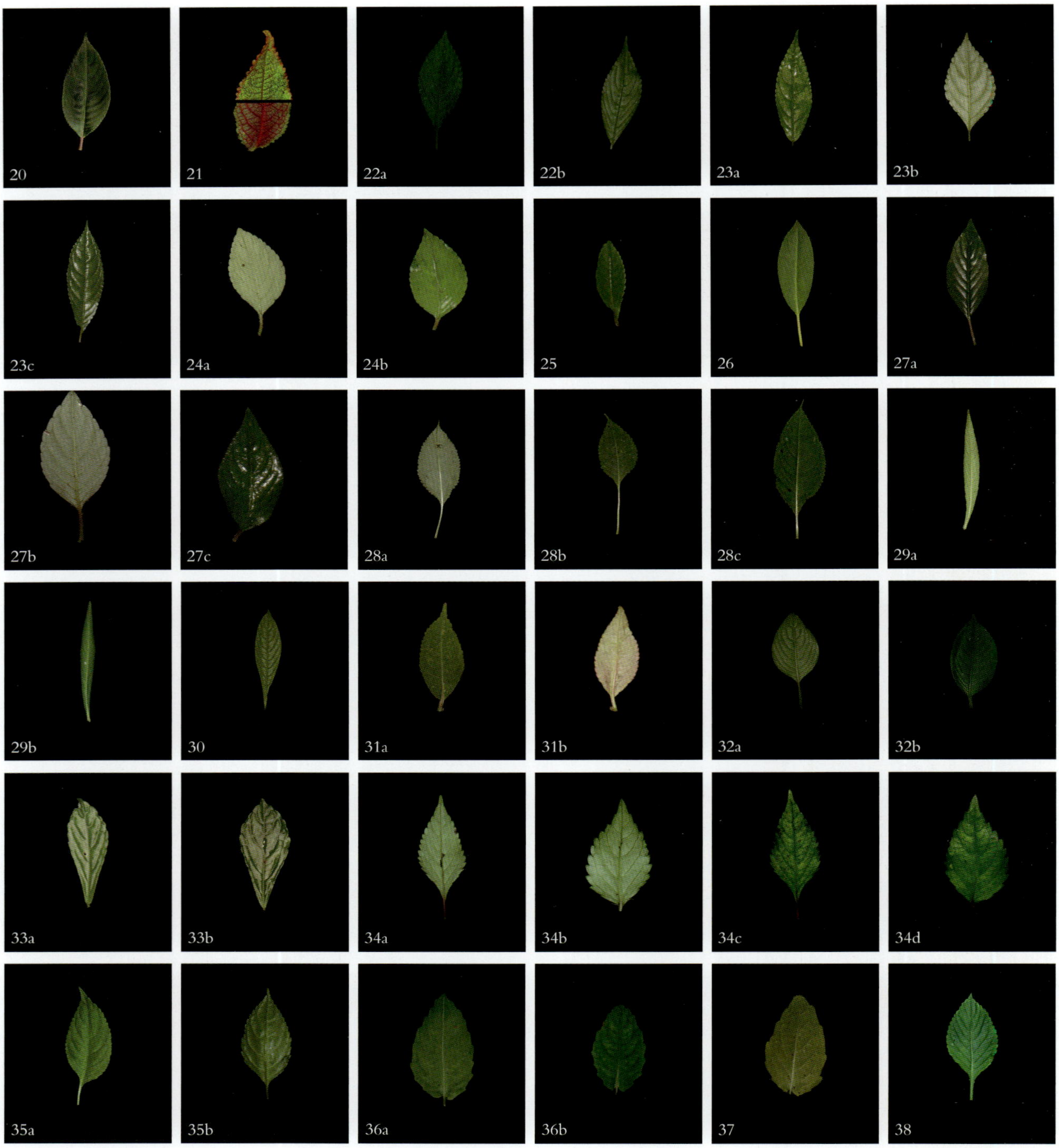

图 2.3　凤仙花科植物叶的多样性

1a–f. 贵州凤仙花 *Impatiens guizhouensis*, 2a–b. 波缘凤仙花 *I. undulata*, 3a–b. 棒凤仙花 *I. clavigera*, 4a–d. 糙毛凤仙花 *I. scabrida*, 5a–c. 翅茎凤仙花 *I. pterocaulis*, 6a–b. 大苞凤仙花 *I. balansae*, 7a–b. 大叶凤仙花 *I. apalophylla*, 8a–b. 东川凤仙花 *I. blinii*, 9a–c. 多脉凤仙花 *I. polyneura*, 10a–b. 耳叶棒凤仙花 *I. auriculata*, 11a–c. 高大凤仙花 *I. kerriae*, 12a–b. 高山凤仙花 *I. nubigena*, 13a–d. 牯岭凤仙花 *I. davidii*, 14a–b. 湖北凤仙花 *I. pritzelii*, 15. 具角凤仙花 *I. ceratophora*, 16a–b. 宽瓣凤仙花 *I. latipetala*, 17a–b. 荔波凤仙花 *I. liboensis*, 18a–b. 镰瓣凤仙花 *I. falcifera*, 19a–b. 瘤果凤仙花 *I. tuberculata*, 20. 龙州凤仙花 *I. morsei*, 21. 隆子凤仙花 *I. lhunzeensis*, 22a–b. 绿萼凤仙花 *I. chlorosepala*, 23a–c. 麻栗坡凤仙花 *I. malipoensis*, 24a–b. 那坡凤仙花 *I. napoensis*, 25. 拟金黄凤仙花 *I. xanthinoides*, 26. 凭祥凤仙花 *I. pingxiangensis*, 27a–c. 秋海棠叶凤仙花 *I. begoniifolia*, 28a–c. 双角凤仙花 *I. bicornuta*, 29a–b. 水角 *Hydrocera triflora*, 30. 田林凤仙花 *I. tianlinensis*, 31a–b. 同距凤仙花 *I. holocentra*, 32a–b. 吴氏凤仙花 *I. wuchengyihii*, 33a–b. 小萼凤仙花 *I. parvisepala*, 34a–d. 鸭跖草状凤仙花 *I. commelinoides*, 35a–b. 长角凤仙花 *I. longicornuta*, 36a–b. 长翼凤仙花 *I. longialata*, 37. 竹溪凤仙花 *I. zhuxiensis*, 38. 腹唇凤仙花 *I. gasterocheila*.

四、花序

花序作为凤仙花科植物重要的分类性状，具有较高多样性，主要有总状花序（图 2.4: 1–15）、间断总状花序（图 2.4: 16–17）、蝎尾状聚伞花序（图 2.4: 18–20）、螺旋状聚伞花序（图 2.4: 21–24）、各种简化的总状花序（图 2.4: 25–30）、近伞房花序（图 2.4: 31）。研究表明，花序可作为凤仙花属下分组的重要依据。于胜祥（2012）在对中国凤仙花属的分组时，便选用了花序这一性状作为重要依据。

图 2.4 凤仙花科植物花序的多样性

1. 水角 *H. triflora*, 2. 棒凤仙花 *I. clavigera*, 3. 贵州凤仙花 *I. guizhouensis*, 4. 麻栗坡凤仙花 *I. malipoensis*, 5. 翅茎凤仙花 *I. pterocaulis*, 6a–b. 小萼凤仙花 *I. parvisepala*, 7. 耳叶棒凤仙花 *I. auriculata*, 8. 东川凤仙花 *I. blinii*, 9. 瘤果凤仙花 *I. tuberculata*, 10. 隆子凤仙花 *I. lhunzeensis*, 11. 路南凤仙花 *I. loulanensis*, 12. 细果凤仙花 *I. leptocarpa*,13. 瑞丽凤仙花 *I.ruiliensis*, 14. 同距凤仙花 *I. holocentra*, 15. 紫花黄金凤 *I. siculifer* var. *porphyrea*, 16. 辐射凤仙花 *I. radiata*, 17. 哈氏凤仙花 *I. harae*, 18. 舟状凤仙花 *I.cymbifera*, 19. 荨麻叶凤仙花 *I. urticifolia*, 20. 米林凤仙花 *I. nyimana*, 21. 侧穗凤仙花 *I. lateristachys*, 22a–c. 小穗凤仙花 *I. microstachys*, 23. 贝苞凤仙花 *I. conchibracteata*, 24. 滇南凤仙花 *I. duclouxii*, 25. 绿萼凤仙花 *I. chlorosepala*, 26a–b. 秋海棠叶凤仙花 *I. begoniifolia*, 27. 杏黄凤仙花 *I. armeniaca*, 28. 睫毛萼凤仙花 *I. blepharosepala*, 29. 长翼凤仙花 *I. longialata*, 30. 窄萼凤仙花 *I. stenosepala*, 31. 山南凤仙花 *I.darjeekhandui*.

五、花

凤仙花科植物的花部特征在其分类中占据了核心地位，展示了复杂且独特的结构（图 2.5）。该科植物的花为 5 基数（图 2.6），即萼片 5 枚（一些种类萼片退化为 3 枚）、花瓣 5 枚、雄蕊 5 枚、心皮 5 枚（少数种类心皮为 4 枚）。侧生萼片贴合于花的两侧，最下方的萼片特化成形态各异的唇瓣。位于上方的花瓣被称为旗瓣，水角属 4 枚侧生花瓣离生，分列于花的两侧，而在凤仙花属中 4 枚侧生花瓣两两合生形成了 1 对翼瓣。在单个的翼瓣中，接近子房的裂片称为基部裂片，远离子房的裂片称为上部裂片。

图 2.5　凤仙花科植物花的多样性

1. 水角 *Hydrocera triforal*, 2a–c. 田林凤仙花 *Impatiens tianliaensis*, 3a. 大苞凤仙花 *I. balansae*, 4a–d. 贵州凤仙花 *I. guizhouensis*, 5. 湖北凤仙花 *I. pritzelii*, 6. 青城山凤仙花 *I. qingchengshanica*, 7. 糙毛凤仙花 *I. scabrida*, 8. 顶喙凤仙花 *I. compta*, 9. 安徽凤仙花 *I. anhuiensis*, 10. 括苍山凤仙花 *I. kuocangshanica*, 11. 四开凤仙花 *I. sikaiensis*, 12. 鸭跖草状凤仙花 *I. commelinoides*, 13. 长翼凤仙花 *I. longialata*, 14. 竹溪凤仙花 *I. zhuxiensis*, 15. 贝苞凤仙花 *I. conchibracteata*, 16. 长角凤仙花 *I. longicornuta*, 17. 瘤果凤仙花 *I. tuberculata*, 18. 舟状凤仙花 *I. cymbifera*, 19. 同距凤仙花 *I. holocentra*, 20. 多脉凤仙花 *I. polyneura*, 21. 高大凤仙花 *I. kerriae*, 22. 金黄凤仙花 *I. xanthina*, 23. 宽瓣凤仙花 *I. latipetala*, 24. 绿萼凤仙花 *I. chlorosepala*, 25. 柔茎凤仙花 *I. tenerrima*, 26. 锐齿凤仙花 *I. arguta*, 27. 紫花黄金凤 *I.siculifer* var. *porphyrea*, 28. 腹唇凤仙花 *I. gasterocheila*, 29. 德钦凤仙花 *I.deqinensis*, 30. 舟状凤仙花 *I. cymbifera*.

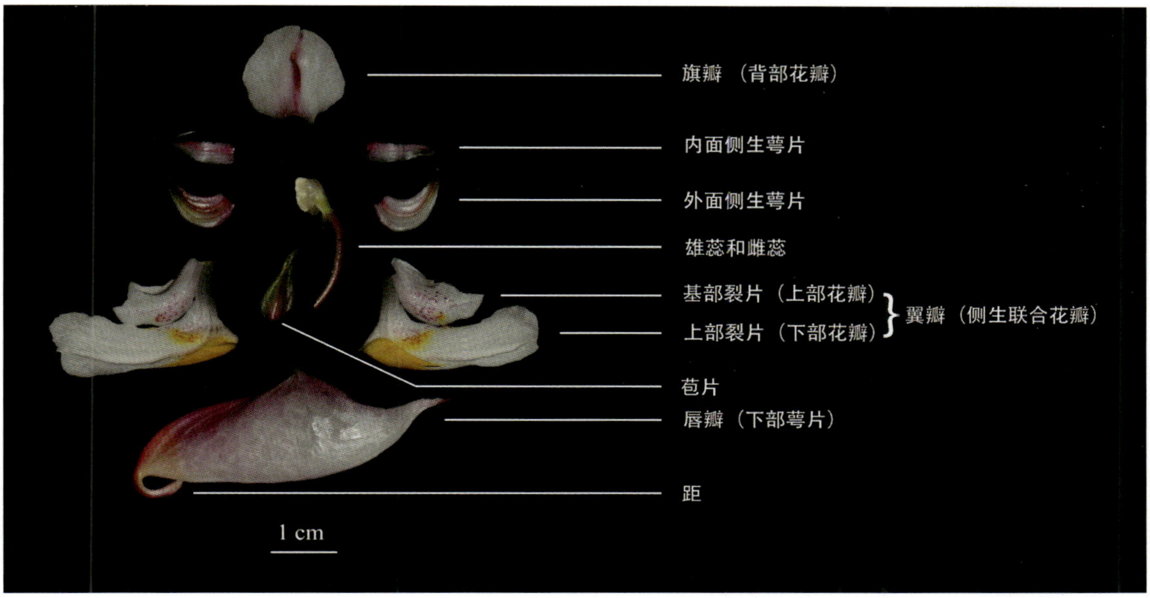

图 2.6　凤仙花科代表植物花部解剖图

1. 花色

凤仙花科植物的花色丰富多变，涵盖了白色、粉色、黄色、红色以及紫色等多种色彩（图 2.5），赋予了它们极高的观赏价值。然而，在野外的实地调查中，我们发现同种植物具有不同的花色，如黄色、粉色、紫色等，其成因有待进一步研究。

2. 萼片

凤仙花科植物一般有 5 枚萼片，4 枚侧生萼片分列于花两侧，在基部类群中，每侧 2 枚，分为外萼片和内萼片，而在大部分凤仙花种类中，内萼片发生了退化。常见的萼片形状主要有卵形、近圆形、镰刀状等。萼片形状、边缘具齿，顶端具芒尖等可作为该属植物的重要分类性状。位于花下方的一枚萼片特化为通常具距的唇瓣。唇瓣形状表现出较高的多样性，主要有囊状、漏斗状、杯状、舟状等。口部平或斜，口部先端具角或芒尖，基部渐狭或急狭收缩成距。距形态具有较高的多样性，如顶端是否分叉、直距或弯曲等，都是该属植物较为重要的分类性状。

3. 花瓣

旗瓣作为重要的分类性状之一，其形状多变，主要有圆形、卵形、倒卵形、肾状、兜状、僧帽状等。背面中肋常突起，形成角状或鸡冠状结构，同时，顶端凹陷和基部的形状也是分类的重要依据。

翼瓣形态在凤仙花属中多样性极高。多数该属植物的翼瓣具有一个反折的小耳，在某些种中，该小耳特化成细丝，向内伸入唇瓣，如侧穗凤仙花（*I. lateristachys*）。基部裂片的形状一般包括圆形、卵形等，少数为镰刀状，如木里凤仙花（*I. muliensis*）。上部裂片的形状一般包括斧形、长圆形、带形等。此外，裂片是否具不同颜色的斑点或条纹，顶端是否具缺刻或细丝也是重要的分类性状。值得注意的是，在某些物种中，出现了翼瓣合生的特有现象，如凭祥凤仙花（*I. pingxiangensis*），明显区别于本属其他物种。翼瓣合生现象最初在心旗组的物种中被发现，这些物种为石灰岩地区特有植物。在随后的野外考察中发现，这一现象也存在凤仙花组，如该组的中州凤仙花（*I. henanensis*）。

六、果实

水角的果实为肉质假浆果，而凤仙花属植物的果实均为弹裂的蒴果，后者的果实形态可分为纺锤状（图 2.7: 2–7）、倒圆锥状（图 2.7: 8–10）、锤头状（图 2.7: 11–14）、线形（图 2.7: 15–25）、棒状（图 2.7: 26–36），对属下分组具有重要的分类价值。

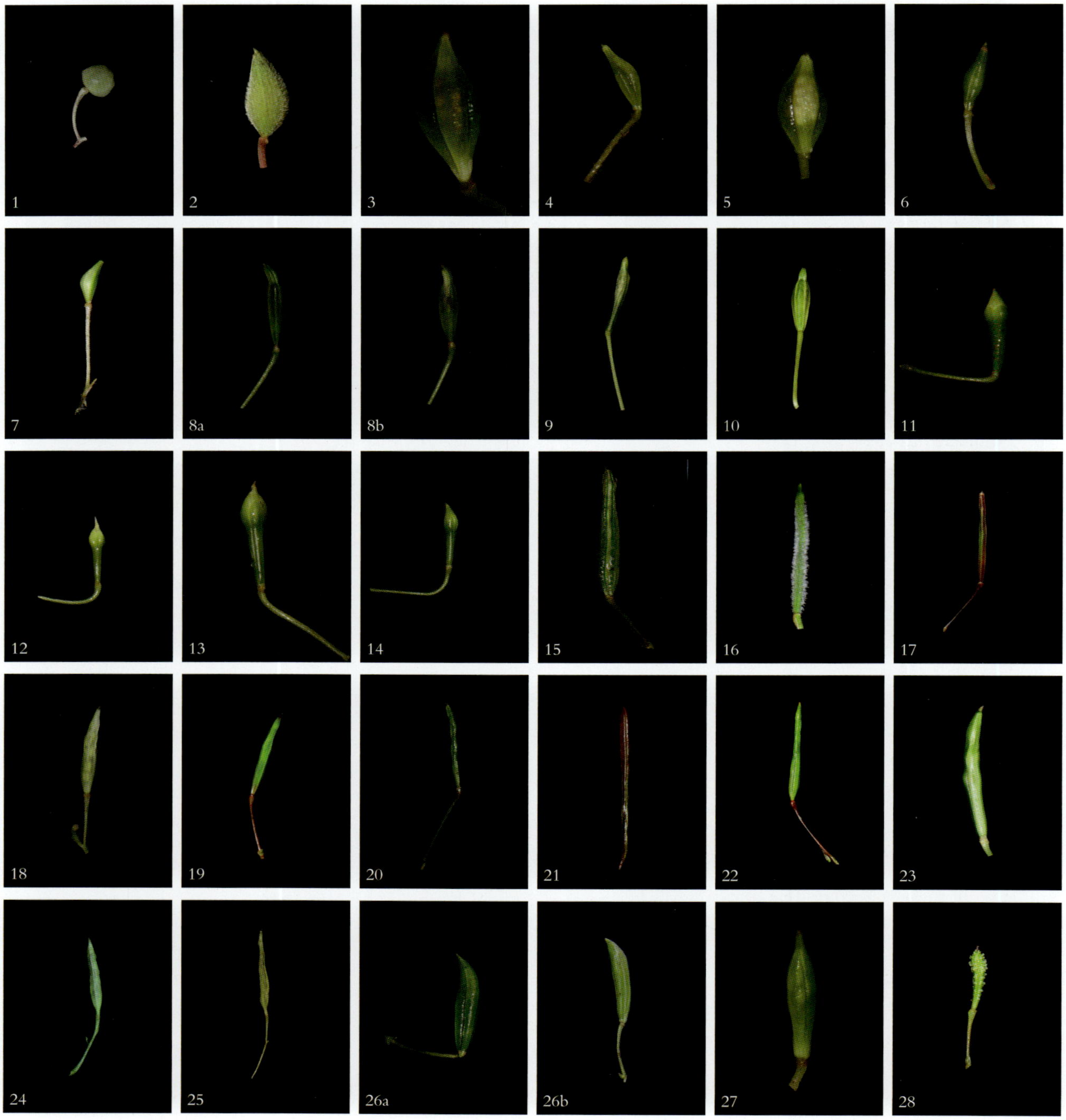

图 2.7　凤仙花科植物果实多样性

1. 水角 *Hydrocera triforal*, 2. 凤仙花 *Impatiens balsamina*, 3 金黄凤仙花 *I. xanthina*, 4. 宽瓣凤仙花 *I. latipetala*, 5. 拟金黄凤仙花 *I. xanthinoides*, 6. 秋海棠叶凤仙花 *I. begoniifolia*, 7. 山南凤仙花 *I. darjeekhandui*, 8a–b. 高大凤仙花 *I. kerriae*, 9. 龙州凤仙花 *I. morsei*, 10. 凭祥凤仙花 *I. pingxiangensis*, 11. 棒凤仙花 *I. clavigera*, 12. 麻栗坡凤仙花 *I. malipoensis*, 13. 田林凤仙花 *I. tianlinensis*, 14. 小萼凤仙花 *I. parvisepala*, 15. 包氏凤仙花 *I. bodinieri*, 16. 糙毛凤仙花 *I. scabrida*, 17. 辐射凤仙花 *I. radiata*, 18. 牯岭凤仙花 *I. davidii*, 19. 隆子凤仙花 *I. lhunzeensis*, 20. 双角凤仙花 *I. bicornuta*, 21. 无距凤仙花 *I. margaritifera*, 22. 细果凤仙花 *I. leptocarpa*, 23. 安徽凤仙花 *I. anhuiensis*, 24. 腹唇凤仙花 *I.gasterocheila*, 25. 窄萼凤仙花 *I.stenosepala*, 26a–b. 红纹凤仙花 *I. rubrostriata*, 27. 括苍山凤仙花 *I. kuocangshanica*, 28. 瘤果凤仙花 *I. tuberculata*, 29. 柔茎凤仙花 *I. tenerrima*, 30a–b. 线萼凤仙花 *I. linearisepala*, 31. 瑞丽凤仙花 *I. ruiliensis*, 32. 锐齿凤仙花 *I. arguta*, 33. 短喙凤仙花 *I. rostellata*, 34. 槽茎凤仙花 *I. sulcata*, 35. 毕节凤仙花 *I. bijieensis*, 36. 湖南凤仙花 *I.hunanensis*, 37. 水凤仙花 *I. aquatilis*, 38. 新滇南凤仙花 *I. austroyunnanensis*, 39. 具角凤仙花 *I. ceratophora*.

七、种子

凤仙花科植物种子形态表现出较高的多样性，具有重要的分类价值，尤其是种皮纹饰的多态性，为分类提供了重要依据。种子形状通常为圆球形、椭球形以及卵球形；种子的表面通常光滑，但有的种类种子表面被毛（肉眼可见），如多脉凤仙花（*I. polyneura*）等。种皮纹饰分为网状型、隆起型和附属物型三大类型。这些特征在属下分类中具有重要意义，本书第三章对种皮纹饰进行了详细的探讨。

第三章
凤仙花属植物微形态特征及其演化

CHAPTER 3
MICROMORPHOLOGICAL CHARACTERISTICS AND EVOLUTION OF PLANTS IN THE *IMPATIENS*

花粉和种子因其发育始终处于相对封闭的空间，与花、叶形态等相比，具有更高的保守性和稳定性。凤仙花属植物的花粉和种子形态在物种鉴定与分类中具有重要分类价值，尤其是种皮纹饰的多样性。本章通过广泛收集凤仙花属花粉和种子微形态数据，并结合系统发育树，划分更为合理的花粉和种皮类型，并将种子性状标注到系统发育树，以期为该属植物微形态性状演化的相关研究提供参考。

一、材料与方法

1. 分子系统学研究

本章节共选取了 117 种凤仙花属植物（覆盖所有属下组）用于系统发育分析，利用核基因 ITS 与叶绿体基因间隔区 *atpB-rbcL* 序列构建系统发育树。共计使用 ITS 序列 118 条，*atpB-rbcL* 序列 110 条。选择贝叶斯法和最大似然法对 ITS 序列、*atpB-rbcL* 序列及其联合序列构建系统发育树。

2. 花粉和种子微形态研究

86 种凤仙花属植物和水角属水角（*Hydrocera trifloral*）花粉用于本章节孢粉学分析。从野外采集成熟花苞，固定在 FAA 溶液中。每株凤仙花精选 2~3 个花苞，用不同浓度的乙醇进行干燥和脱水。然后，用解剖针释放花粉，并将其制成悬浮液。将悬浮液滴置于已喷金的清洁载玻片表面，自然干燥，再次喷金，然后用电子显微镜观察花粉。实验材料的采集信息，凭证标本信息见表 3–1。

88 种凤仙花属植物和水角属水角种子用于本章节种子微形态分析。凤仙花果实为 4 ~ 5 裂片弹裂的蒴果，种子成熟或近成熟时遇外力弹裂。为避免种子弹射落地受到污染，故取样时选取植株发育正常、无病害的果期植株，采取一触即裂的果实，以获得成熟度一致的种子，60%FAA 固定液保存备用，实验材料的采集信息，凭证标本信息见表 3–1。

选取 FAA 固定液中保存的籽粒饱满的凤仙花属植物种子，蒸馏水漂洗 2 ~ 3 次，放入离心管中，用不同浓度梯度（60%、70%、80%、90%、95%）的乙醇进行脱水处理，每一浓度梯度处理时间为 3 ~ 5 小时，100% 乙醇溶液过夜保存。将脱水干燥的种子用导电胶粘贴于样品台上，喷金镀膜后用扫描电镜（SEM）观察拍照。种子微形态特征术语描述参考前人研究（Barthlott, 1984; Song et al., 2005; 刘长江 等 , 2004; 鲁迎青和陈艺林 , 1991）。

二、结果与分析

1. 系统发育重建分析

ITS 和 *atpB-rbcL* 序列联合建树结果表明（图 3.1），该属植物为单系群，拓扑结构与于胜祥重建结果基本一致。即划分为两个单系分支，棒凤仙花亚属和凤仙花亚属，凤仙花亚属又可进一步划分为以下 7 个组：心旗组（sect. *Semeiocardium*）、总状花序组（sect. *Racemosae*）、束花组（sect. *Fasciculatae*）、凤仙花组（sect. *Impatiens*）、块茎组（sect. *Tuberosae*）、蝎尾状花序组（sect. *Scorpioidae*）和单花组（sect. *Uniflorae*）。

2. 花粉微形态特征描述

棒凤仙花亚属物种为三沟花粉，花粉外壁具不规则网状纹饰，三角状圆形（极面观），长圆形或椭圆形（赤道面观），网眼内具稀疏或密集颗粒状物质（图 3.2– 图 3.3；附图 1,2A–C）。

凤仙花亚属物种为四沟花粉，极少数物种为三沟或三孔，如 *I. eberhardtii*，花粉外壁具不规则网状纹饰，长圆形或椭圆形（赤道面观），网眼内具稀疏或密集颗粒状物质（图 3.4– 图 3.5；附图 2D–F,3–11）。

3. 凤仙花属种子微形态描述

凤仙花属种子在大小、形状，尤其是种皮纹饰等方面表现出较高的多样性。其形状有矩圆形、椭圆形、近圆形及卵形。根据种子表皮细胞的复杂纹饰，可将种皮分为三大类型：网状型、隆起型和附属物型。这三大类型又可进一步分为若干亚型（图 3.6– 图 3.9；附图 12– 图 22）。各类型、亚型划分如下。

1）网状型（图 3.6）

种子表皮细胞外平周壁或垂周壁隆起，形成由不同形状和大小的网格构成的网状纹饰。依据垂周壁隆起的程度和隆起表皮细胞的排列。网状型又可划分为以下亚型：细网状亚型、负网状亚型和条纹亚型。

（1）细网状亚型：网格多为不规则多边形，细胞界限多不清晰，网脊明显，平周壁凹陷，垂周壁凸起。水角属的水角和棒凤仙花亚属的物种全为此亚型；心旗组、凤仙花组亦有部分物种属于此亚型。在该亚型中，网格的大小、网眼内的结构、网脊的宽度在种间差异显著（图 3.6A–B）。

（2）负网状亚型：网格多为近圆形或为泡状，细胞界限清晰，网脊不明显，下陷，平周壁凸起，垂周壁凹陷；平周壁隆起形成网格，均匀分布于种子表面。该亚型分布于总状花序组，单花组中（图 3.6C–D）。

（3）条纹亚型：与负网状亚型相似，不同之处是部分种皮细胞隆起程度较高，形成间断条纹状（波状）。这一亚型多分布于凤仙花组，如翼萼凤仙花 (*I. pterosepala*)、细柄凤仙花 (*I. leptocaulon*) 等，心旗组、总状花序组、蝎尾状花序组亦有少数分布（图 3.6E–F）。

2）隆起型（图 3.7）

种皮细胞轮廓清晰，多数种皮细胞隆起明显，形成不同的隆起物形态。根据隆起细胞的形态可划分为指状隆起亚型、簇状隆起亚型及龙骨状隆起亚型。

（1）指状隆起亚型：多数表皮细胞隆起呈指状，隆起物表面多具颗粒状附属物或凹陷小孔。该亚型多分布于总状花序组，凤仙花组亦有部分物种属于此亚型（图 3.7A–B）。

（2）簇状隆起亚型：多数表皮细胞突出种皮表面簇状聚集呈丘状，隆起物聚集似山丘，表面具凹陷小孔。该亚型分布于总状花序组中（图 3.7C–D）。

（3）龙骨状隆起亚型：种子表皮细胞具大小、形状不同的网状结构，网脊明显，4 ~ 5 列种皮细胞外平周壁明显突起，沿种子纵轴分布，似龙骨状。该亚型分布于凤仙花组中（图 3.7E–F）。

3）附属物型（图 3.8–3.9）

种皮表面具不同形态的附属物。按附属物的形态可将其划分为以下亚型：螺纹亚型、鳞片状亚型、冠状亚型和颗粒亚型。

（1）鳞片状亚型：少数表皮细胞表面具鳞片状附属物，稀疏地分布于种皮上，鳞片状隆起物具凹陷小孔。这一亚型为单花组特有类型（图 3.8A–C）。

（2）冠状亚型：少数表皮细胞隆起呈冠状，分布均匀或不均匀。这一亚型分布在单花组的一些物种中。如苏丹凤仙花（*I. walleriana*）、金黄凤仙花（*I. xanthina*）等（图 3.8D–E）。

（3）螺纹亚型：部分种子表皮细胞表面具螺纹状附属物，导管状或长丝状。此亚型分布在心旗组和单花组（图 3.9）。

（4）颗粒亚型：种皮表面均匀分布颗粒状突起。这一亚型分布于心旗组和单花组中。

三、凤仙花属植物花粉及种子微形态特征分类学意义

1. 孢粉学分类学意义

以前的研究已经证明凤仙花属花粉形态和表面纹饰具有一定的分类价值（Grey–Wilson，1980；Lu，1991；Janssens et al.，2012b；Yu et al.，2016；Zeng et al.，2016）。蔡秀珍等人（2007）利用扫描电镜观察了 10 种凤仙花属植物的花粉形态，结果表明花粉粒网状纹饰中网眼内有无颗粒状突起及颗粒状突起的

形态等特征，在凤仙花属内常具种水平上的可见变异，因而可作为种类划分的依据，它们在分类学上的价值应予以关注。张林静等人（2016）利用扫描电镜技术对总状花序组的21种植物的花粉进行了观察，花粉极面观形状、长短赤道轴的比值、网眼的分布、网脊边缘形状、网眼内颗粒物密度等特征具有种水平上的稳定性和特异性，对该组植物种间界定具有重要的意义。然而，以往的研究由于样本不足（样本大多来自一个地区、亚属或组），以及缺乏系统发育数据的支持，很难对花粉形态的分类学价值做出全面和完整的评估。在本书中，基于大量的该属植物花粉的电镜照片数据，作者认为凤仙花属植物花粉只有少数几个特征可以作为该属的分类依据，例如，花粉三沟、四沟可作为两个亚属的分类依据，网眼内颗粒物的有无可作为部分种间分类依据。而以前的研究中，花粉大小、网眼大小等数量性状和网眼形状等特征，其测量尺度都在微米量级，种间差异较小，不具有太大的分类意义。

2. 种子微形态特征的分类学意义

凤仙花属种子微形态特征多样性较高，在分类学上具有重要意义。2005年，Song等人通过对产自中国西南部的凤仙花属38种植物的种皮进行扫描电镜观察，提供了凤仙花种子微形态的种皮纹饰类型，即光滑型、颗粒型、网状型、隆起型，后两者又划分为若干亚型（Song et al., 2005）。其研究结果表明，凤仙花属植物种皮微形态具有种水平的分类信息。2013年，蔡秀珍等人的研究将凤仙花属植物种皮纹饰划分为两大类型：网状型和隆起物型；并认为种皮纹饰如网眼形状、宽度、网脊粗细、隆起物形状等在种间表现出极大的多样性，可为该属类群的鉴定和分类提供参考依据。在本书中，我们系统地研究了凤仙花属种子微形态，根据种皮纹饰的不同，将其划分为网状型、隆起型、附属物型三大类型，并进一步划分为十大亚型。结合系统发育树，我们对凤仙花属的种子性状进行了讨论，结果如下：在棒凤仙花亚属中，所有种子都为椭圆形，种皮纹饰为细网状亚型，结合该亚属关键分类性状（多年生草本，蒴果棒状等），这些特征可作为该类群的分类依据；但是网眼大小、网脊宽度和网眼内附属物的形态在种间表现出极大的差异性，这些特征亦可为亚属下物种的鉴定和分类提供依据。与棒凤仙花亚属相比，凤仙花亚属的种子形态多样性极高。种子形状有椭圆形、矩圆形、卵形和球形；种皮纹饰类型有网状型、隆起型和附属物型以及诸多亚型。这些特征（尤其是种皮纹饰）可作为属下组间、种间分类的重要证据。在心旗组基部小支中，种皮纹饰为细网状，种子形状为近圆形，然而，在另一小枝中，除*I. namkatensis*外，种皮纹饰是附属物型，种子形状为长圆形或椭圆形。在形态上，这两小支的花部结构在一定程度上有相似性，如侧生萼片都为4枚。2016年，于胜祥等人基于分子系统学证据和形态学证据（子房四心皮、蒴果倒圆锥形、稀圆柱形）将这一类群归入心旗组。然而，在这项研究中，于胜祥等人仅选取了两种基部小枝中的物种。因此，我们对该类群扩大了取样范围，我们发现种皮纹饰在两个进化小支中表现出极大的差异性，且在花部形态上，基部小枝物种翼瓣离生，另一小枝物种翼瓣合生。根据此结果我们更倾向于将该类群划分为两个属下组，但对于类群的分类处理还需结合更多的形态学和分子学证据以更进一步了解它们的分类学地位。总状花序组中，有细网状亚型、负网状亚型、指状隆起亚型和丘状隆起亚型，细网状亚型存在于东川凤仙花中。负网状亚型的平周壁表面呈现两种形态：颗粒状（如蓝花凤仙花*I. cyanantha*）、褶皱（如槽茎凤仙花*I. sulcate*）；丘状隆起物表面具凹陷小孔（如澜沧凤仙花*I. principis*和镰萼凤仙花*I. drepanophora*）；而指状隆起物表面具颗粒状附属物（如镰瓣凤仙花*I. falcifera*, 总状凤仙花*I. racemose*）或凹陷小孔（如金凤花*I. cyathiflora*, 直角凤仙花*I. rectangular*）。凤仙花组中具有以下种皮类型：细网状亚型、条纹状亚型、指状隆起亚型、龙骨状亚型。细网状出现在牯岭凤仙花（*I. davidii*）、龙山凤仙花（*I. longshanensis*）和齿萼凤仙花（*I. dicentra*）中，此类凤仙花最突出的形态特征是翼瓣具长丝，而此类凤仙花存在连续变异的现象，导致种间鉴定困难，种皮纹饰的差异或可为种的鉴定提供帮助。指状隆起亚型分布于黄岩凤仙花（*I. huangyanensis*）、淡黄绿凤仙花（*I. chloroxantha*）、浙江凤仙花（*I. chekiangensis*）

等物种中，指状隆起物表面密布颗粒状附属物。龙骨状亚型则分布于长翼凤仙花（*I. longialata*）、大鼻凤仙花（*I. nasuta*）和水金凤（*I. noli-tangere*）等物种中。蝎尾状花序组和块茎组物种较少，细网状亚型和条纹状亚型交替分布于这两个组中。单花组种皮纹饰类型最为丰富，有以下类型：负网状亚型、鳞片状亚型、螺亚型、冠状亚型、颗粒亚型。颗粒亚型仅存在于凤仙花（*I. balsamina*）中；长丝状螺纹纹饰出现在以下物种：三瓣凤仙花（*I. tripetala*），*I. burtonii* 和 *I. gardneriana* 等物种中；鳞片状隆起亚型为单花组特有纹饰，具有较高的分类学价值。鳞片状隆起亚型存在于盈江凤仙花 (*I. yingjiangensis*)、蒙自凤仙花 (*I. mengtszeana*)、那坡凤仙花 (*I. napoensis*) 等物种中，这些物种在形态上高度相似，聚集于系统发育树一个小支，种皮纹饰可为该类群将来的分类处理和物种鉴定提供重要的参考信息。冠状隆起亚型分布于苏丹凤仙花（*I. walleriana*）、缅甸凤仙花（*I. aureliana*）、*I. psedoviola*、*I. patula* 以及金黄凤仙花（*I. xanthina*）中，前三者隆起物似鸟冠状，金黄凤仙花隆起物为冠状亦具有螺纹。

总的来说，凤仙花属的种子形状、初级纹饰、次级纹饰等种子特征表现出极大的多样性，可用于区分不同的进化枝，具有亚属水平和种水平的分类价值。作为最常见的种皮纹饰，网状型散布于整个凤仙花属植物中，具有一定的分类意义，如细网状亚型、种子椭圆形、蒴果棒状作为棒凤仙花亚属的共有特征。指状亚型出现在总状花序组和凤仙花组中，指状隆起物表面形态却有较大的差异性，可用于区分这两个组。螺纹亚型出现在心旗组和单花组中，其形态差异较大，前者螺纹为导管状，形似蚂蟥，后者螺纹为长丝状，形似弹簧，这一纹饰可用于区分这两个类群的物种。鳞片状纹饰为单花组特有，这一特殊纹饰可用于鉴定单花组部分物种。在植物分类学的研究中，种子因其高度的保守性而显示出独特的分类潜力。对于凤仙花属而言，种子的形态特征是鉴定和分类该属植物的关键信息，具有显著的分类学价值。此外，种子微形态的多样性不仅丰富了我们对凤仙花属的认识，更为深入探究其系统发育关系提供了重要线索。

四、凤仙花属植物种皮纹饰的演化

凤仙花属植物种子性状祖先状态重建表明，椭圆形、网状纹饰为该属植物的原始性状（图 3.10– 图 3.11）。椭圆形和卵形在单花组中交替出现，矩圆形、近圆形独立演化了多次，出现在心旗组、总状花序组和凤仙花组等。细网状最先出现在基部类群棒凤仙花亚属中，而后在分子进化树的中部和顶部演化出各种更为复杂隆起纹饰（图 3.12）。在心旗组中，位于基部的小支保留了与棒凤仙花亚属相同的纹饰，另一小支在细网状纹饰的基础上出现了附属物型。总状花序组中，部分物种种皮细胞平周壁全部隆起形成负网状和条纹状，部分物种种皮细胞平周壁隆起程度更高（突出）而形成指状，亦有少部分物种保留了基部类群的细网状，如东川凤仙花（*I. blinii*）。在凤仙花组中，基部小支种皮纹饰全为指状，本组中出现的指状隆起与总状组中的指状隆起相比，其指状隆起物上密布颗粒状附属物，无凹陷小孔，集中分布在分子进化树的与浙江凤仙花（*I. chekiangensis*）聚在一起的一小支上。条纹亚型为另一小支的衍征，在该小支中，部分物种如龙山凤仙花（*I. longshanensis*）、牯岭凤仙花（*I. davidii*）、齿萼凤仙花（*I. dicentra*）逆转为细网状亚型，长翼凤仙花（*I. longialata*）、大鼻凤仙花（*I. nasuta*）、水金凤（*I. noli-tangere*）、*I. capensis* 则演化为龙骨状亚型。单花组中除了细网状亚型、负网状亚型外，演化出以下亚型：鳞片状、冠状、螺纹状。鳞片状亚型集中分布于进化树的一小支，其他两种类型则散布于单花组中。总的来说，凤仙花属种皮纹饰由简单的网状型演化为各类复杂的种皮纹饰。各种类型种皮纹饰多次独立起源。

表 3-1 凭证标本信息

中文名 Chinese name	拉丁名 Scientific name	采集地 Locality	凭证标本 Voucher	种子 Seed	花粉 Pollen
棱茎凤仙花	*Impatiens angulata* S. X. Yu	中国广西	63		√
川西凤仙花	*Impatiens apsotis* Hook. f.	中国四川	791442	√	
水凤仙花	*Impatiens aquatilis* Hook. f.	中国云南	791336	√	√
锐齿凤仙花	*Impatiens arguta* Hook. f. & Thomson	中国云南	21283		√
缅甸凤仙花	*Impatiens aureliana* Hook. f.	中国云南	791335	√	√
白汉洛凤仙花	*Impatiens bahanensis* Hand.–Mazz.	中国云南	791384	√	
睫毛萼凤仙花	*Impatiens blepharosepala* E. Pritz.	中国湖南	21257	√	√
东川凤仙花	*Impatiens blinii* H. Lév.	中国云南	791458	√	
包氏凤仙花	*Impatiens bodinieri* Hook. f.	中国湖南	35447	√	√
	Impatiens burtonii	Kenya Kakamega	SAJIT–004689	√	√
浙江凤仙花	*Impatiens chekiangensis* Y. L. Chen	中国浙江	35448	√	√
高黎贡山凤仙花	*Impatiens chimiliensis* H. F. Comber	中国云南	791373	√	√
华凤仙	*Impatiens chinensis* L.	中国湖南	21258	√	√
赤水凤仙花	*Impatiens chishuiensis* Y. X. Xiong	中国贵州	31824		√
九龙凤仙花	*Impatiens chiulungensis* Y. L. Chen	中国四川	791389		√
绿萼凤仙花	*Impatiens chlorosepala* Hand.–Mazz.	中国湖南	21262		√
淡黄绿凤仙花	*Impatiens chloroxantha* Y. L. Chen	中国福建	35450	√	
棒凤仙花	*Impatiens clavigera* Hook. f.	中国云南	35490	√	√
鸭跖草状凤仙花	*Impatiens commelinoides* Hand.–Mazz.	中国湖南	21269	√	
蓝花凤仙花	*Impatiens cyanantha* Hook. f.	中国贵州	21132	√	√
金凤花	*Impatiens cyathiflora* Hook. f.	中国云南	35482	√	
牯岭凤仙花	*Impatiens davidii* Franch.	中国四川	791437	√	√
耳叶凤仙花	*Impatiens delavayi* Franch.	中国云南	791461	√	√
齿萼凤仙花	*Impatiens dicentra* Franch. ex Hook. f.	中国重庆	791409	√	
滇南凤仙花	*Impatiens duclouxii* Hook. f.	中国云南	PS–00400		√
镰萼凤仙花	*Impatiens drepanophora* Hook. f.	中国西藏	791426	√	
镰瓣凤仙花	*Impatiens falcifera* Hook.f.	中国西藏	35455	√	
封怀凤仙花	*Impatiens fenghwaiana* Y. L. Chen	中国江西	35452	√	
草莓凤仙花	*Impatiens fragicolor* C. Marquand & Airy Shaw	中国西藏	791419	√	√
贵州凤仙花	*Impatiens guizhouensis* Y. L. Chen	中国云南	CS2014015	√	√
中州凤仙花	*Impatiens henanensis* Y. L. Chen	中国河南	PS–00478		√
同距凤仙花	*Impatiens holocentra* Hand.–Mazz.	中国云南	PS–00443	√	
香港凤仙花	*Impatiens hongkongensis* Grey–Wilson	中国广东	33686		√
黄岩凤仙花	*Impatiens huangyanensis* X. F. Jin & B. Y. Ding	中国浙江	35468	√	
湖南凤仙花	*Impatiens hunanensis* Y. L. Chen	中国湖南	791237	√	√
井冈山凤仙花	*Impatiens jinggangensis* Y. L. Chen	中国湖南	21137	√	√
金平凤仙花	*Impatiens jinpingensis* Y. M. Shui & G. F. Li	中国云南	35477	√	√
高大凤仙花	*Impatiens kerriae* Craib	中国云南	PS–00408	√	√
侧穗凤仙花	*Impatiens lateristachys* Y. L. Chen & Y. Q. Lu	中国四川	791397		√
宽瓣凤仙花	*Impatiens latipetala* S. H. Huang	中国云南	35480	√	√

续表

中文名 Chinese name	拉丁名 Scientific name	采集地 Locality	凭证标本 Voucher	种子 Seed	花粉 Pollen
具鳞凤仙花	*Impatiens lepida* Hook. f.	中国湖南	PS-00431	√	√
细柄凤仙花	*Impatiens leptocaulon* Hook. f.	中国湖南	21138	√	√
荔波凤仙花	*Impatiens liboensis* K. M. Liu & R. P. Kuang	中国云南	33898		√
线萼凤仙花	*Impatiens linearisepala* S.Akiyama, H.Ohba & S.K.Wu	中国云南	35485	√	
裂萼凤仙花	*Impatiens lobulifera* S. X. Yu	中国广西	33691		√
长翼凤仙花	*Impatiens longialata* E. Pritz. ex Diels	中国湖南	791306	√	√
龙山凤仙花	*Impatiens longshanensis* Y. Y. Cong & Y. X. Song	中国湖南	35443	√	√
长角凤仙花	*Impatiens longicornuta* Y. L. Chen	中国湖南	21250		√
大旗瓣凤仙花	*Impatiens macrovexilla* Y. L. Chen	中国湖南	21195	√	√
瑶山凤仙花	*Impatiens macrovexilla* var. *yaoshanensis* S. X. Yu	中国湖南	21261		√
点花凤仙花	*Impatiens maculifera* S. X. Yu & Chang Y. Xia	中国云南	35475	√	
麻栗坡凤仙花	*Impatiens malipoensis* S. H. Huang	中国云南	33676		√
无距凤仙花	*Impatiens margaritifera* Hook. f.	中国云南	35475		√
梅氏凤仙花	*Impatiens meyana* Hook. f.	中国云南	CS2014028	√	√
龙州凤仙花	*Impatiens morsei* Hook. f.	中国广西	CS2014030	√	√
越南凤仙花	*Impatiens musyana* Hook. f.	中国云南	21293		√
丰满凤仙花	*Impatiens obesa* Hook. f.	中国广东	35442	√	
蒙自凤仙花	*Impatiens mengtszeana* Hook. f.	中国云南	PS00428	√	√
	Impatiens meruensis Gilg	Kenya Kakamega	SAJIT-005089	√	
山地凤仙花	*Impatiens monticola* Hook. f.	中国四川	791448	√	√
那坡凤仙花	*Impatiens napoensis* Y. L. Chen	中国云南	791325	√	√
大鼻凤仙花	*Impatiens nasuta* Hook. f.	中国重庆	791410	√	√
水金凤	*Impatiens noli-tangere* L.	中国湖南	791233	√	√
米林凤仙花	*Impatiens nyimana* Marq. & Airy-Shaw	中国西藏	791420	√	√
丰满凤仙花	*Impatiens obesa* Hook. f.	中国广东	791503		√
峨眉凤仙花	*Impatiens omeiana* Hook. f.	中国四川	791440	√	√
小萼凤仙花	*Impatiens parvisepala* S. X. Yu & Y. T. Hou	中国云南	PS-00423		√
近大叶凤仙花	*Impatiens pesudoapalophylla* C. Y. Xia & S. X. Yu	中国云南	PS-00429		√
片马凤仙花	*Impatiens pianmaensis* S. H. Huang	中国云南	PS-00446	√	
凭祥凤仙花	*Impatiens pingxiangensis* H. Y. Bi & S. X. Yu	中国广西	CS2014020	√	√
块节凤仙花	*Impatiens piufanensis* Hook. f.	中国湖南	21253	√	√
阔萼凤仙花	*Impatiens platysepala* Y. L. Chen	中国江西	35469	√	
罗平凤仙花	*Impatiens poculifer* Hook. f.	中国云南	791452	√	√
多脉凤仙花	*Impatiens polyneura* K. M. Liu	中国湖南	21263	√	√
澜沧凤仙花	*Impatiens principis* Hook. f.	中国云南	PS00410	√	√
湖北凤仙花	*Impatiens pritzelii* Hook. f.	中国湖南	21254	√	√
直距凤仙花	*Impatiens pseudokingii* Hand.-Mazz.	中国云南	PS-00451	√	
	Impatiens pseudoviola Gilg	Kenya Ngangao	SAJIT-004196	√	√
翼萼凤仙花	*Impatiens pterosepala* Hook. f.	中国湖北	791307	√	√
紫背凤仙花	*Impatiens purpureifolia* S. H. Huang & Y. M. Shui	中国云南	35473	√	√

续表

中文名 Chinese name	拉丁名 Scientific name	采集地 Locality	凭证标本 Voucher	种子 Seed	花粉 Pollen
总状凤仙花	*Impatiens racemosa* DC.	中国云南	791442	√	
辐射凤仙花	*Impatiens radiata* Hook. f.	中国云南	791454	√	√
块根凤仙花	*Impatiens rapiformis* Y. Y. Cong & Y. X. Song	中国云南	21289	√	√
直角凤仙花	*Impatiens rectangula* Hand.-Mazz.	中国云南	791450	√	
匍匐凤仙花	*Impatiens reptans* Hook. f.	中国湖南	35458	√	
红纹凤仙花	*Impatiens rubrostriata* Hook. f.	中国云南	21278	√	√
皱缩凤仙花	*Impatiens rugata* S. H. Huang & Y. M. Shui	中国云南	PS-00414	√	√
瑞丽凤仙花	*Impatiens ruiliensis* S. Akiyama & H. Ohba	中国云南	PS-00434		√
岩生凤仙花	*Impatiens rupestris* K. M. Liu & X. Z. Cai	中国湖南	772938	√	√
黄金凤	*Impatiens siculifer* Hook. f.	中国湖南	PS00433	√	√
雅致黄金凤	*Impatiens siculifer* var. *mitis* Hook. f.	中国云南	791457	√	√
紫花黄金凤	*Impatiens siculifer* var. *porphyrea* Hook. f.	中国云南	791340		√
康定凤仙花	*Impatiens soulieana* Hook. f.	中国四川	791443	√	√
窄花凤仙花	*Impatiens stenantha* Hook. f.	中国云南	PS-00442	√	
窄萼凤仙花	*Impatiens stenosepala* E. Pritz.	中国重庆	791405	√	√
丝序凤仙花	*Impatiens sterilis* Y. Y. Cong & Y. X. Song	中国云南	PS-00437	√	√
	Impatiens stuhlmannii Warb	Kenya Kakamega	SAJIT-005047	√	
槽茎凤仙花	*Impatiens sulcata* Wall.	中国江西	791393	√	√
	Impatiens teitensis subsp. *teitensis*	Kenya Ngangao	SAJIT-004139	√	
田林凤仙花	*Impatiens tianlinensis* S.X.Yu & L.J.Zhang	中国广西	GX2022-3		√
微绒毛凤仙花	*Impatiens tomentella* Hook. f.	中国云南	PS-00432	√	
扭萼凤仙花	*Impatiens tortisepala* Hook. f.	中国四川	791386		√
三瓣凤仙花	*Impatiens tripetala* Roxb. & DC.	中国云南	791336	√	√
苍山凤仙花	*Impatiens tsangshanensis* Y. L. Chen	中国云南	791462	√	√
管茎凤仙花	*Impatiens tubulosa* Hemsley	中国江西	34627		√
滇水金凤	*Impatiens uliginosa* Franchet	中国云南	PS-00399	√	
荨麻叶凤仙花	*Impatiens urticifolia* Wall.	中国西藏	791417		√
苏丹凤仙花	*Impatiens walleriana* Hook. f.	中国湖南	21222	√	
文山凤仙花	*Impatiens wenshanensis* S. H. Huang	中国云南	35470	√	
婺源凤仙花	*Impatiens wuyuanensis* Y. L. Chen	中国江西	35446	√	√
金黄凤仙花	*Impatiens xanthina* H. F. Comber	中国云南	PS-00448	√	√
版纳凤仙花	*Impatiens xishuangbannaensis* S.H.Huang	中国云南	PS-00407	√	√
姚家坪凤仙花	*Impatiens yaojiapingensis* Y. Y. Cong	中国云南	PS-00447		√
盈江凤仙花	*Impatiens yingjiangensis* S. Akiyama & H. Ohba	中国云南	791329	√	√
水角	*Hydrocera triforal* (L.) Wight & Arn.	中国海南	PS-00323	√	√

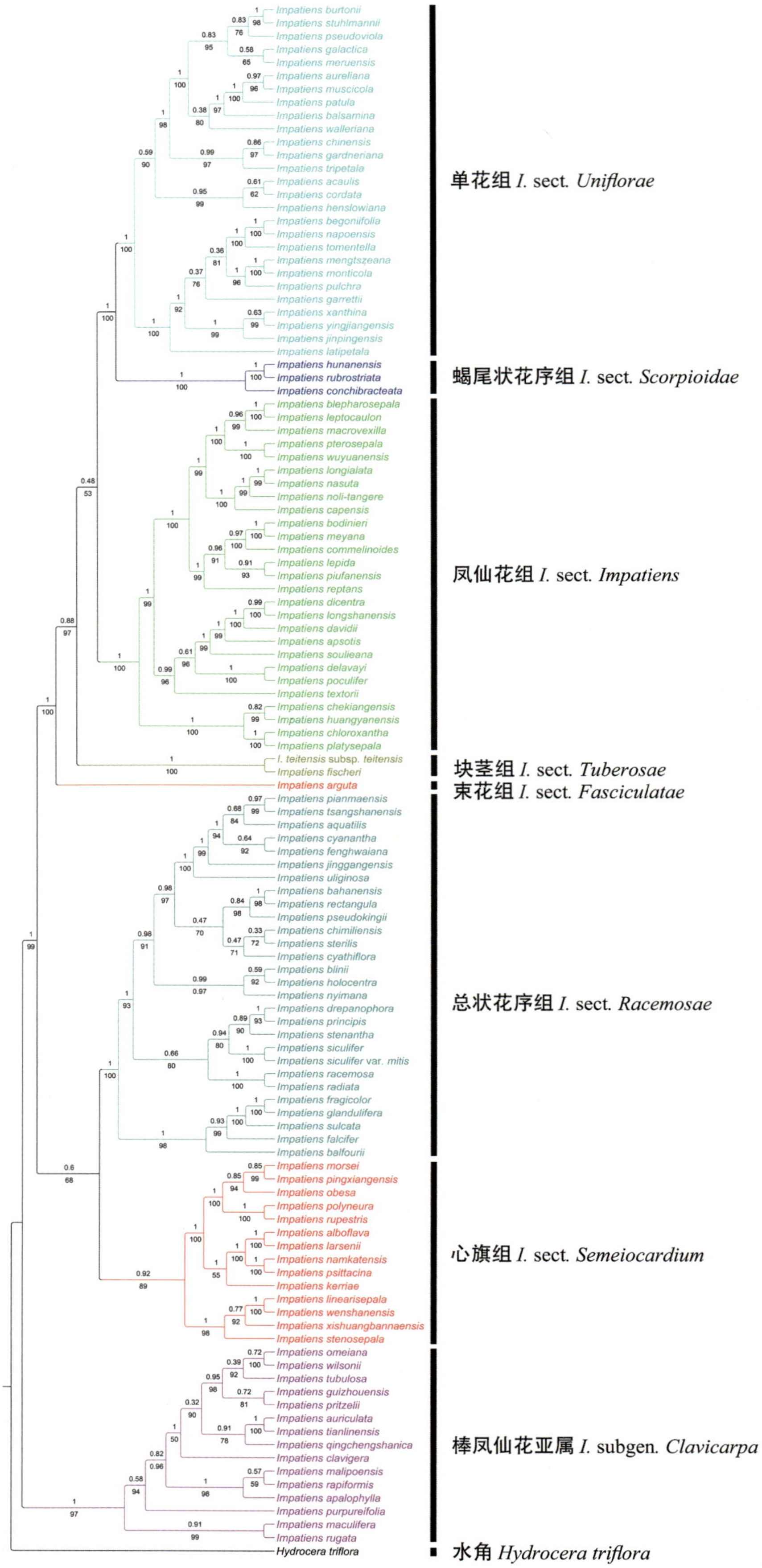

图 3.1　基于 ITS 和 *atpB-rbcL* 序列的组合数据集，通过最大似然法和贝叶斯法重建的系统发育树。分支下方的数值是最大似然支持率，分支上方的数值是贝叶斯后验概率。

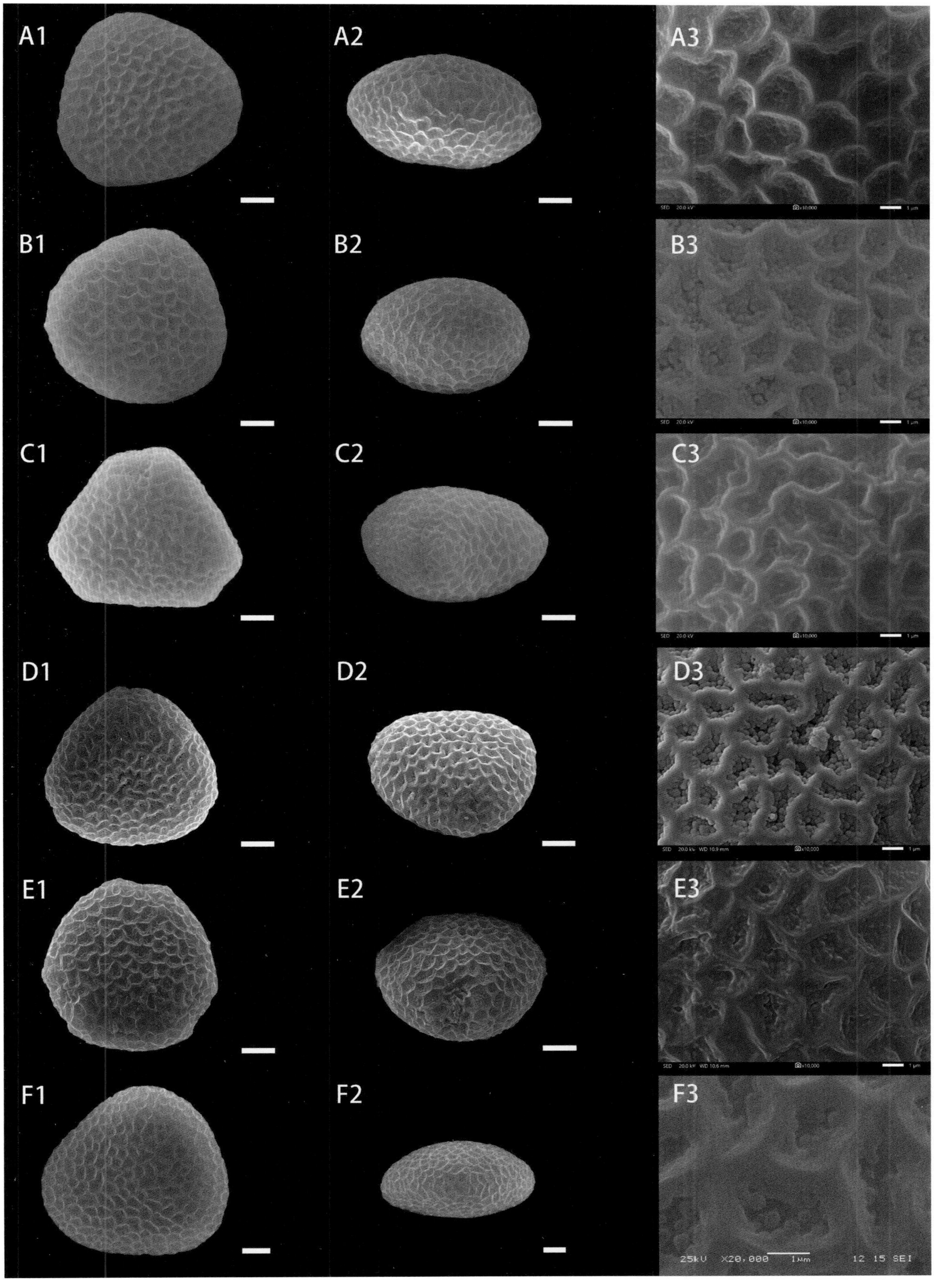

图 3.2　棒凤仙花亚属花粉粒扫描电镜图

A1–F1, 极面观 ; A2–F2, 赤道面观 ; A3–F3, 纹饰细节图 ; A1–A3, *Impatiens pritzelii*; B1–B3, *I. liboensis*; C1–C3, *I. tianlinensis*; D1–D3, *I. malipoensis*; E1–E3, *I. rapiformis*; F1–F3, *I. hongkongensis*. 比例尺 : A1–F1, A2–F2, 5 μm; A3–E3, 1 μm。

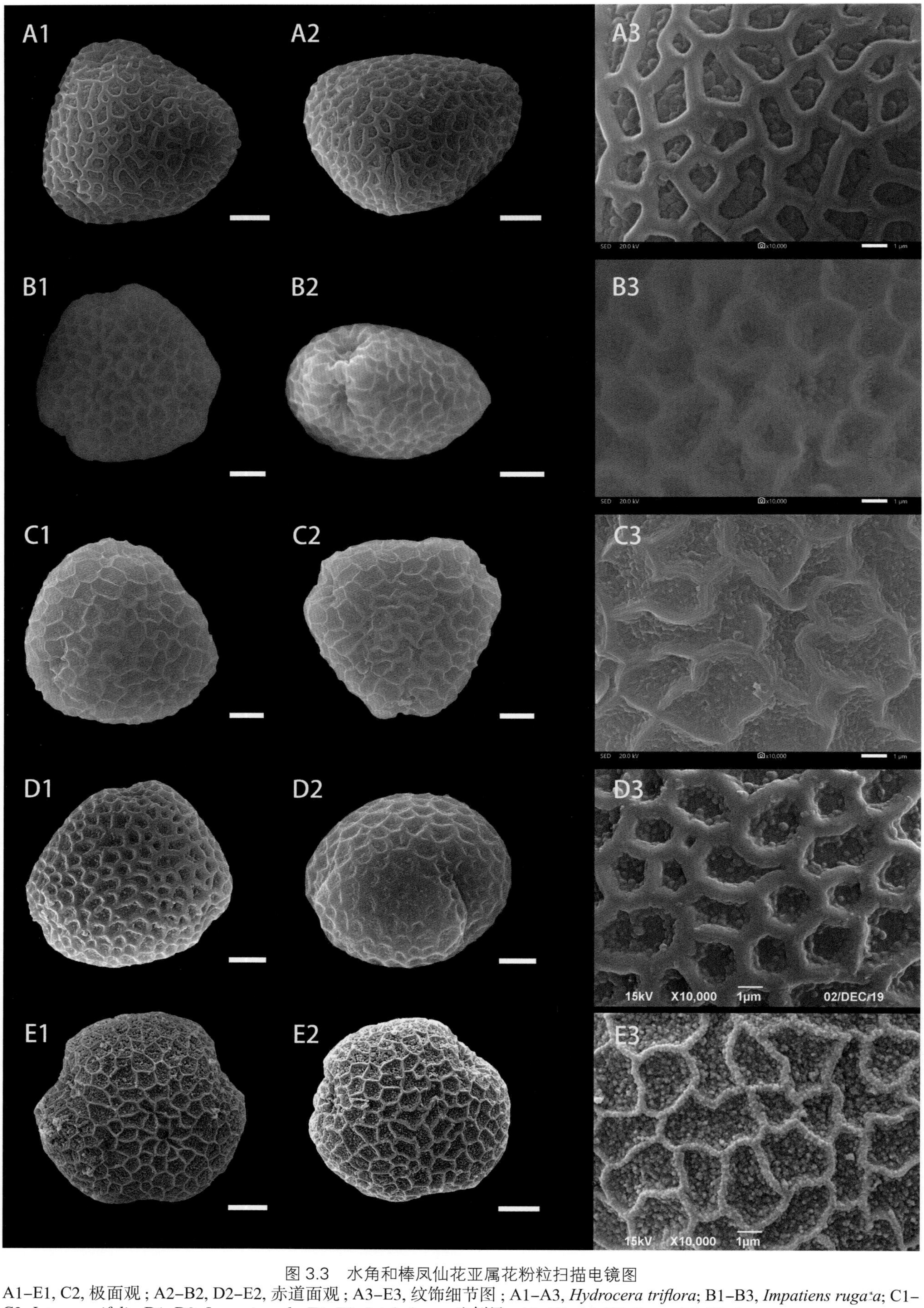

图 3.3 水角和棒凤仙花亚属花粉粒扫描电镜图

A1–E1, C2, 极面观；A2–B2, D2–E2, 赤道面观；A3–E3, 纹饰细节图；A1–A3, *Hydrocera triflora*; B1–B3, *Impatiens rugata*; C1–C3, *I. purpureifolia*; D1–D3, *I. parvisepala*; E1–E3, *I. tubulosa*。比例尺：A1–E1, A2–E2, 5 μm, A3–E3, 1 μm。

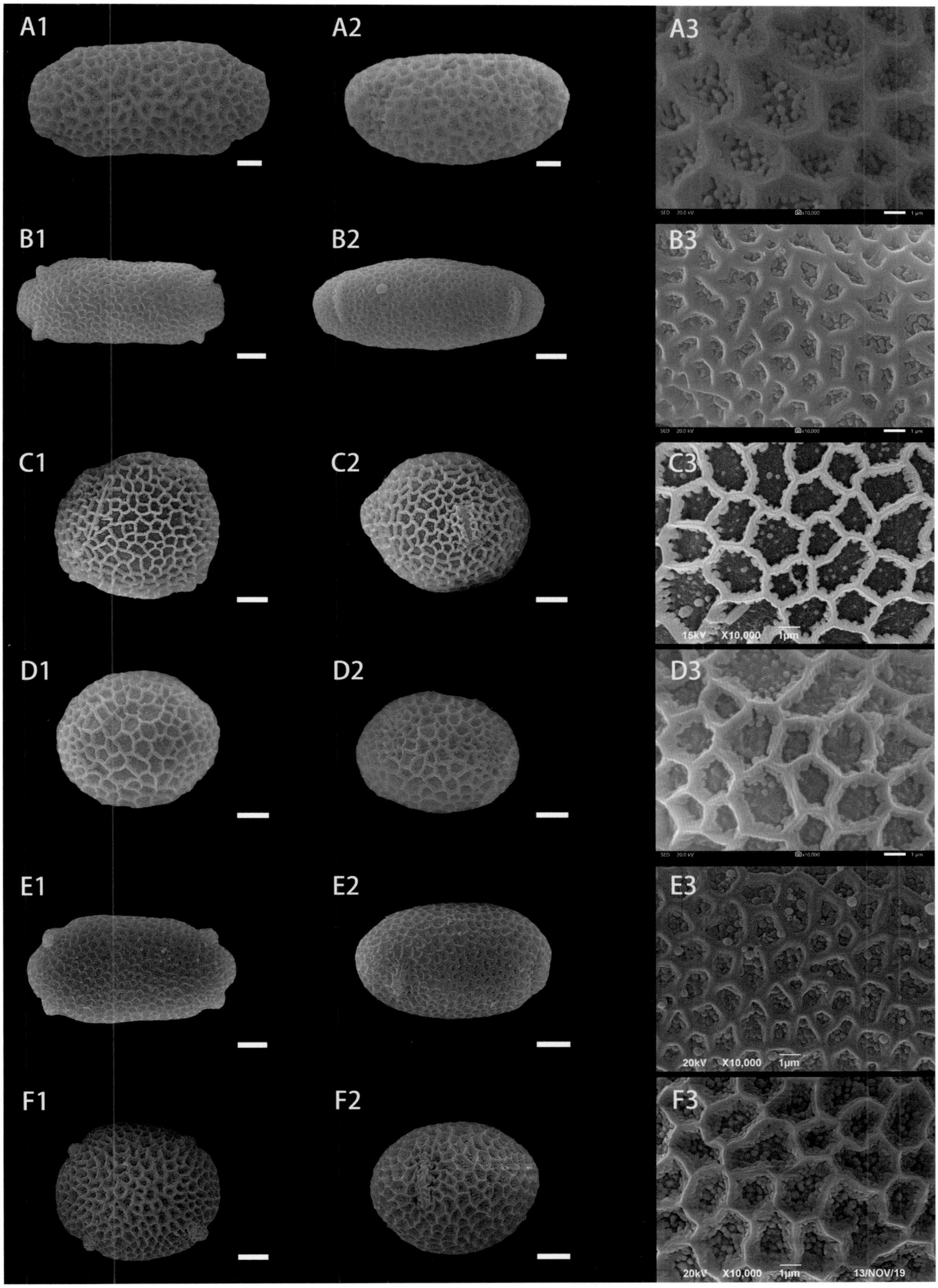

图 3.4　凤仙花亚属花粉粒扫描电镜图

A1–F1, E2, 极面观；A2–D2, F2, 赤道面观；C3–F3, 纹饰细节图；A1–A3, *Impatiens arguta*. B1–B3, *I. jinpingensis*; C1–C3, *I. chlorosepala*; D1–D3, *I. xanthina*; E1–E3, *I. rubrostriata*; F1–F3, *I. hunanensis*. 比例尺：A1–E1, A2–F, 2, 5 μm; A3–F3, 1 μm。

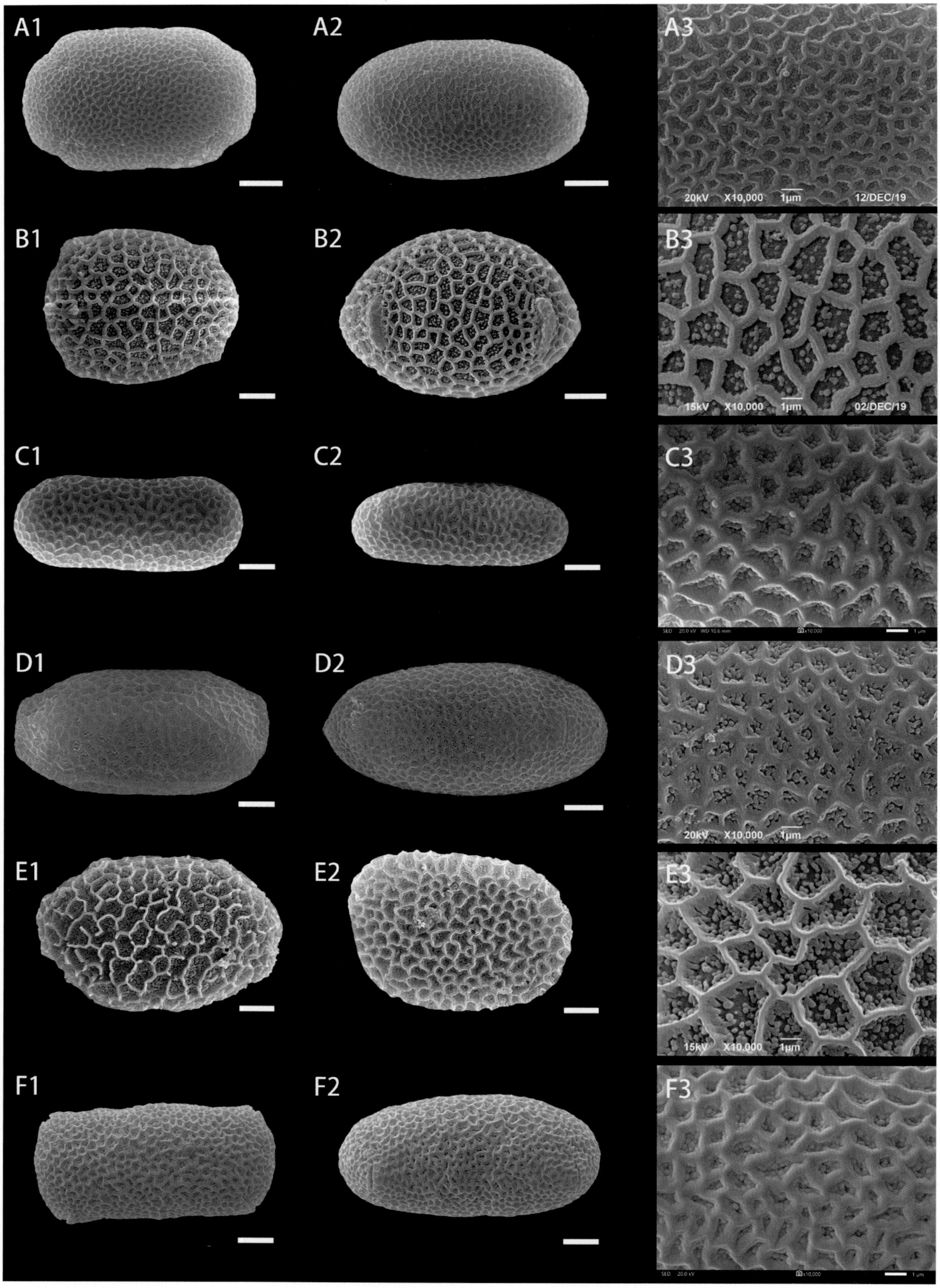

图 3.5 凤仙花亚属花粉粒扫描电镜图

A1–F1, 极面观 ; A2–F2, 赤道面观 ; C3–F3, 纹饰细节图 ; A1–A3, *Impatiens tortisepala*; B1–B3, *I. chekiangensis*; C1–C3, *I. aquatilis*; D1–D3, *I. urticifolia*; E1–E3, *I. siculifer* var. *porphyria*; F1–F3, *I. pingxiangensis*. 比例尺 : A1–E1, A2–F, 2, 5 μm; A3–F3, 1 μm。

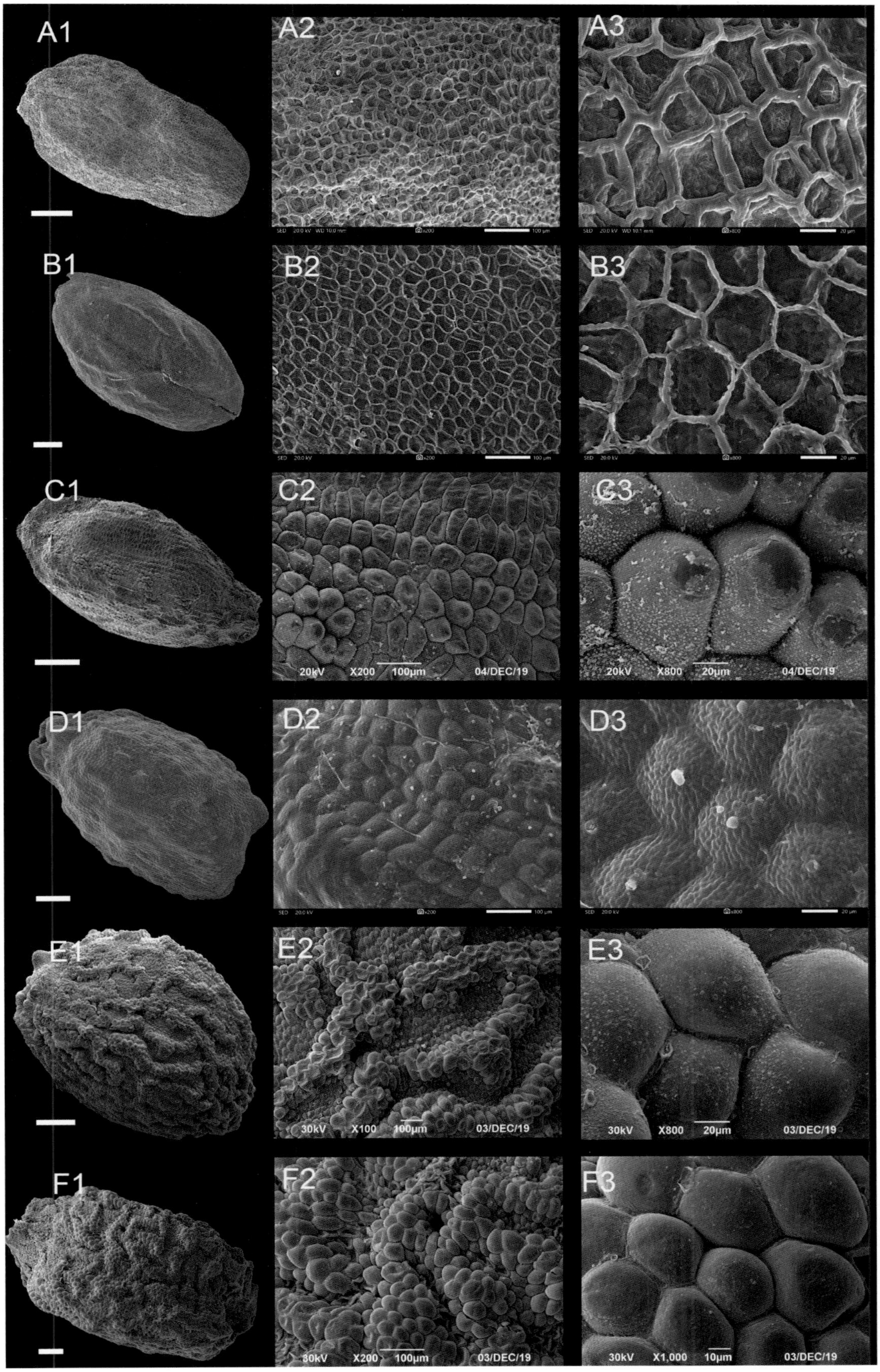

图 3.6　网状型凤仙花种子扫描电镜图

A1–F1, 整体视图；A2–F2, A3–F3, 纹饰细节图；A1–A3, *Impatiens rapiformis*; B1–B3, *I. maculifera*; C1–C3, *I. cyanantha*; D1–D3, *I. sulcata*; E1–E3, *I. pterosepala*; F1–F3, *I. leptocaulon*. 比例尺：A1–E1, 500 μm, F1, 200 μm; 其他见图中标注。

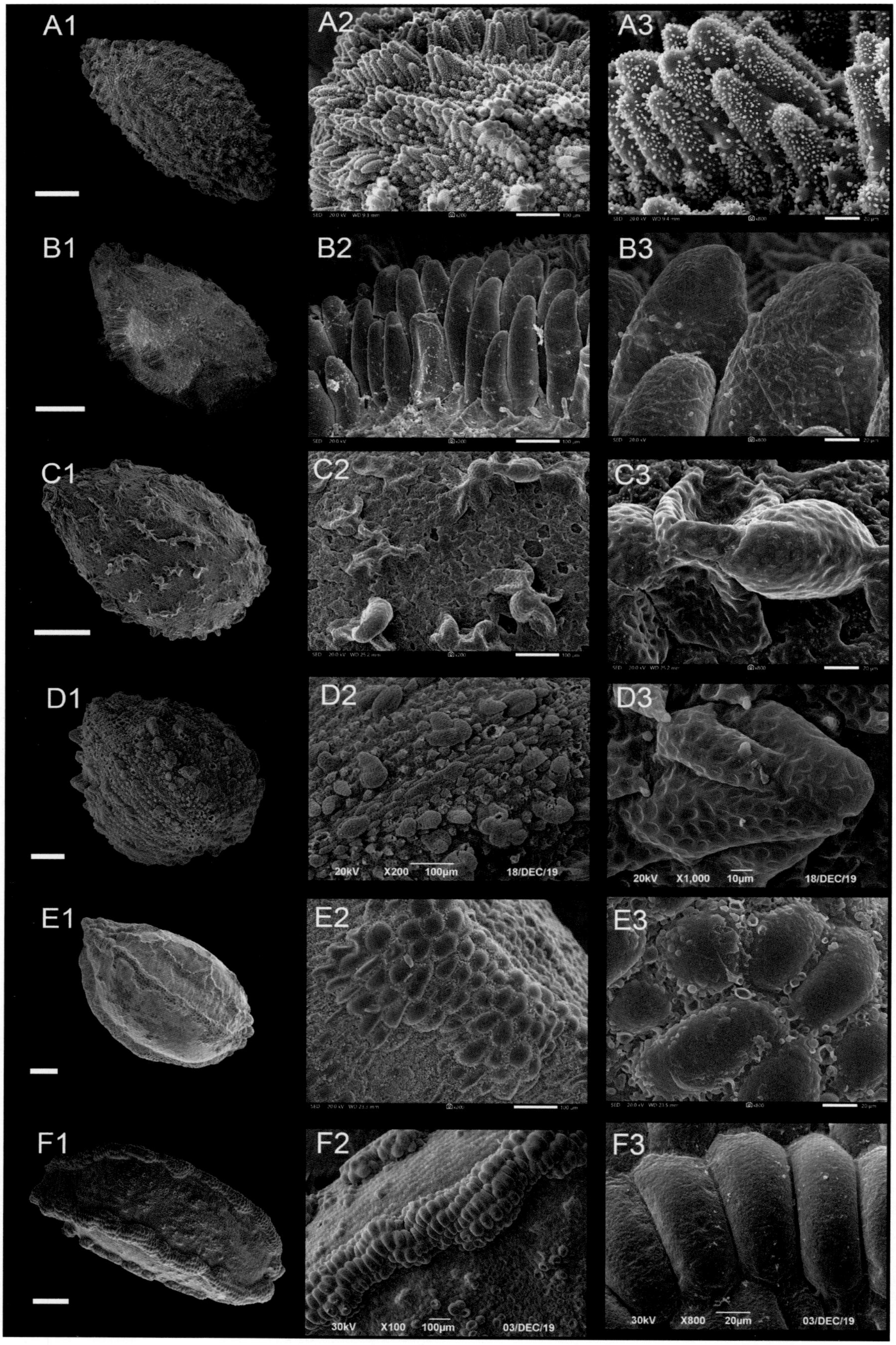

图 3.7 隆起型凤仙花种子扫描电镜图

A1–F1, 整体视图；A2–F2, C3–F3, 纹饰细节图；A1–A3, *Impatiens huangyanensis*; B1–B3, *I. cyathiflora*; C1–C3, *I. principis*; D1–D3, *I. drepanophora*; E1–E3, *I. longialata*; F1–F3, *I. noli-tangere*. 比例尺：A1–C1, E1, F1, 500 μm, D1, 200 μm。其他见图中标注。

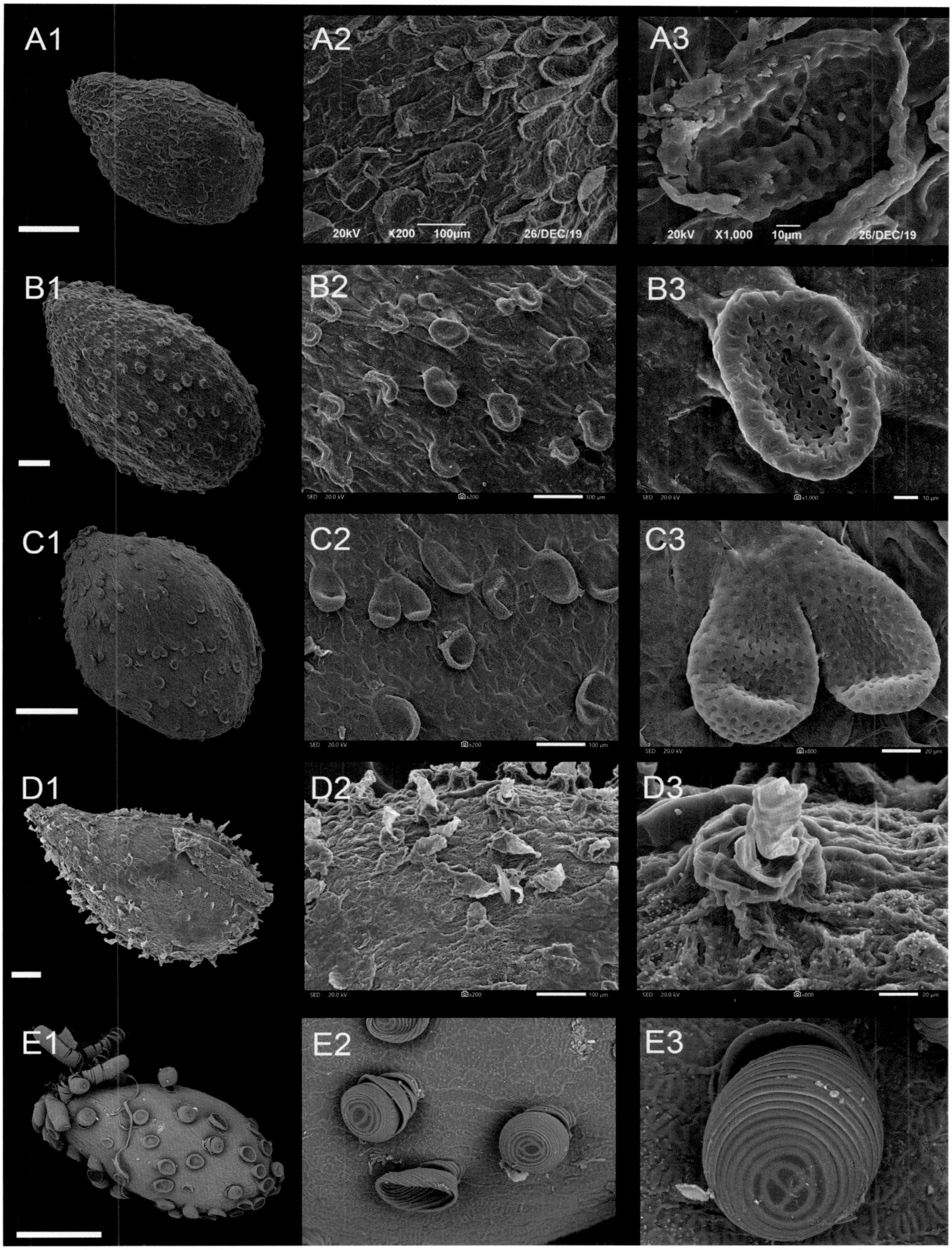

图 3.8　附属物型凤仙花种子扫描电镜图

A1–E1, 整体视图 ; A2–E2, A3–E3, 纹饰细节图 ; A1–A3, *Impatiens monticola*; B1–B3, *I. jinpingensis*; C1–C3, *I. latipetala*; D1–D3, *I. psedoviola*; E1–E3, *I. xanthina*. 比例尺 : A1, C1, E1, 500 μm, B1, D1, 200 μm。其他见图中标注。

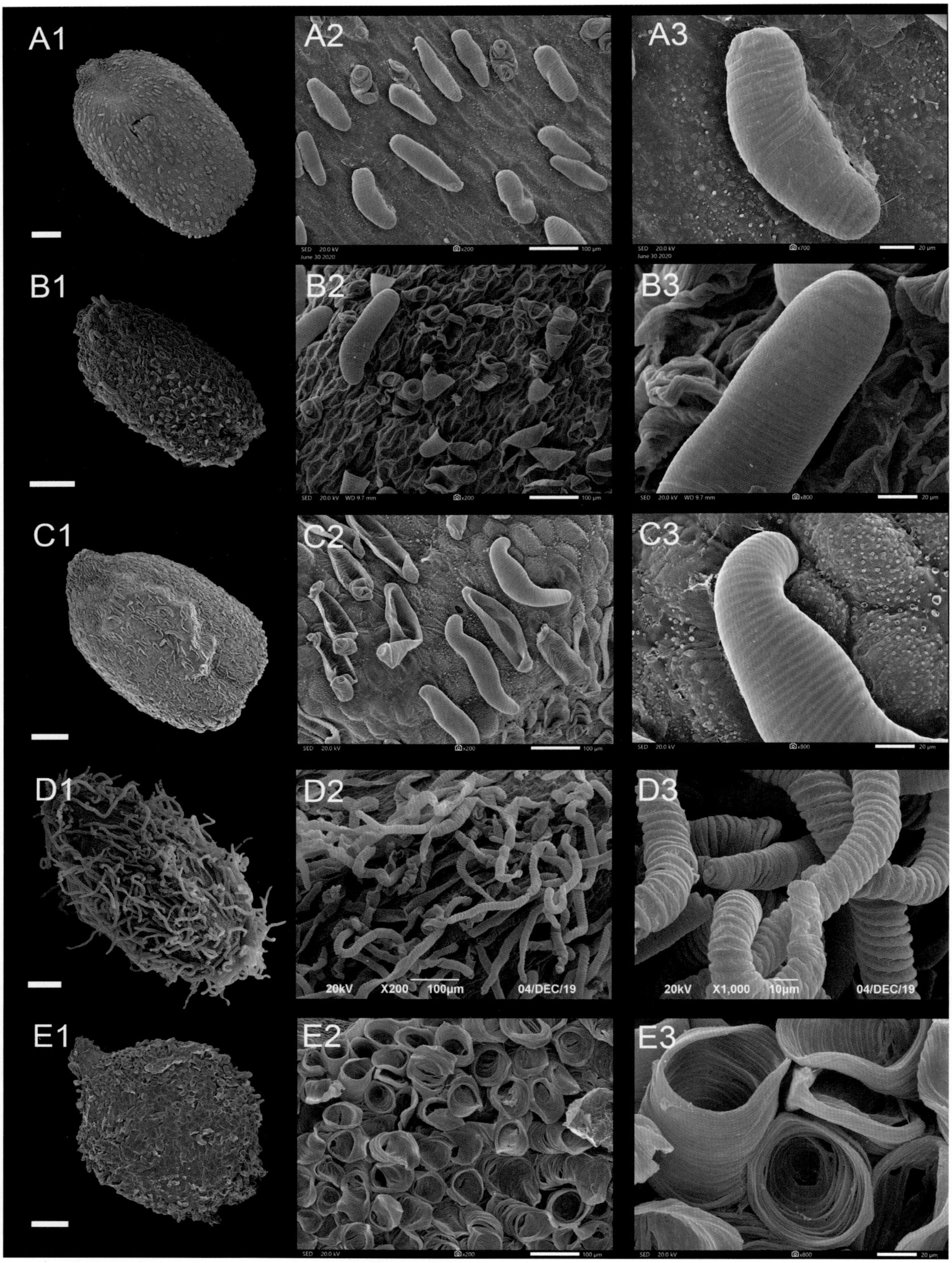

图 3.9　附属物型凤仙花种子扫描电镜图

A1–E1, 整体视图；A2–E2, C3–E3, 纹饰细节图；A1–A3, *Impatiens rupestris*; B1–B3, *I. obesa*; C1–C3, *I. polyneura*; D1–D3, *I. tripetala*; E1–E3, *I. burtonii*. 比例尺：A1–C1, E1, 500 μm, D1, 200 μm。其他见图中标注。

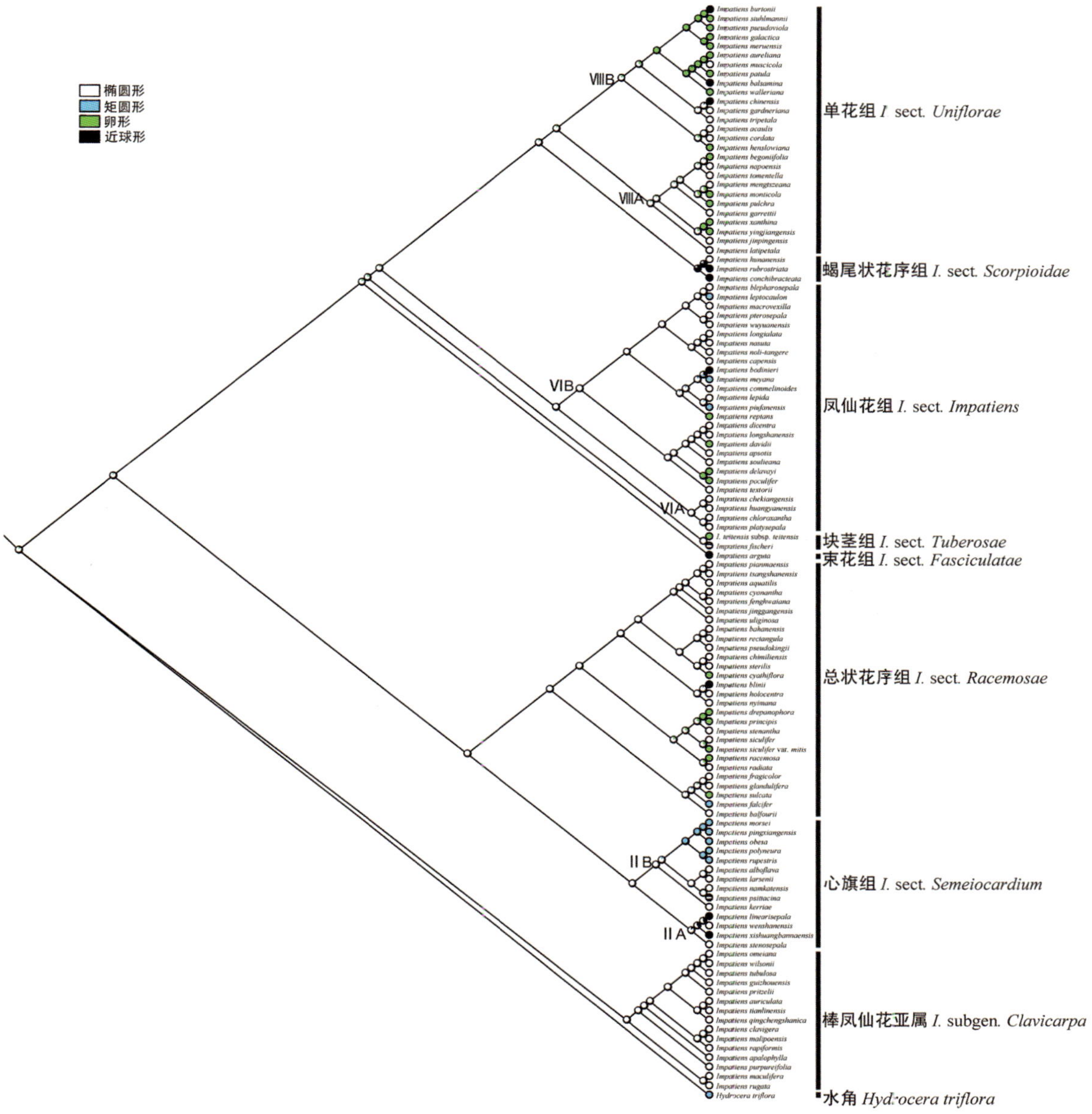

图 3.10　基于 ITS 和 atpB-rbcL 序列联合数据集，利用最大似然法对 117 种凤仙花种子形状的祖先性状重建，椭圆形种子为凤仙花属的祖先性状，系统发育树上不同的颜色表示凤仙花属的 4 种种子形状特征状态。

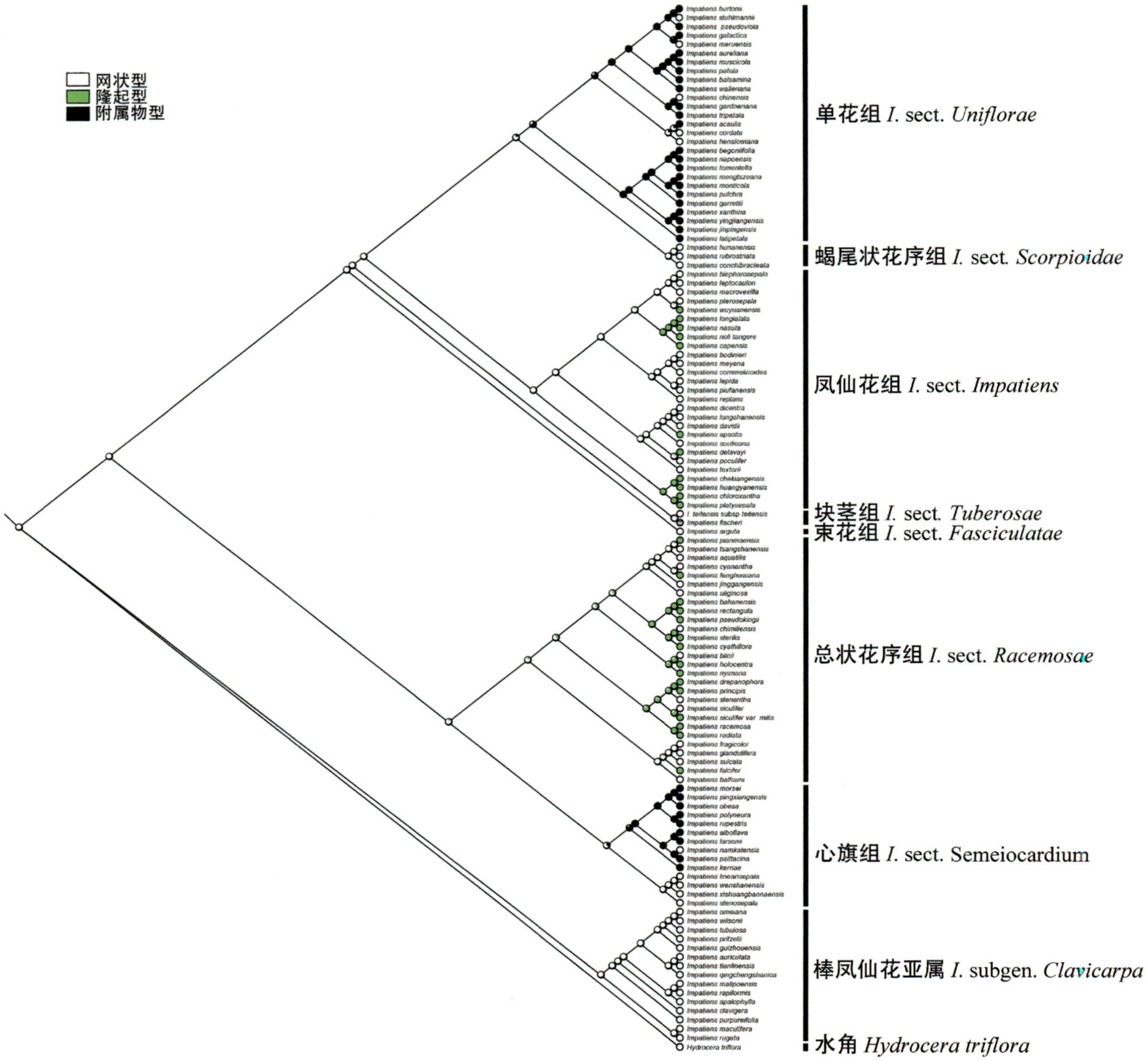

图 3.11　基于 ITS 和 atpB–rbcL 序列联合数据集，利用最大似然法对 117 种凤仙花初级纹饰的祖先性状重建，网状纹饰为凤仙花属的祖先性状，系统发育树上不同的颜色表示凤仙花基本纹饰的 3 种特征状态。

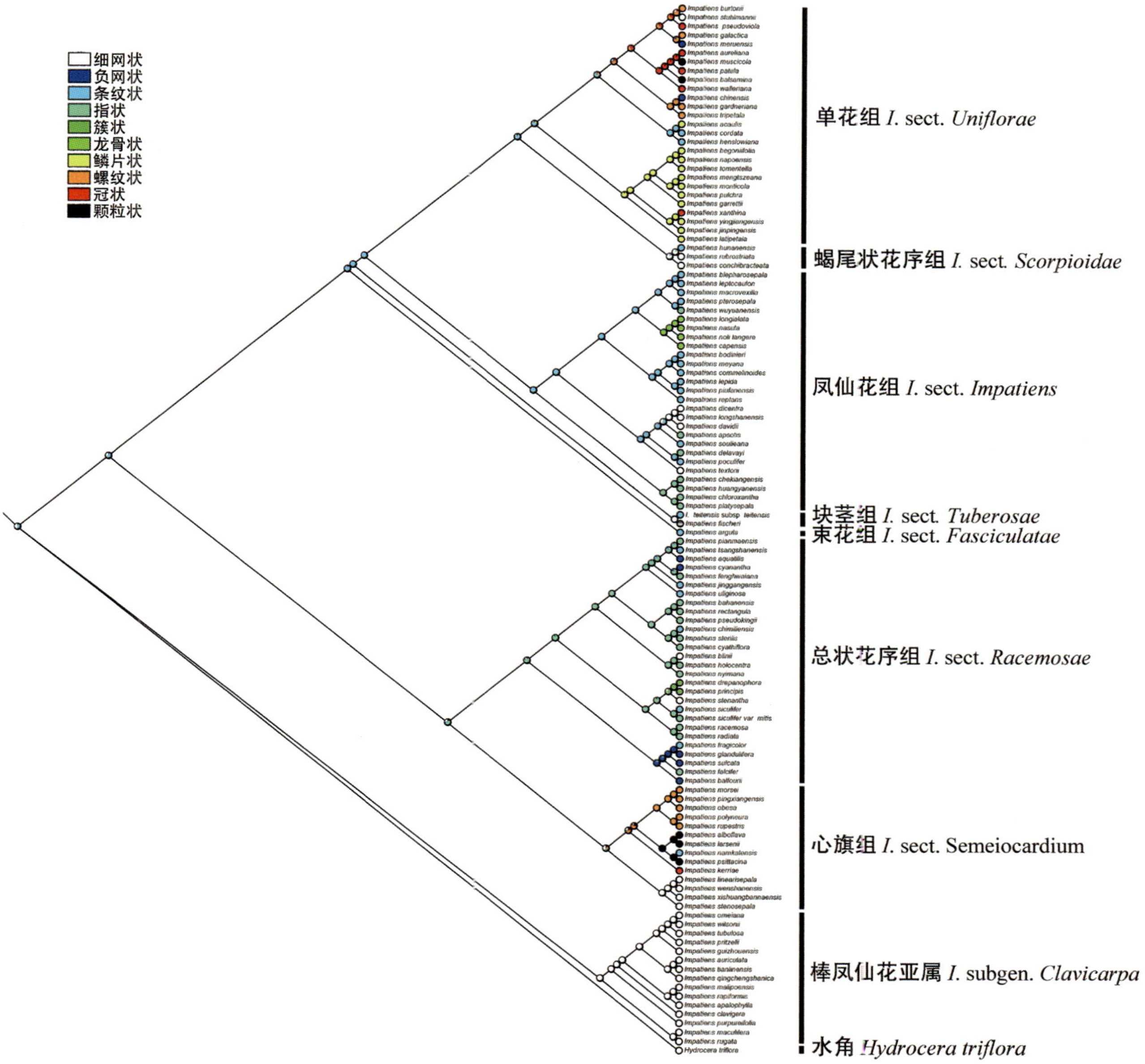

图 3.12　基于 ITS 和 atpB-rbcL 序列联合数据集，利用最大似然法对 117 种凤仙花次级纹饰的祖先性状重建，祖先状态不明确，系统发育树上不同的颜色表示凤仙花次级纹饰的 10 种特征状态。

附图

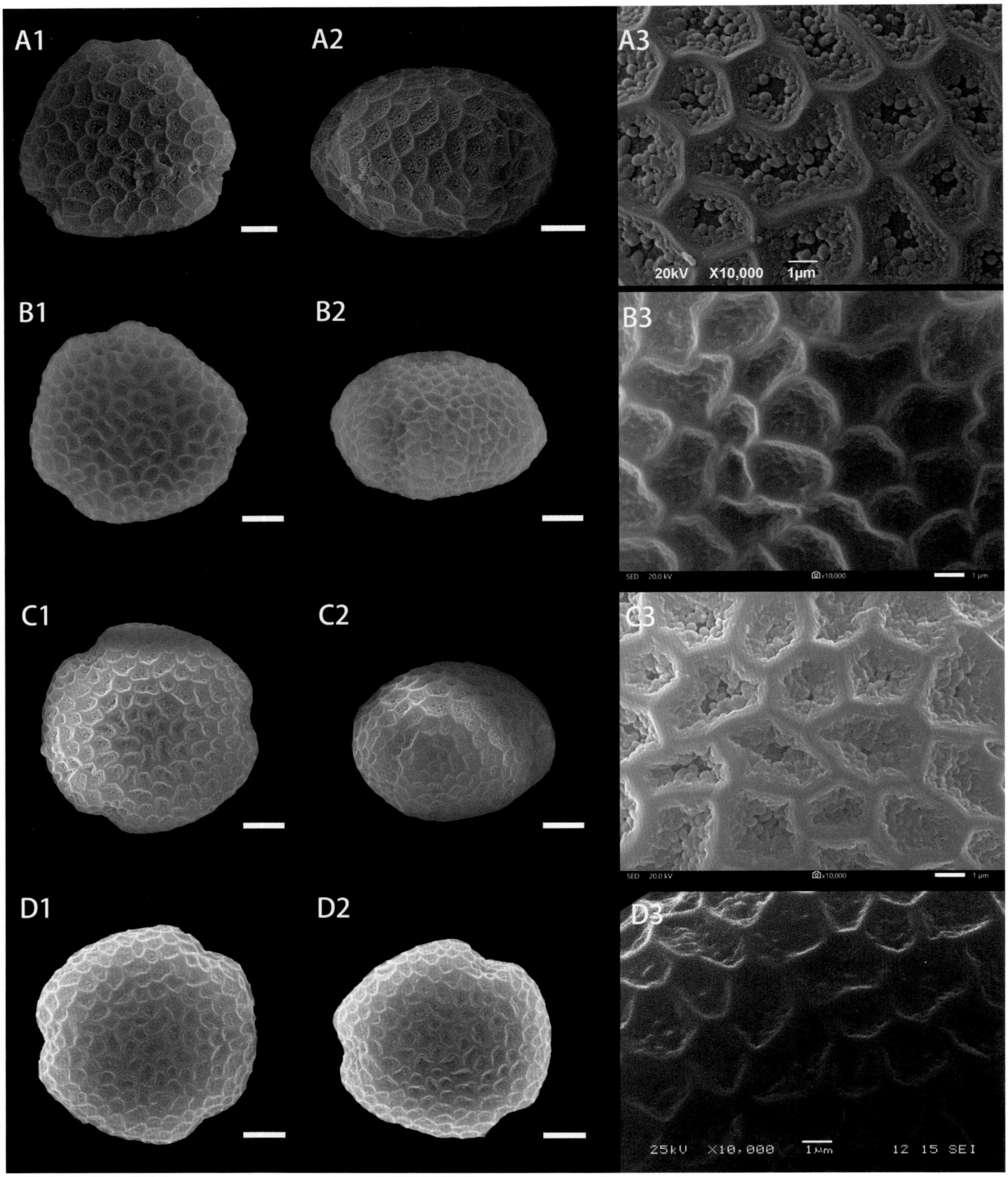

附图 1　棒凤仙花亚属花粉扫描电镜图

A1–D1, 极面观 ; A2–D2, 赤道面观 A3–D3, 纹饰细节图 ; A1–A3, *Impatiens omeiana*; B1–B3, *I. guizhouensis*; C1–C3, *I. chishuiensis*; D1–D3, *I. pesudoapalophylla*. 比例尺 : A1–D1, A2–D2, 5 µm; A3–D3, 1 µm。

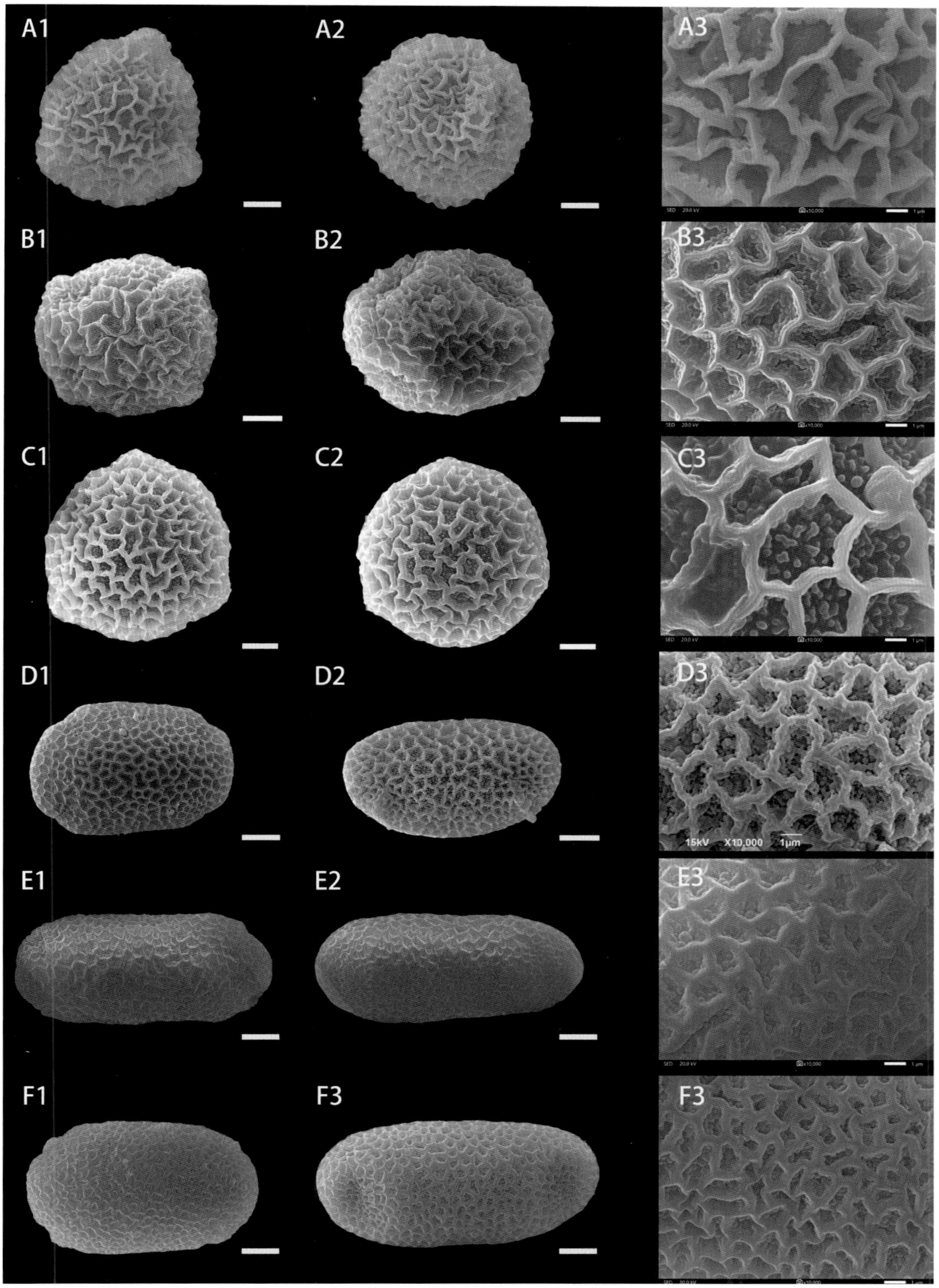

附图 2　凤仙花亚属花粉扫描电镜图

A1–F1, B2–C2, 极面观；A2, D2–F2, 赤道面观；A3–F3, 纹饰细节图；A1–A3, *Impatiens aureliana*; B1–B3, *I. burtonii*; C1–C3, *I. pseudoviola*; D1–D3, *I. chinensis*; E1–E3, *I. napoensis*; F1–F3, *I. mengtzeana*. 比例尺：A1–F1, A2–F2, 5 μm; A3–F3, 1 μm。

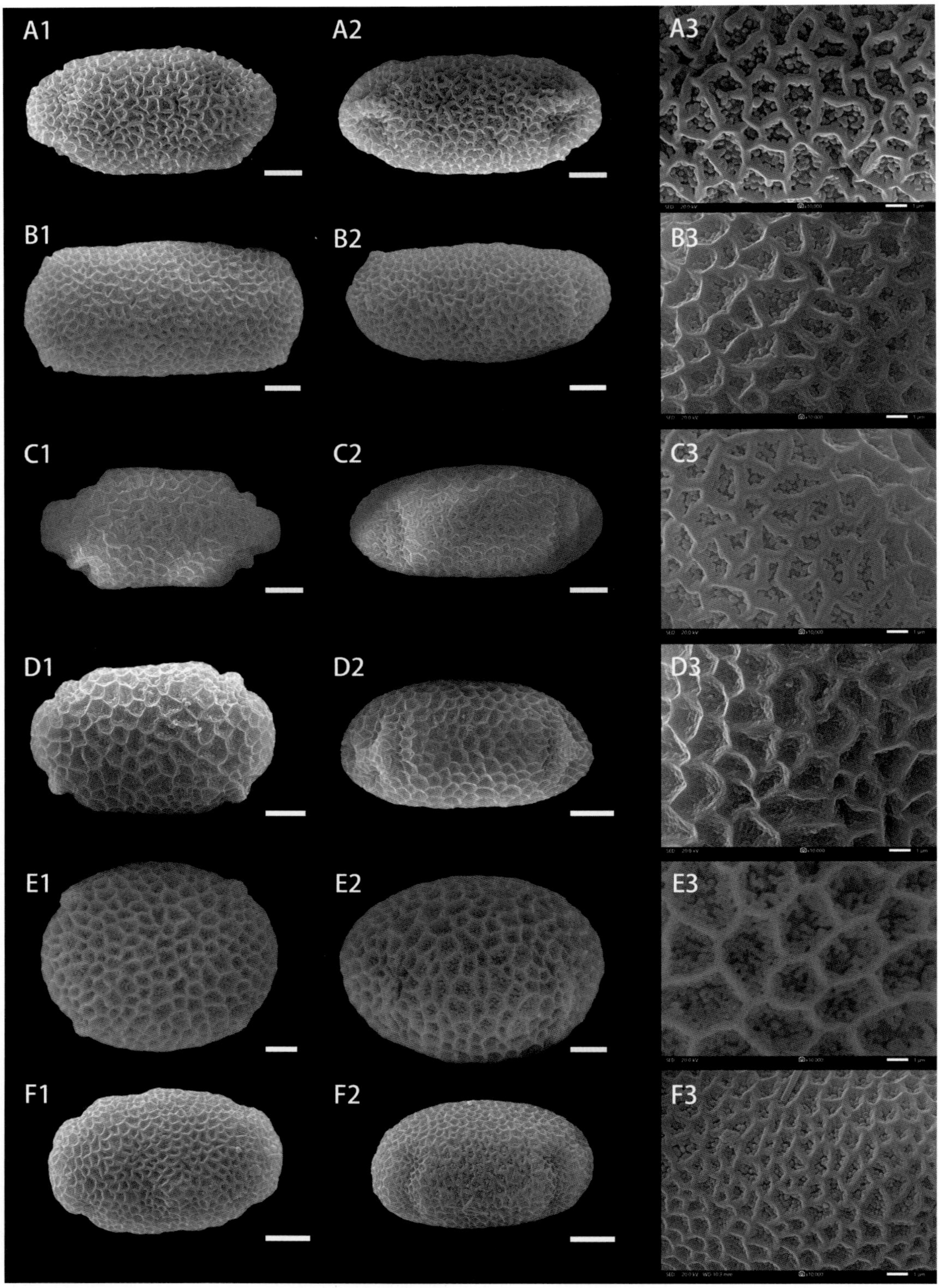

附图 3　凤仙花亚属花粉扫描电镜图

A1–F1, 极面观；A2–F2, 赤道面观；A3–F3, 纹饰细节图；A1–A3, *Impatiens monticola*; B1–B3, *I. latipetala*; C1– C3, *I. yingjiangensis*; D1–D3, *I. duclouxii*; E1–E3, *I. longicornuta*; F1–F3, *I. longshanensis*. 比例尺：A1–F1, A2–F2, 5 μm; A3–F3, 1 μm。

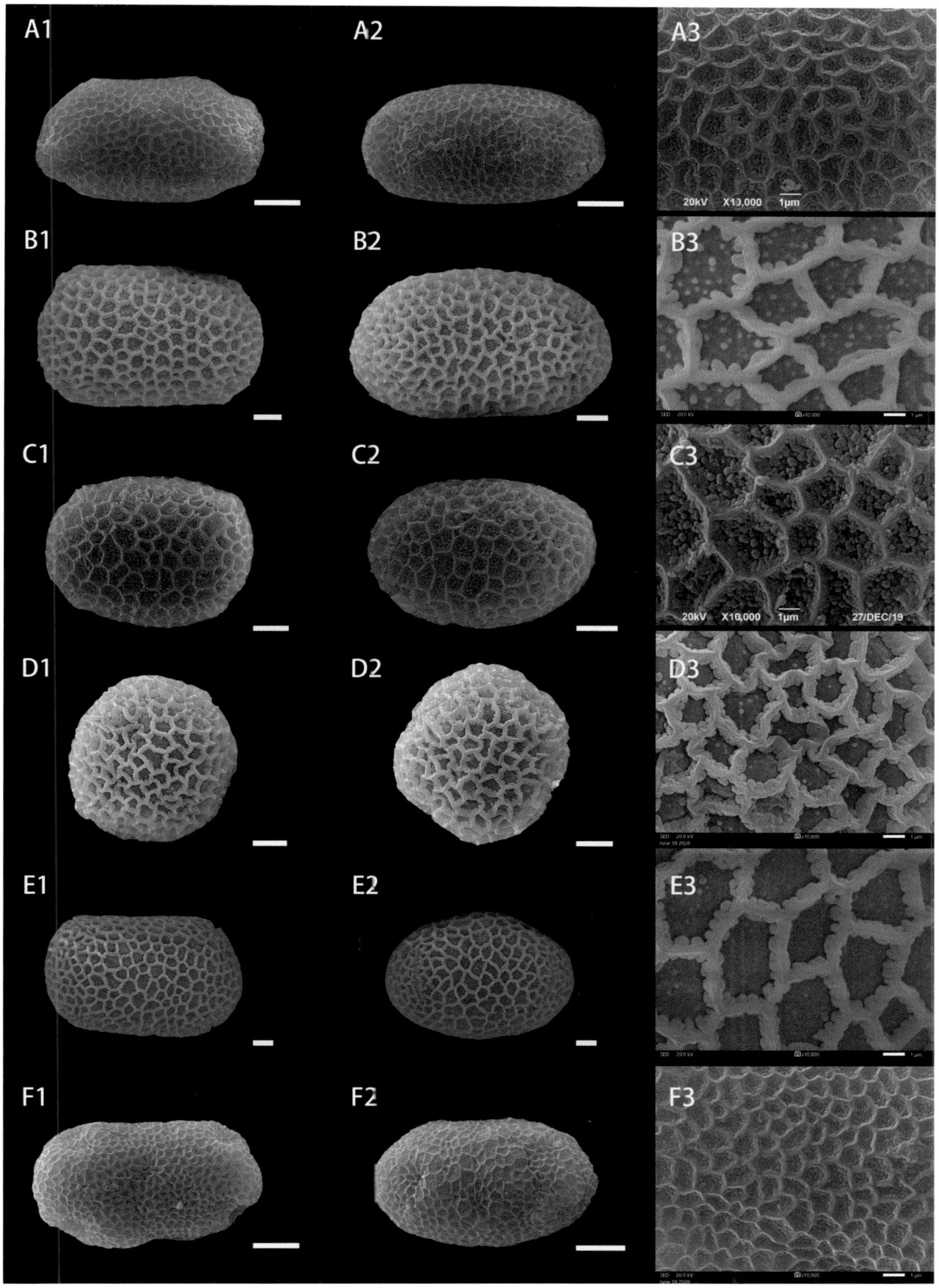

附图 4　凤仙花亚属花粉扫描电镜图

A1–F1, D2, 极面观 ; A2–C2, E2–F2, 赤道面观 ;A3–F3, 纹饰细节图 ; A1–A3, *Impatiens soulieana*; B1–B3, *I. blepharosepala*; C1–C3, *I. leptocaulon*; D1–D3, *I. macrovexilla*; E1–E3, *I. macrovexilla* var. *yaoshanensis*, F1–F3, *I. longialata*. 比例尺 : A1–F1, A2–F2, 5 μm; A3–F3, 1 μm。

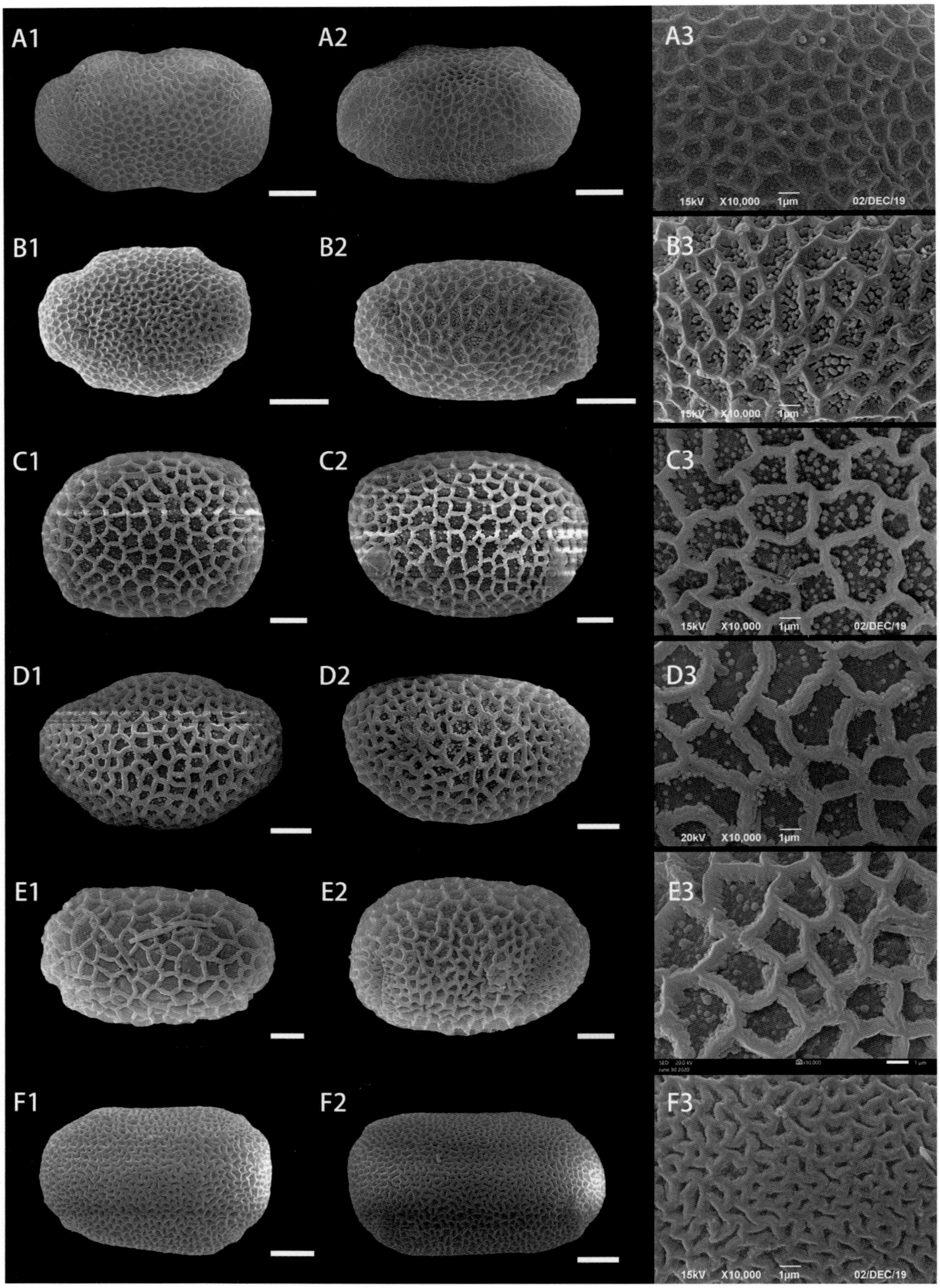

附图 5　凤仙花亚属花粉扫描电镜图

A1–F1, A2–B2, F2, 极面观；C2–E2, 赤道面观；A3–F3, 纹饰细节图。A1–A3, *Impatiens nasuta*; B1–B3, *I. noli-tangere*; C1–C3, *I. pterosepala*; D1–D3, *I. wuyuanensis*; E1–E3, *I. bodinieri*; F1–F3, *I. meyana*. 比例尺：A1–F1, A2–F2, 5 μm; A3–F3, 1 μm。

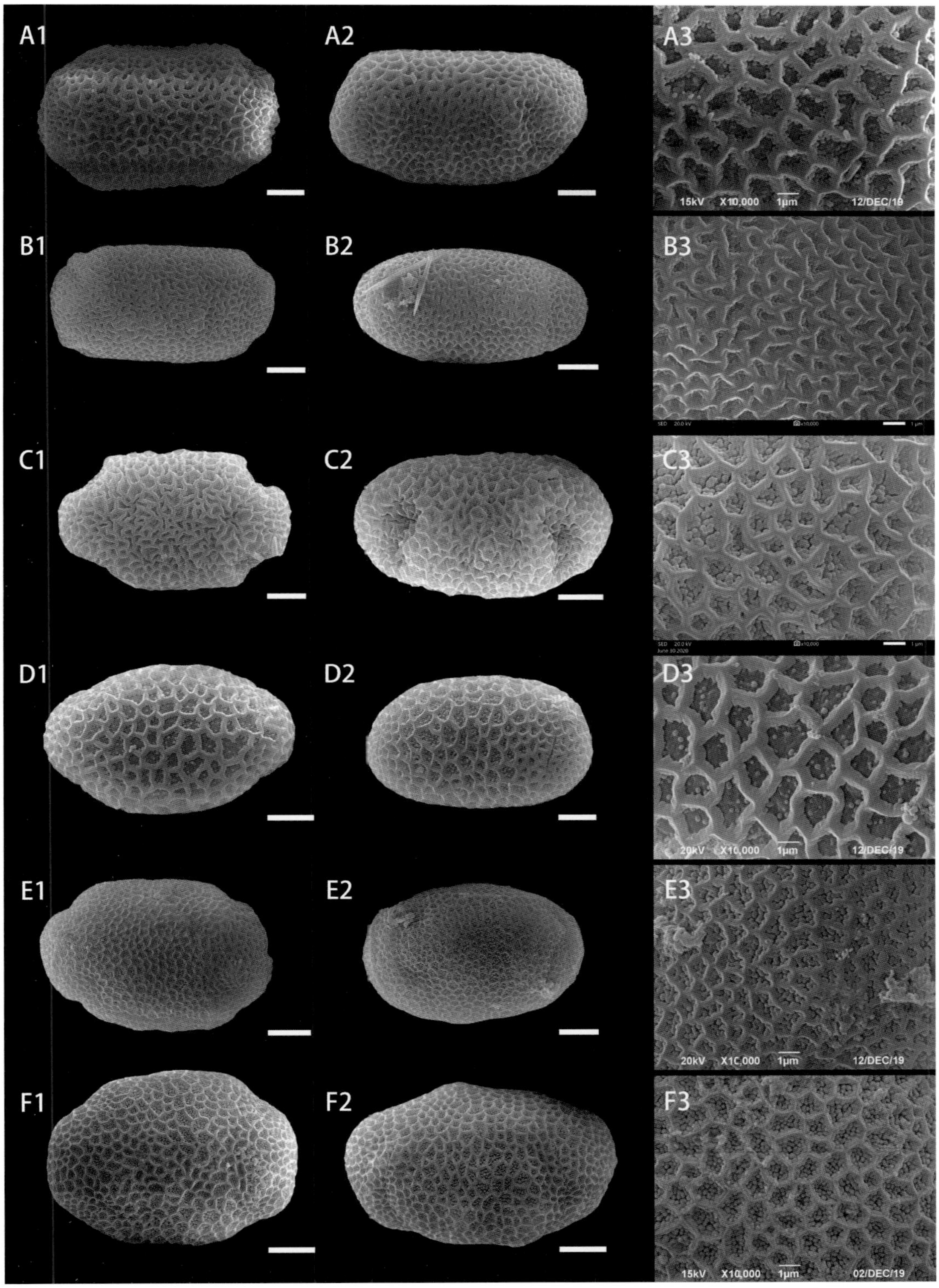

附图 6　凤仙花亚属花粉扫描电镜图

A1–F1, 极面观；A2–F2, 赤道面观；A3–F3, 纹饰细节图。A1–A3, *Impatiens lateristcchys*; B1–B3, *I. lepida*; C1–C3, *I. piufanensis*; D1–D3, *I. chiulungensis*; E1–E3, *I. delavayi*; F1–F3, *I. poculifer*. 比例尺：A1–F1, A2–F2, 5 μm; A3–F3, 1 μm。

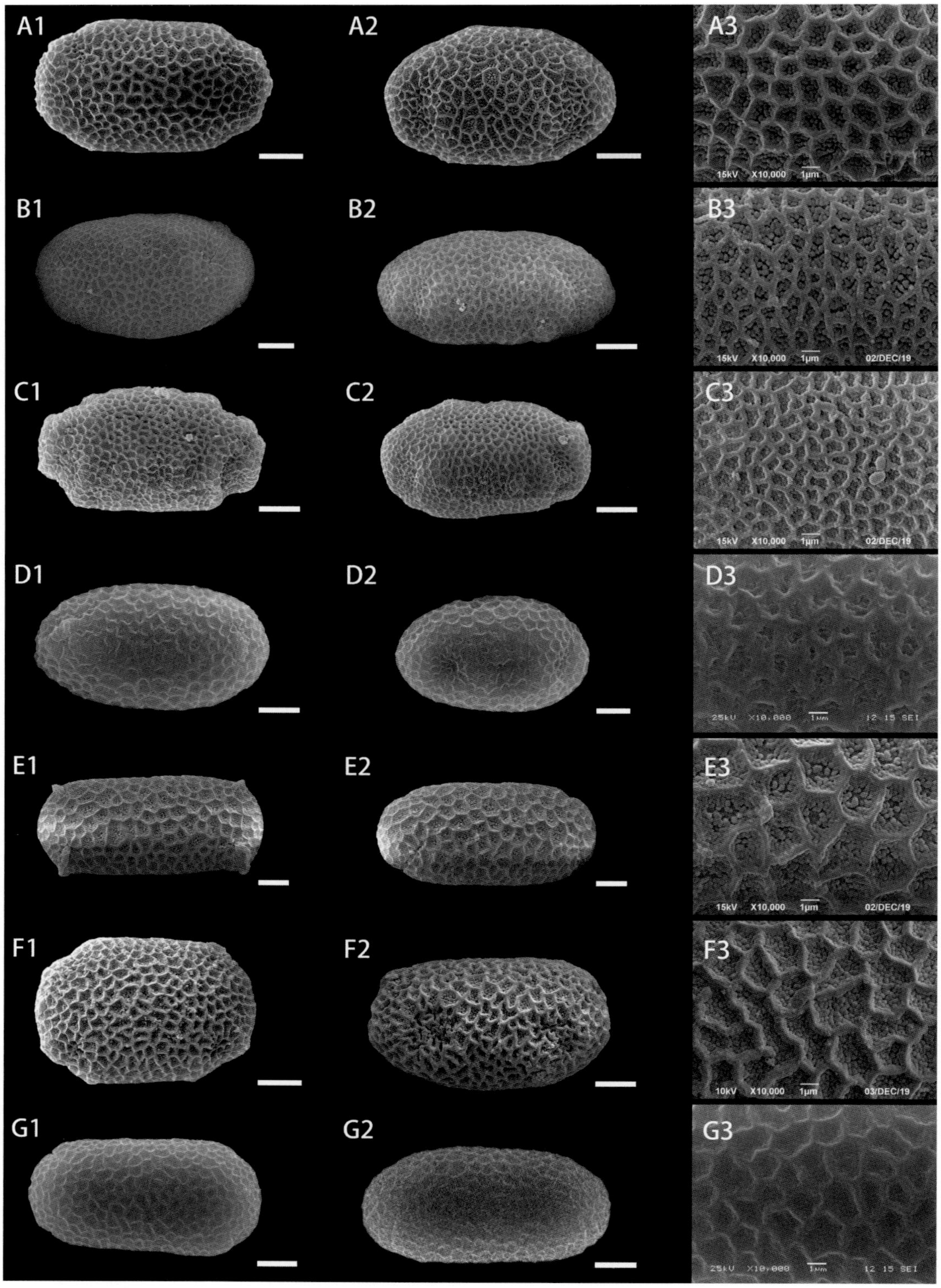

附图 7　凤仙花亚属花粉扫描电镜图

A1–F1, E2, G2, 极面观；A2–D2, F2, 赤道面观；A3–G3, 纹饰细节图 . A1–A3, *Impatiens davidii*; B1–B3, *I. fragicolor*; C1–C3, *I. sulcate*; D1–D3, *I. tsangshanensis*; E1–E3, *I. cyanantha*; F1–F3, *I. jinggangensis*; G1–G3, *I. cyathiflora*. 比例尺：A1–G1, A2–G2, 5 μm; A3–G3, 1 μm。

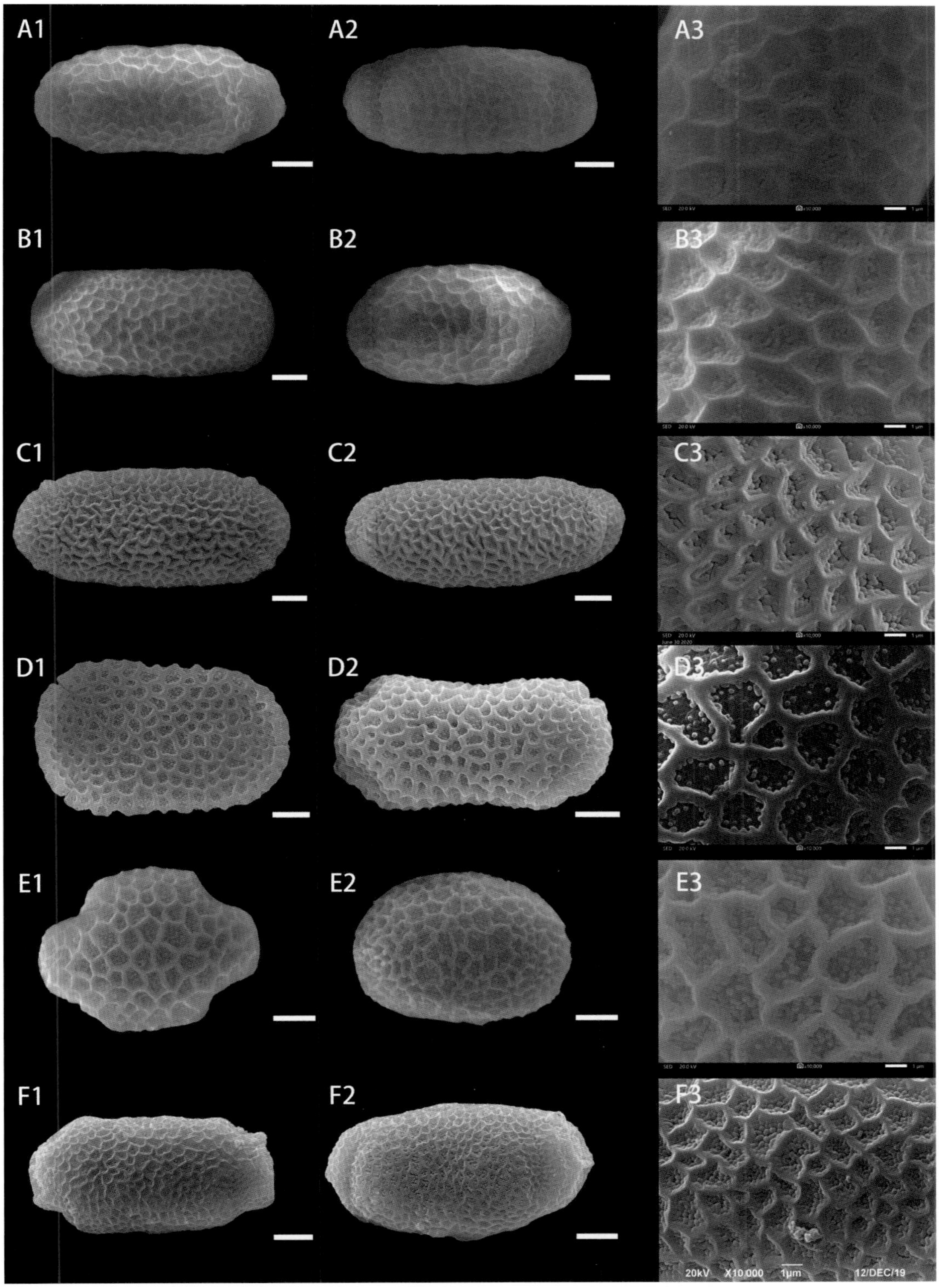

附图 8　凤仙花亚属花粉扫描电镜图

A1, A2–C2, E2–F2, 赤道视图；B1–F1, D2, 极面观；A3–F3, 纹饰细节图；A1–A3, *Impatiens yaojiapingensis*; B1–B3, *I. sterilis*; C1–C3, *I. rupestris*; D1–D3, *I. holocentra*; E1–E3, *I. margaritifera*; F1–F3, *I. nyimana*. 比例尺：A1–F1, A2–F2, 5 μm; A3–F3, 1 μm。

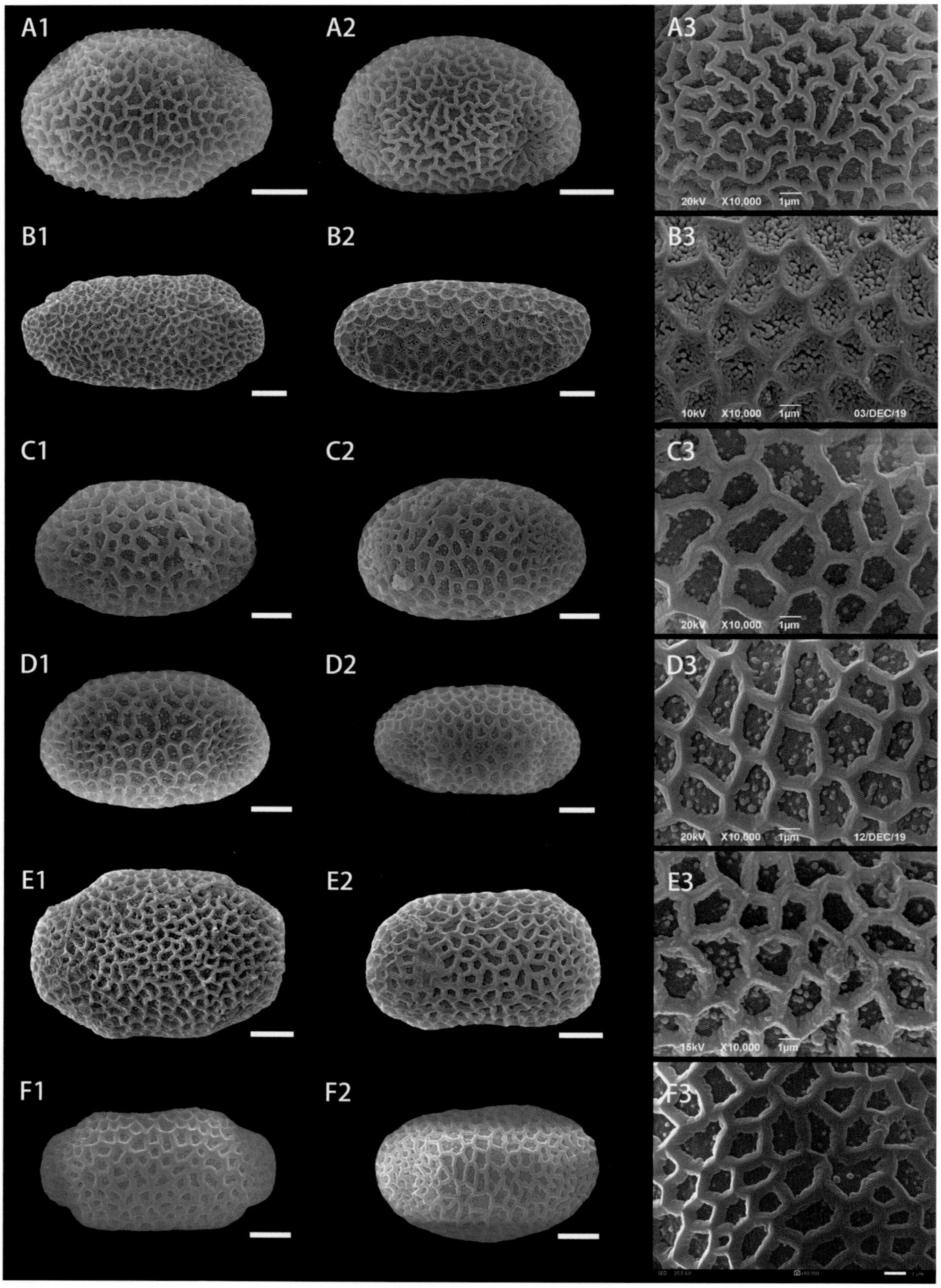

附图 9　凤仙花亚属花粉扫描电镜图

A1–C1, E1–F1, E2, 极面观；D1, A2–D2, F2, 赤道面观；A3–F3, 纹饰细节图；A1–A3, *Impatiens radiata*; B1–B3, *I. musyana*; C1–C3, *I. principis*; D1–D3, *I. ruiliensis*; E1–E3, *I. siculifer*; F1–F3, *I. siculifer* var. *mitis*. 比例尺：A1–F1, A2–F2, 5 μm; A3–F3, 1 μm。

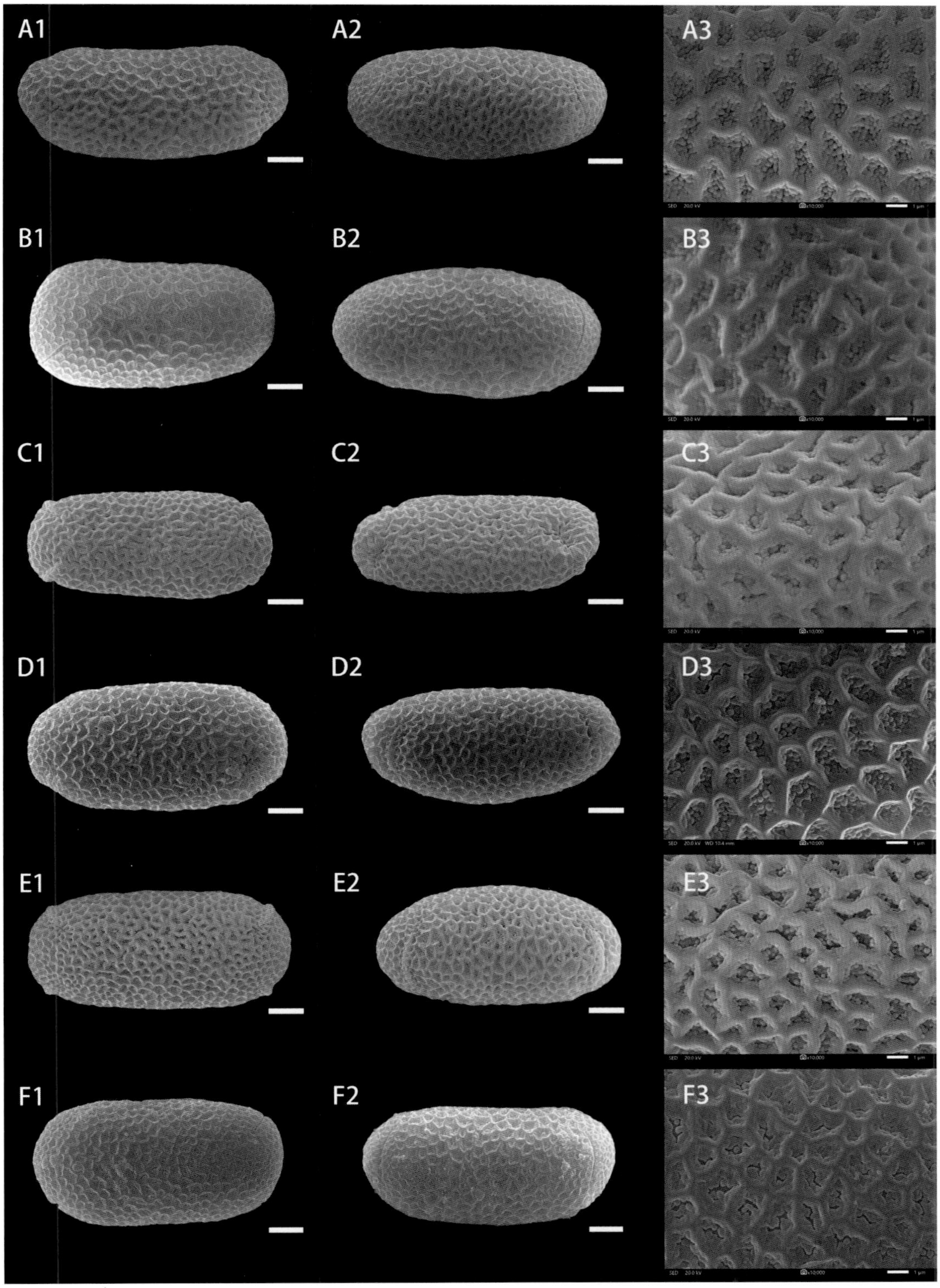

附图 10　凤仙花亚属花粉扫描电镜图

A1–F1, 极面观；A2–F2, 赤道面观；A3–F3, 纹饰细节图；A1–A3, *Impatiens angulata*; B1–B3, *I. morsei*; C1–C3, *I. lobulifera*; D1–D3, *I. obesa*; E1–E3, *I. polyneura*; F1–F3, *I. kerriae*. 比例尺：A1–F1, A2–F2, 5 μm; A3–F3, 1 μm。

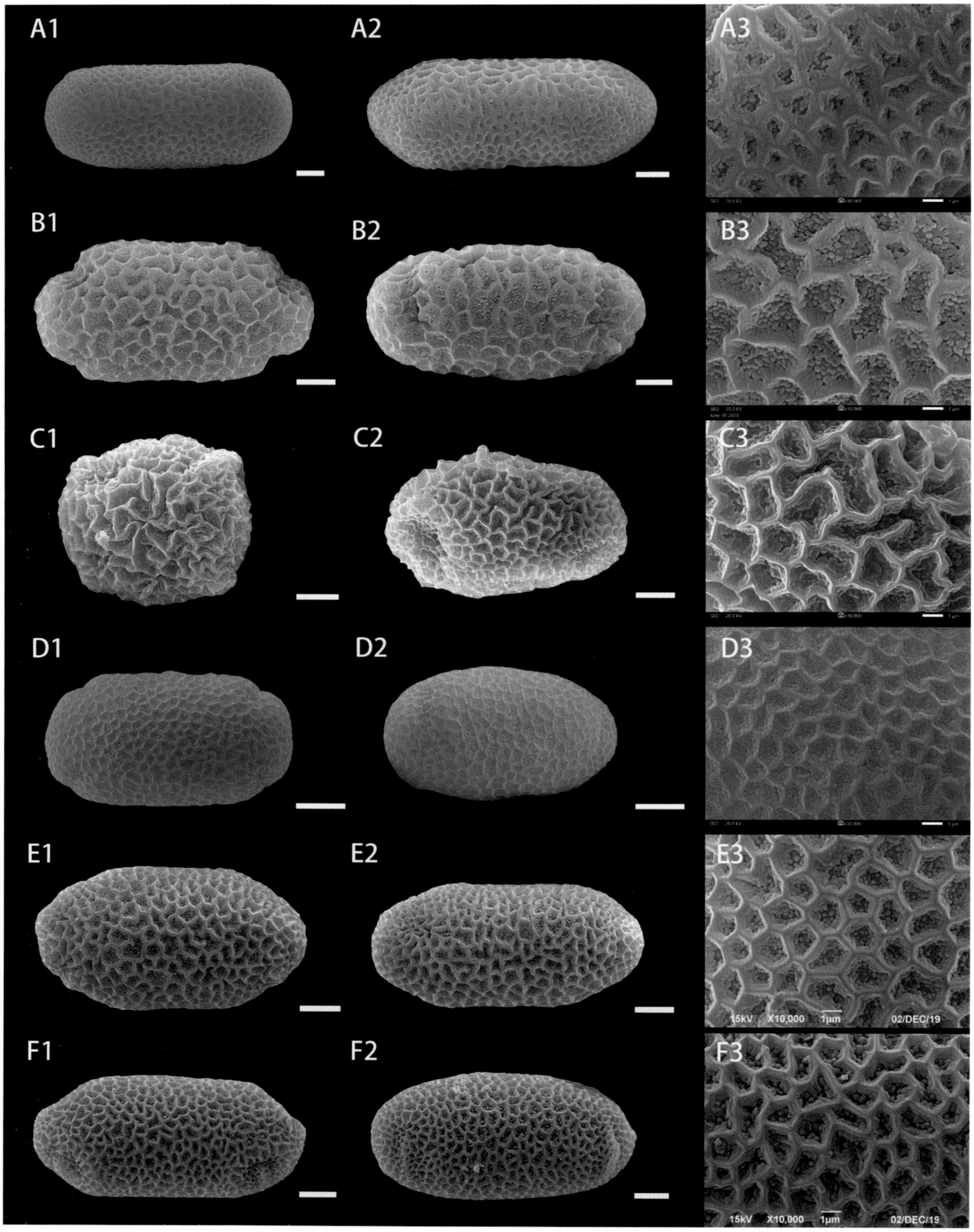

附图 11　凤仙花亚属花粉扫描电镜图

A1–F1，极面观；A2–F2，赤道面观；A3–F3，纹饰细节图；A1–A3, *Impatiens xishuangbannaensis*; B1–B3, *I. stenosepala*; C1–C3, *I. burtonii*; D1–D3, *I. henanensis*; E1–E3, *I. tripetala*; F1–F3, *I. wuchengyihii.* 比例尺：A1–F1, A2–F2, 5 μm; A3–F3, 1 μm。

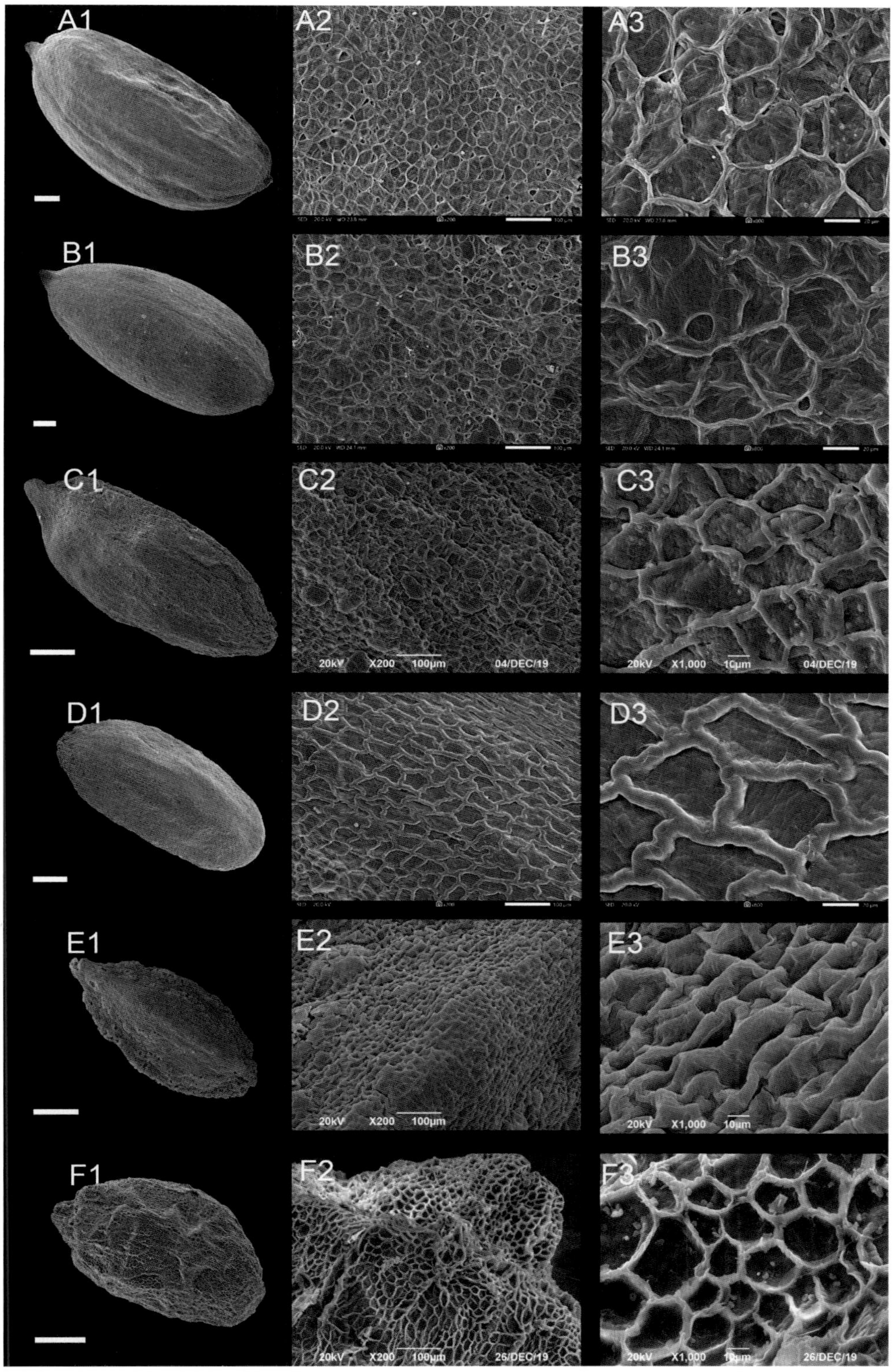

附图 12　凤仙花种子扫描电镜图

A1–F1, 整体视图; A2–F2, A3–F3, 纹饰细节图; A1–A3, *Impatiens purpureifolia*; B1–B3, *I. clavigera*; C1–C3, *I. guizhouensis*; D1–D3, *I. pritzelii*; E1–E3, *I. omeiana*; F1–F3, *I. stenosepala*. 比例尺 : A1–F1, 500 μm; 其他见图中标注。

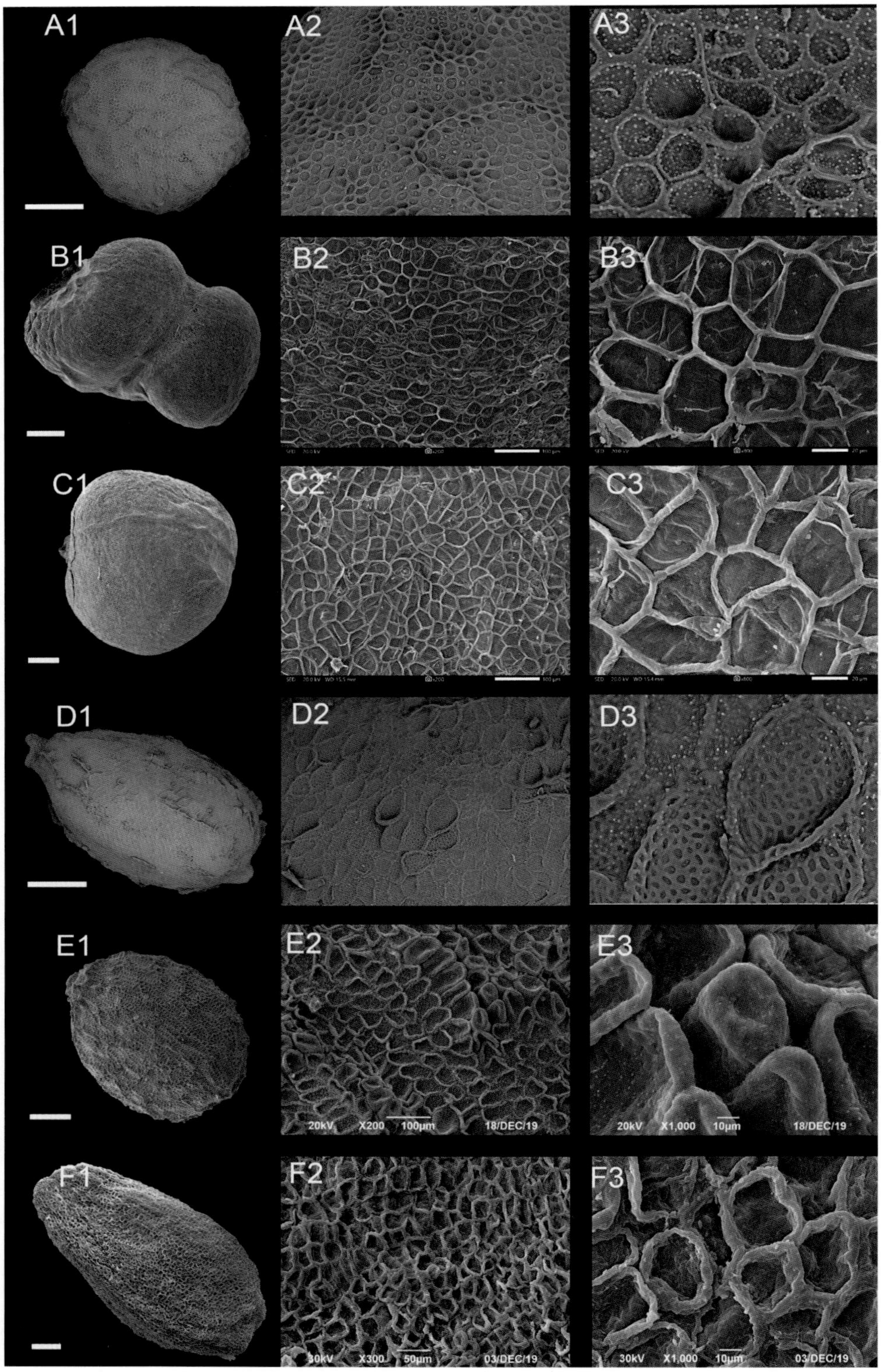

附图 13　凤仙花种子扫描电镜图

A1–F1, 整体视图; A2–F2, A3–F3, 纹饰细节图; A1–A3, *Impatiens xishuangbannaensis*; B1–B3, *I. wenshanensis*; C1–C3, *I. linearisepala*; D1–D3, *I. stenantha*; E1–E3, *I. blinii*; F1–F3, *I. davidii*. 比例尺 : A1- E1, 500 μm; F1, 200 μm; 其他见图中标注。

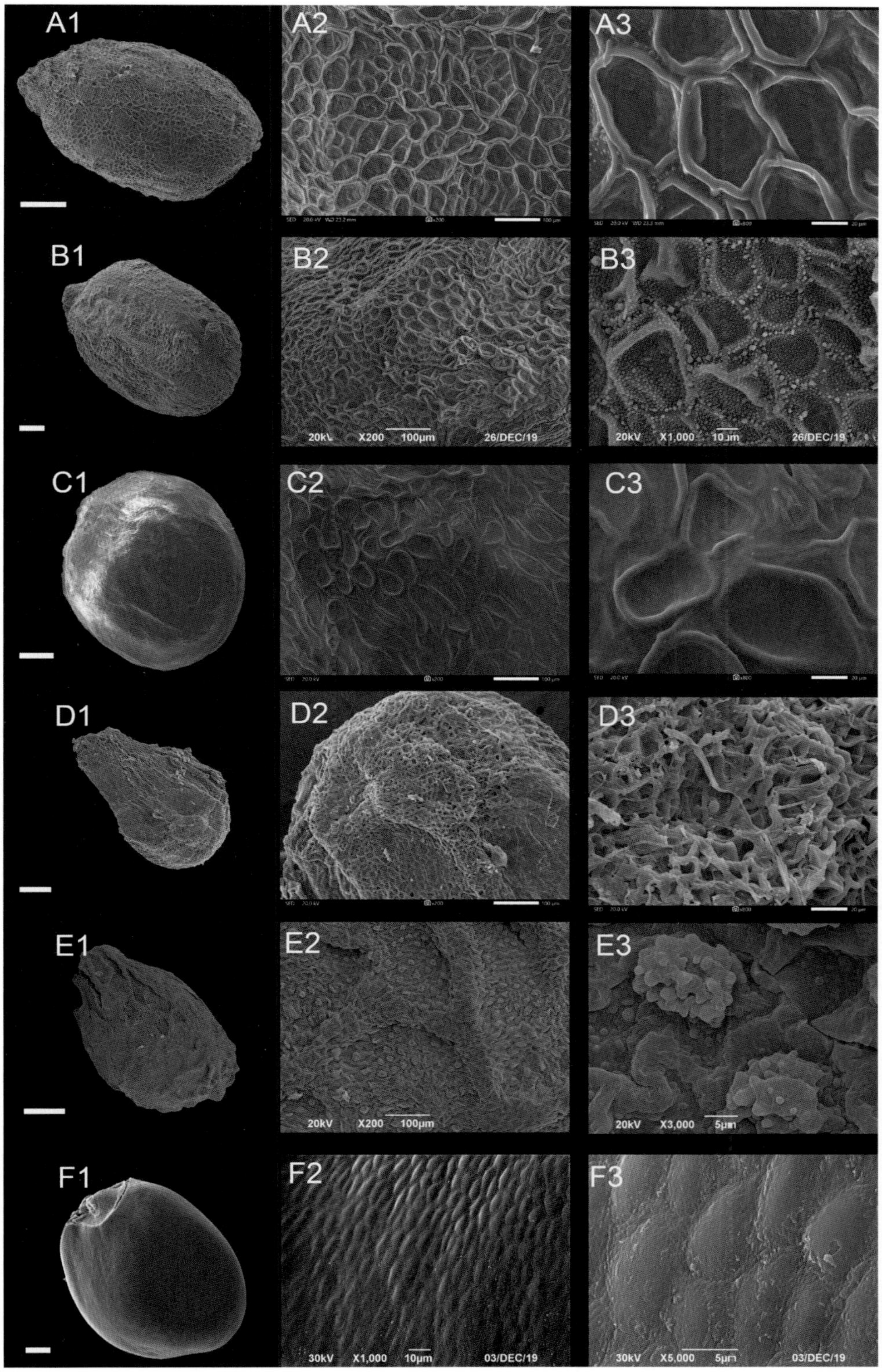

附图 14　凤仙花种子扫描电镜图

A1–F1, 整体视图；A2–F2, A3–F3, 纹饰细节图；A1–A3, *Impatiens longshanensis*; B1–B3, *I. dicentra*; C1–C3, *I. rubrostriata*; D1–D3, *I. stuhlmannii*; E1–E3, *I. aquatilis*; F1–F3, *I. chinensis*. 比例尺：A1, C1, 500 μm; B1, D1, F1, 200 μm; 其他见图中标注。

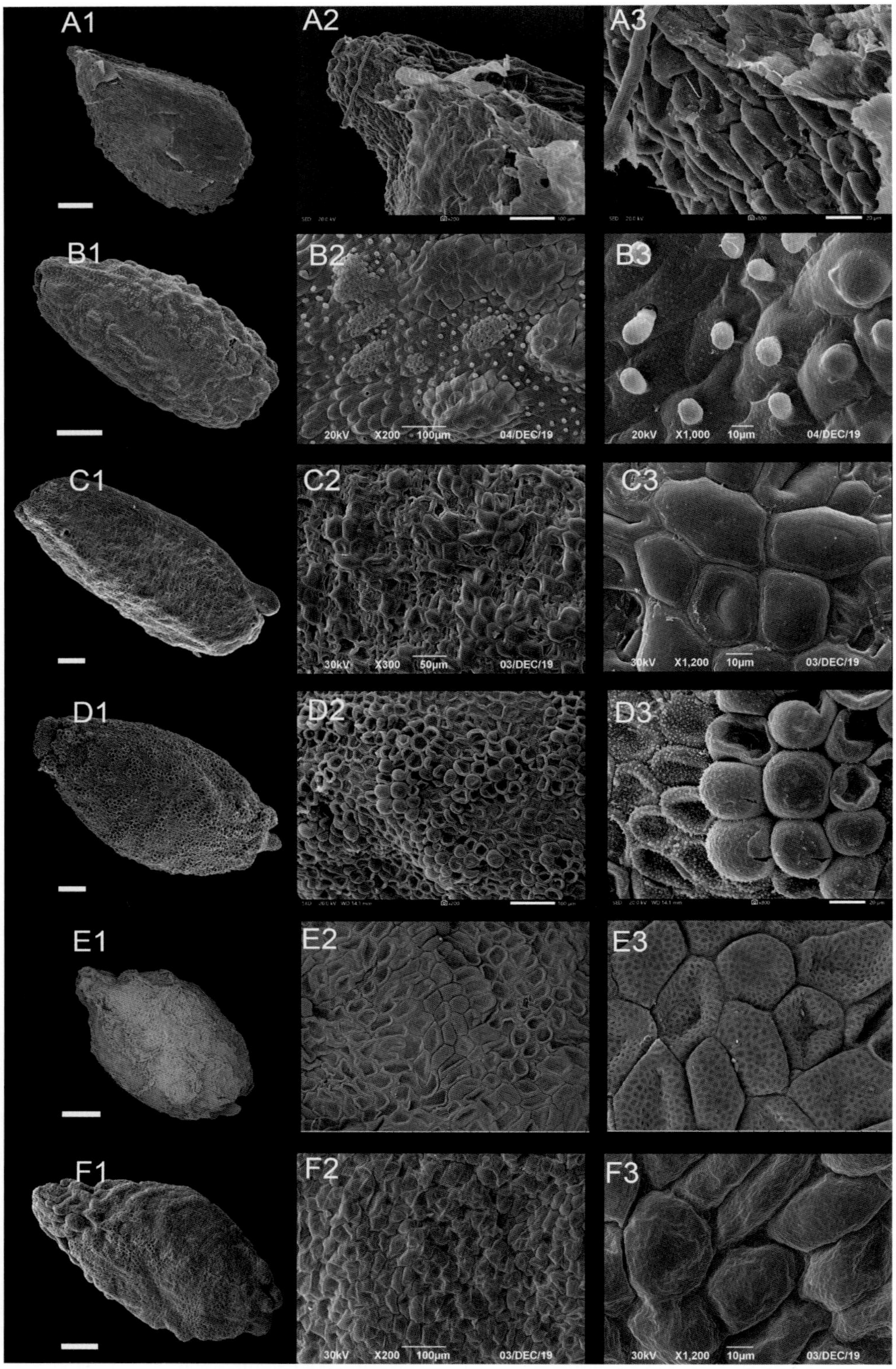

附图 15　凤仙花种子扫描电镜图

A1–F1, 整体视图 ; A2–F2, A3–F3, 纹饰细节图 ; A1–A3, *Impatiens meruensis*; B1–B3, *I. fragicolor*; C1–C3, *I. siculifer*; D1–D3, *I. chimiliensis*; E1–E3, *I. uliginosa*; F1–F3, *I. jinggangensis*. 比例尺 : A1, B1, E1, F1, 500 μm; C1, D1, 200 μm; 其他见图中标注。

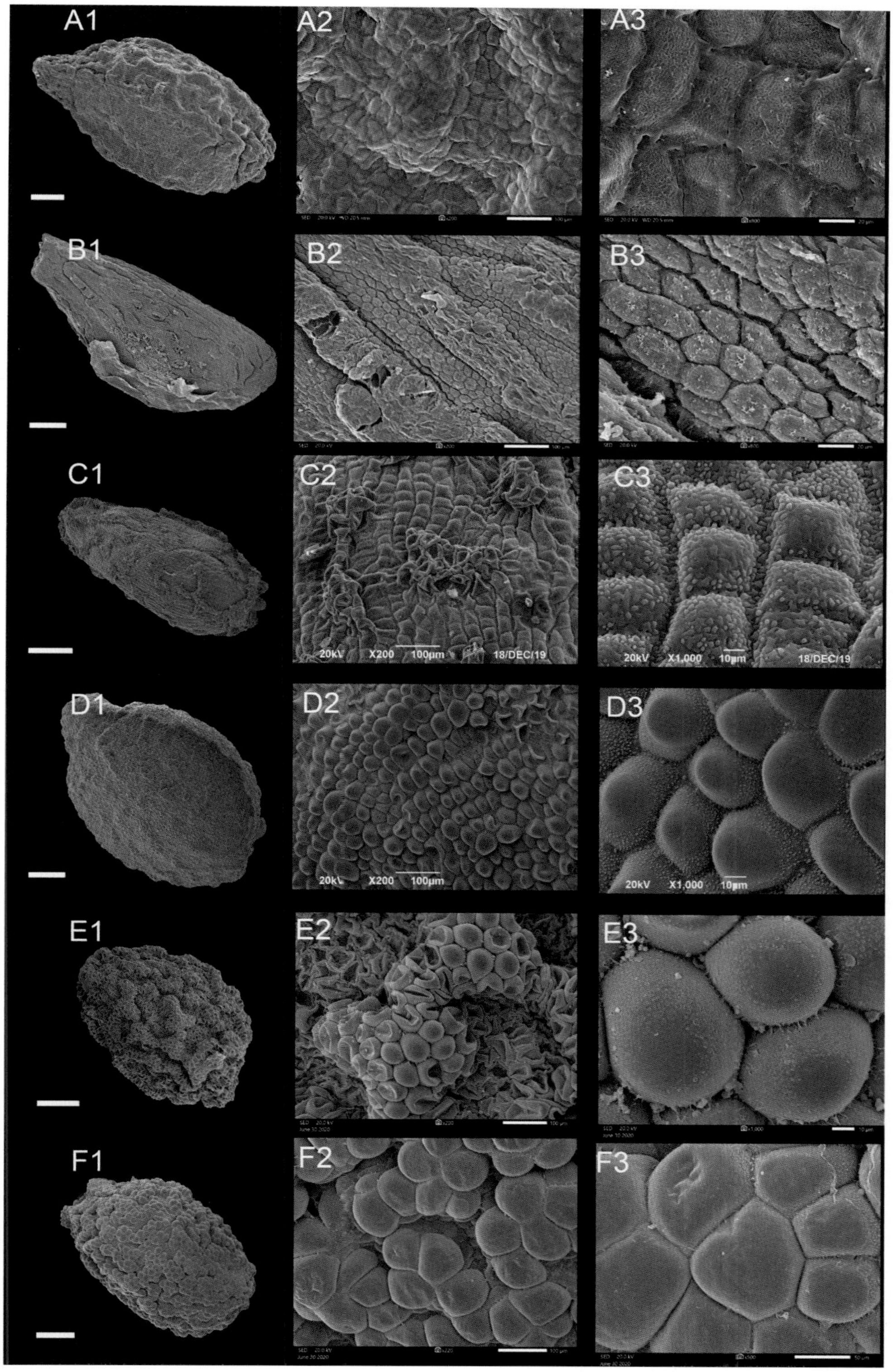

附图 16　凤仙花种子扫描电镜图

A1–F1, 整体视图；A2–F2, A3–F3, 纹饰细节图；A1–A3, *Impatiens tsangshanensis*; B1–B3, *I. teitensis* subsp. *teitensis*; C1–C3, *I. poculifer*; D1–D3, *I. soulieana*; E1–E3, *I. reptans*; F1–F3, I. *piufanensis*. 比例尺：A1–F1, 500 μm; 其他见图中标注。

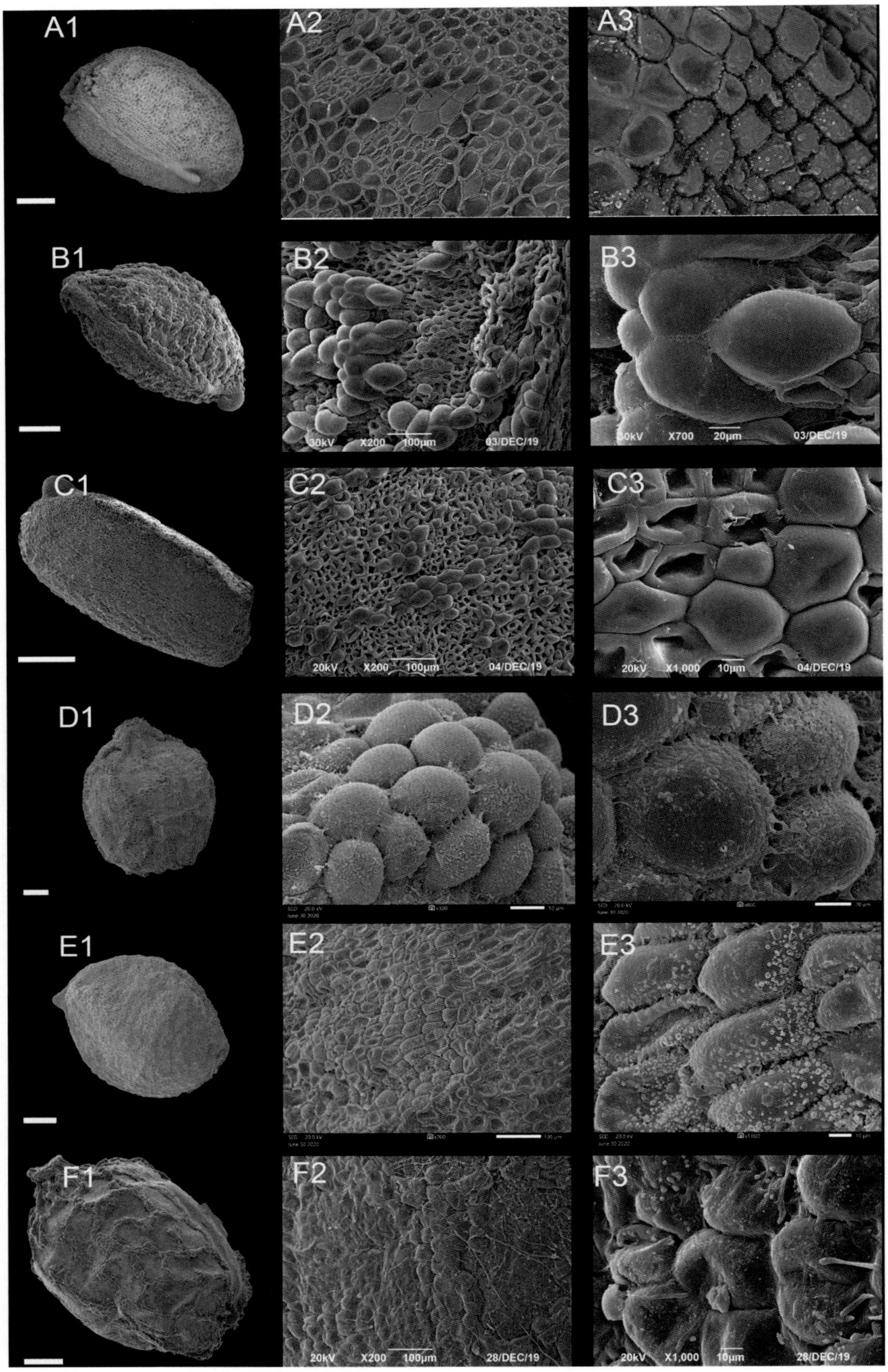

附图 17　凤仙花种子扫描电镜图

A1–F1, 整体视图 ; A2–F2, A3–F3, 纹饰细节图 ; A1–A3, *Impatiens lepida*; B1–B3, *I. commelinoides*; C1–C3, *I. meyana*; D1–D3, *I. bodinieri*; E1–E3, *I. macrovexilla*; F1–F3, *I. blepharosepala*. 比例尺 : A1–F1, 500 μm; 其他见图中标注。

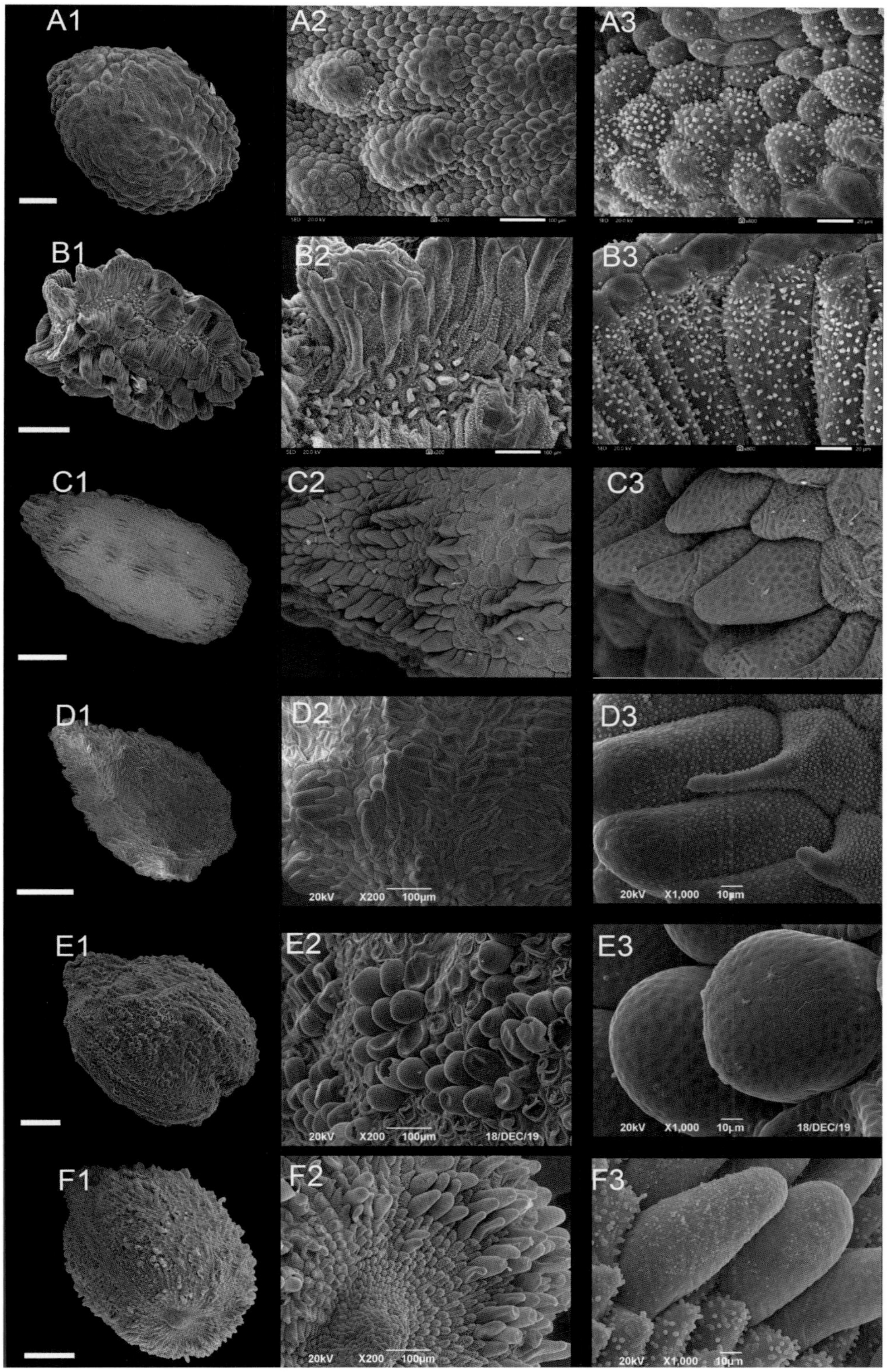

附图 ´8 凤仙花种子扫描电镜图

A1–F1, 整体视图；A2–F2, A3–F3, 纹饰细节图；A1–A3, *Impatiens hunanensis*; B1–B3, *I. falcifera*; C1–C3, *I. radiata*; D1–D3, *I. racemosa*; E1–E3, *I. siculifer* var. *mitis*; F1–F3, *I. nyimana*. 比例尺：A1–F1, 500 μm; 其他见图中标注。

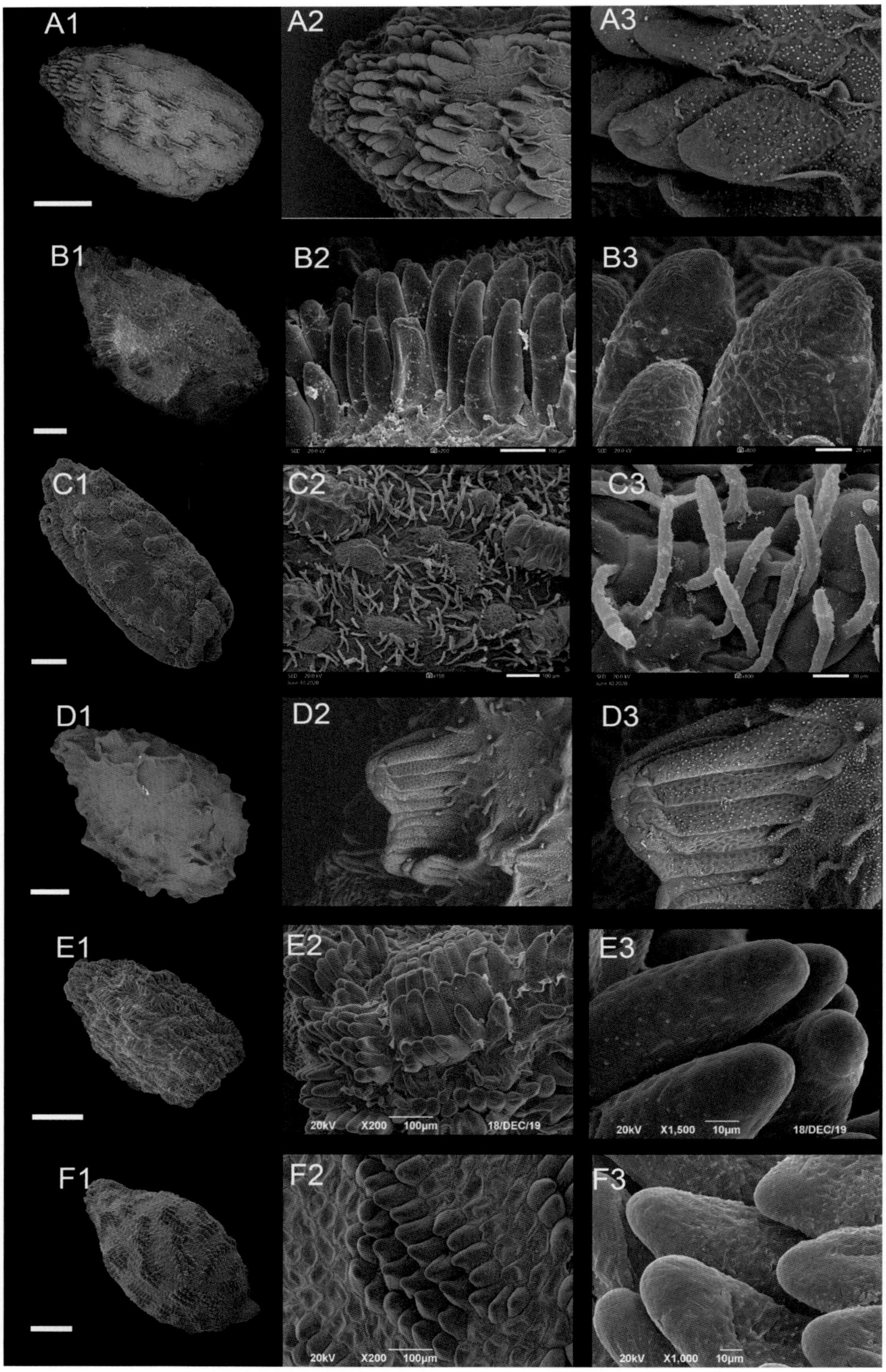

附图 19　凤仙花种子扫描电镜图

A1–F1, 整体视图 ; A2–F2, A3–F3, 纹饰细节图 ; A1–A3, *Impatiens holocentra*; B1–B3, *I. cyathiflora*; C1–C3, *I. sterilis*; D1–D3, *I. pseudokingii*; E1–E3, *I. rectangula*; F1–F3, *I. bahanensis*. 比例尺 : A1–F1, 500 μm; 其他见图中标注。

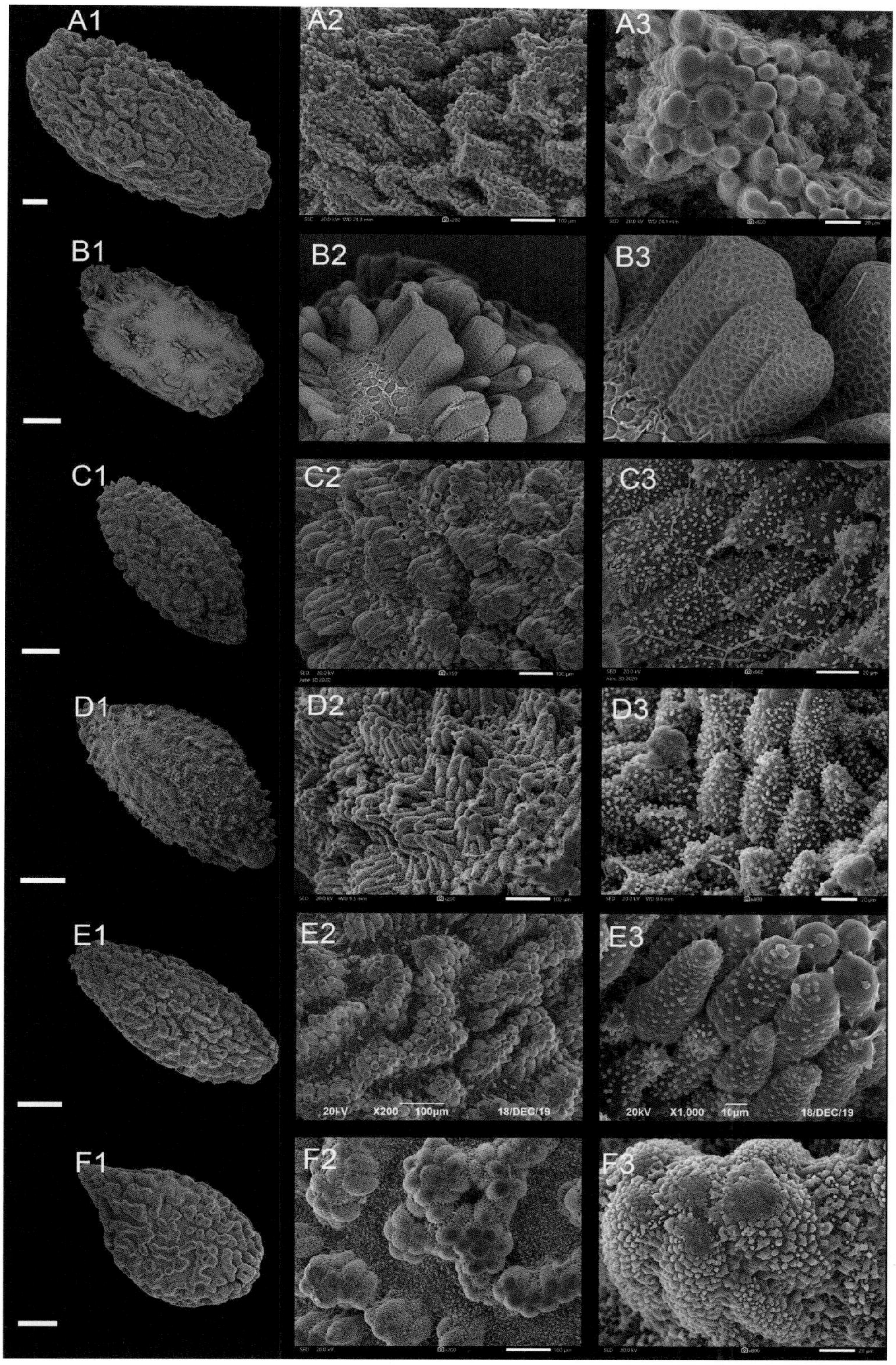

附图 20　凤仙花种子扫描电镜图

A1–F1, 整体视图 ; A2–F2, A3–F3, 纹饰细节图 ; A1–A3, *Impatiens fenghwaiana*; B1–B3, *I. pianmaensis*; C1–C3, *I. platysepala*; D1–D3, *I. chloroxantha*; E1–E3, *I. chekiangensis*; F1–F3, *I. delavayi*. 比例尺 : B1–F1, 500 μm, A1, 200 μm; 其他见图中标注。

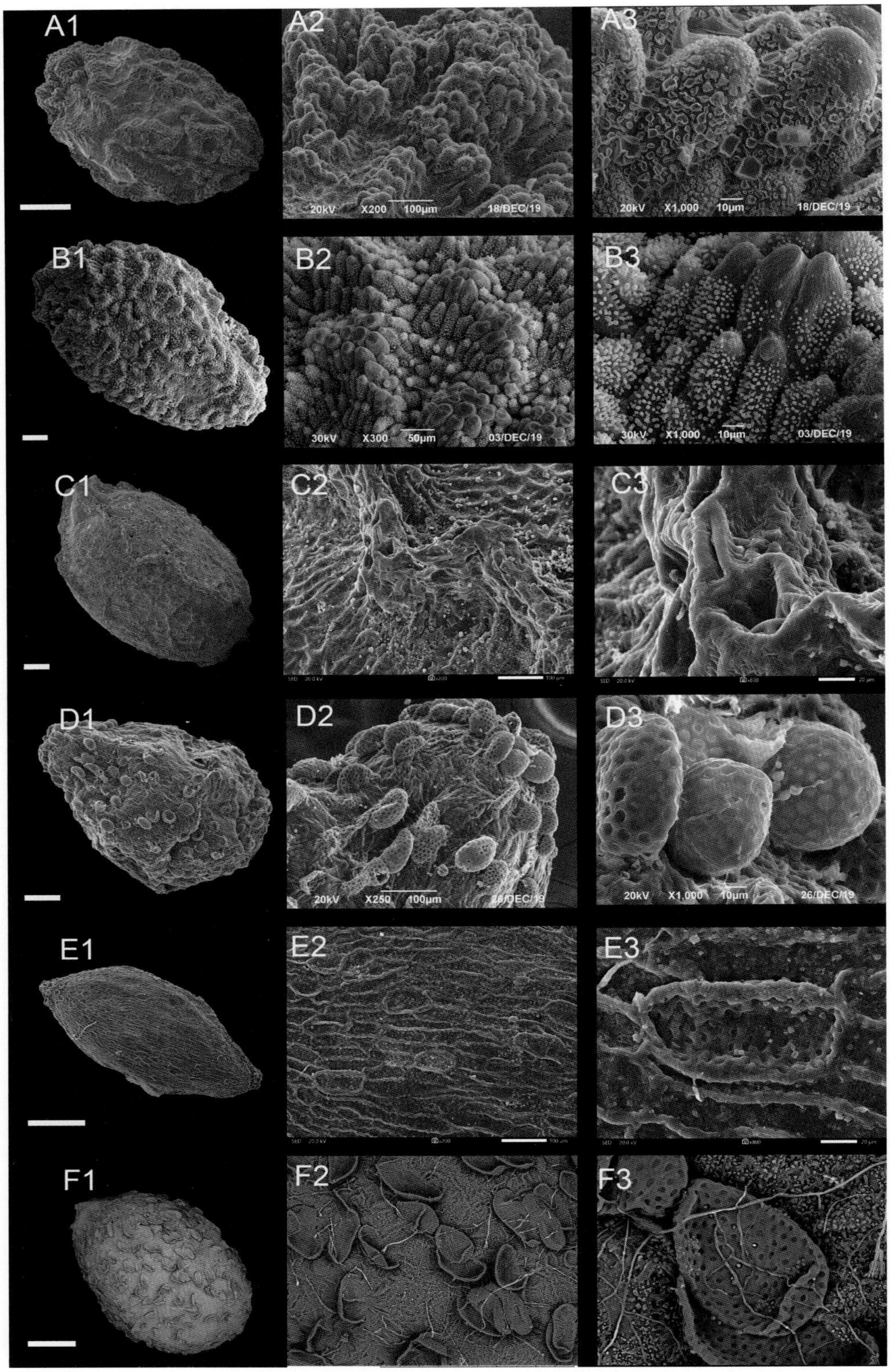

附图 21　凤仙花种子扫描电镜图

A1–F1, 整 体 视 图 ; A2–F2, A3–F3, 纹 饰 细 节 图 ; A1–A3, *Impatiens apsotis*; B1–B3, *I. wuyuanensis*; C1–C3, *I. nasuta*, D1–D3, *I. yingjiangensis*; E1–E3, *I. mengtszeana*; F1–F3, *I. tomentella*. 比例尺 : B1–F1, 500 μm, A1, 200 μm; 其他见图中标注。

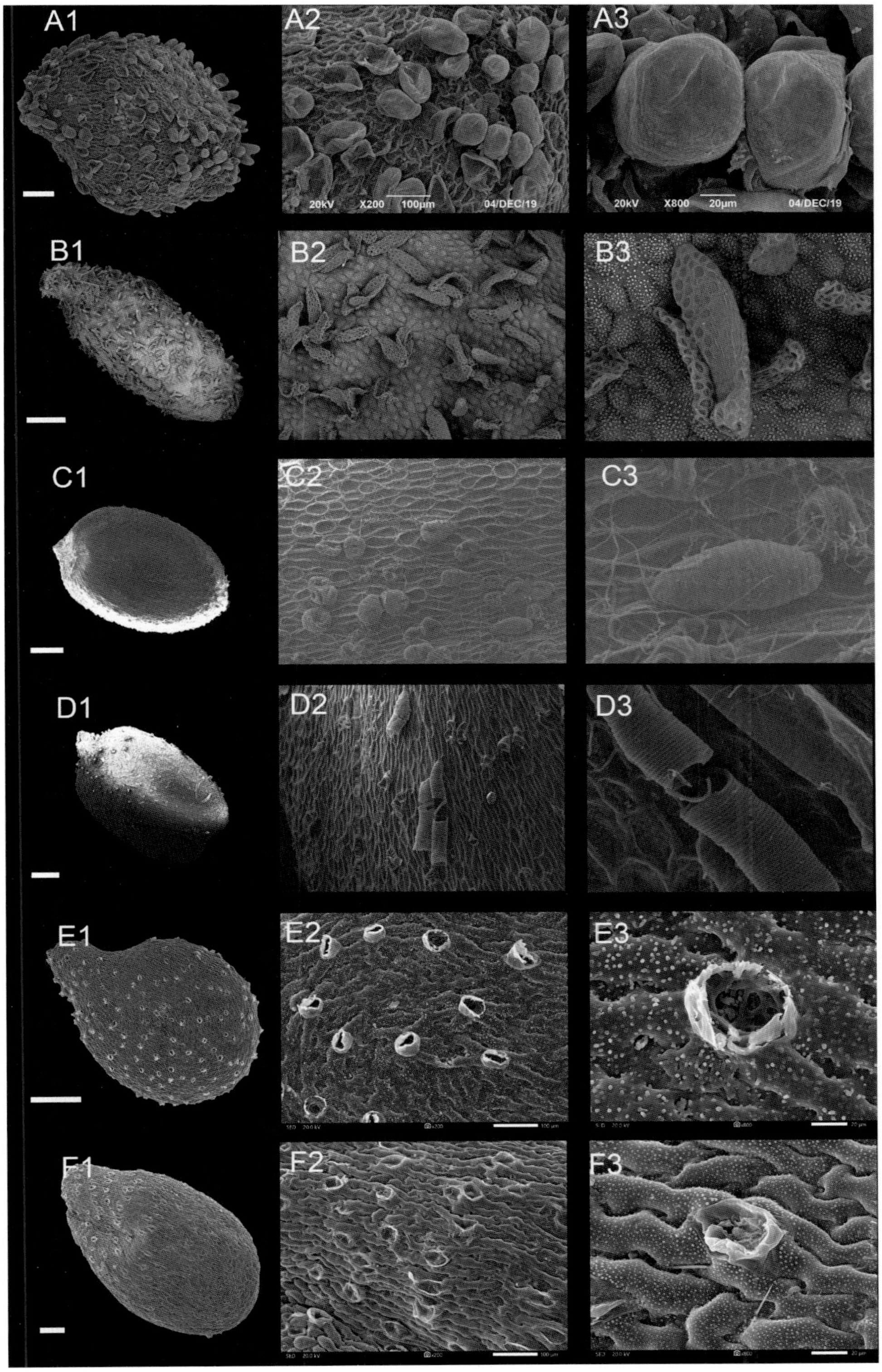

附图 22　凤仙花种子扫描电镜图

A1–F1, 整体视图；A2–F2, A3–F3, 纹饰细节图；A1–A3, *Impatiens napoensis*; B1–B3, *I. kerriae*; C1–C3, *I. pingxiangensis*; D1–D3, *I. morsei*; E1–E3, *I. walleriana*; F1–F3, *I. aureliana*. 比例尺：B1–E1, 500 μm, A1, F1, 200 μm; 其他见图中标注。

第四章
凤仙花科分类

CHAPTER 4
CLASSIFICATION OF THE BALSAMINACEAE

一、水角属 *Hydrocera* Blume

1. 水角

Hydrocera triflora (L.) Wight & Arn.

多年生水生或沼生草本。茎直立或浮于水面，中空，具 5 棱，节上常生不定根。叶互生，无柄，具齿，基部具 2 枚腺体。花序具 1 ~ 5 花。花粉红色，两侧对称。萼片 5，侧生萼片 4，外面 2 枚长圆形或椭圆状长圆形，内面 2 枚椭圆状倒披针形，较长；唇瓣舟状或囊状，具距。花瓣 5，全部离生；旗瓣半兜形、长圆形或圆形；翼瓣 4 枚，上部 2 枚狭长圆形，下部 2 枚较长而狭，顶端扩大。雄蕊 5；花药顶端稍联合围包雌蕊柱头，2 室，顶端开裂。子房 5 室，每室具 2-3 枚倒生胚珠；柱头 5，无柄，锥状。果实为肉质假浆果，球形，干时具 5 棱，不开裂。分布于热带亚洲，在中国分布于海南。生长于湖边、沼泽湿地或水稻田中，海拔约 100 m。

Herbs hydrophytic. Stem erect or floating, 5–angled, nodes often with adventitious roots. Leaves alternate, sessile, with 2 basal glands, margin serrate. Inflorescences 1–5–flowered. Flowers symmetrical, colored; lateral sepals 4; outer 2: oblong or elliptic–oblong, inner 2: elliptic–oblanceolate, longer; lower sepal navicular, spurred. Petals 5, all free; upper petal subcucullate, obovate; lateral petals 4, upper 2 narrowly oblong; lower 2 longer and narrow, apex swollen. Stamens 5; anthers 2–celled, apically slightly connate and involute, apically dehiscent. Ovary 5–loculed, with 2 or 3 anatropous ovules per locule; stigmas 5, sessile, subulate. Fruit fleshy pseudoberry, globose, 5–angled when dry, indehiscent. Lakesides, swamps, wetlands, rice fields, ca. 100 m. Distr. Hainan; tropical Asia.

二、凤仙花属 *Impatiens* L.

一年或多年生草本，少数种类为灌木或亚灌木。茎匍匐或直立，有棱或无棱，部分种类被毛。单叶具叶柄或无柄，互生或螺旋状排列，少部分对生或轮生，羽状脉；叶缘圆齿状或锯齿状，叶片基部常具腺毛，叶柄基部常具 1 或多对腺体，无托叶。花序 1 至多花，花两侧对称或不对称，两性。萼片 3 或 5；侧生萼片 2 或 4，成对，卵形、近圆形、镰刀状；下部 1 枚萼片特化为唇瓣，唇瓣形态多样，呈漏斗状、浅舟状或囊状，基部常渐狭或急缩成具蜜腺的距，有时无距；距形态和颜色差异极大，先端不裂或二裂。花瓣 5，背面 1 枚花瓣离生为旗瓣，旗瓣扁平或浅勺状，椭圆形或圆形，背部中脉常具鸡冠状突起；两侧 4 枚花瓣成对合生成 1 对翼瓣，部分种类翼瓣上部裂片合生。雄蕊 5，花丝短，在雌蕊上部合生环绕子房和柱头。子房上位，4 或 5 室。果为开裂蒴果，果瓣 4 或 5，开裂时向内卷曲并弹出种子。

凤仙花属植物主要分布于旧大陆热带、亚热带山区以及非洲，少数种类也分布于亚洲和欧洲温带及北美洲。在中国已知 350 余种，主要集中分布于西南和西北部山区，尤以云南、四川、贵州和西藏的种类最多。2016 年，于胜祥等学者结合形态和分子学证据将该属分为棒凤仙花亚属 (*Impatiens* subgen. *Clavicarpa*) 和凤仙花亚属 (*I.* subgen. *Impatiens*); 凤仙花亚属进一步划分为 7 个组。本书依据以上分类系统，提供一个凤仙花属的分组检索表。

Annual or perennial herb, with a few being shrubs or subshrubs. Stem prostrate or erect, angular or smooth, some species hairy. Leaves stipitate or sessile, alternate or spirally arranged, with a few being opposite or verticillate, pinnate veins; margin crenate or serrate, the base of leaf blade often glandular hairy, the base of petiole often has one or more pairs of glands, without stipule. Inflorescences 1–flowered or many–flowered, flowers zygomorphic or asymmetrical, bisexual. Sepals 3 or 5; lateral sepals 2 or 4, paired, ovate, suborbicular, falcate; the sepal located at the lower part is specialized into a lip (lower sepal), lower sepal have diverse shapes, funnelform, navicular or saccate, base gradually narrowed or abruptly constricted into a nectariferous spur, sometimes without spur; the form and color of spur vary greatly, apex entire or 2–lobed Petal 5, the petal on the back is detached into dorsal petal (upper petal), upper petal flat or shallow spoon shaped, elliptic or orbicular, abaxial midvein often cristate; 4 petals on both sides are paired to form a pair of wings (lateral united petals), distal lobes of lateral united petals in some species are connate. Stamens 5, filaments short, surround the ovary and stigma in the upper part of the pistil. Ovary superior, 4 or 5–carpellate; capsule dehiscent, 4 or 5–valved, curl inward and eject seeds when cracking.

The genus *Impatiens* is distributed in the tropical and subtropical mountains of the Old World as well as in Africa, and a few species are also distributed in the temperate zones of Asia and Europe as well as in North America. About 350 species are known in China. They are mainly concentrated in the southwestern and northwestern mountainous regions, especially in Yunnan, Sichuan, Guizhou, and Xizang. In 2016, Yu et al. combined morphological and molecular evidence to classify the genus into *Impatiens* subgen. *Clavicarpa* and *I.* subgen. *Impatiens*; *I.* subgen. *Impatiens* was further divided into seven groups. Based on the above classification system, the book provides a key for the classification of sections within the *Impatiens* genus.

凤仙花属分组检索表

1. 花粉三角形，具 3 条萌发沟；蒴果锤头状………… 棒凤仙花亚属（*Impatiens* subgen. *Clavicarpa*）
1. 花粉长圆形、椭圆形、球形，具 4 条萌发沟；蒴果倒圆锥形、线形、纺锤形
…………………………………………………………………… 2. 凤仙花亚属（*I.* subgen. *Impatiens*）
2. 心皮 4；蒴果倒圆锥形 ……………………………………………… 心旗组（*I.* sect. *Semeiocardium*）
2. 心皮 5；蒴果线形、纺锤形 …………………………………………………………………………… 3
3. 花序总状或近总状；蒴果线形或棒状……………………………………………………………………… 4
3. 花单生、簇生或排成各式花序；蒴果纺锤形……………………………………………………………… 6
4. 花多数，常多于 5 朵………………………………………………………………………………………… 5
4. 花少数，常 2 或 3 朵，偶见 5~7 朵 ……………………………凤仙花组（*I.* sect. *Impatiens*）
5. 无块根，蒴果线形………………………………………………… 总状花序组（*I.* sect. *Racemosae*）
5. 具块根，蒴果棒状…………………………………………………… 块茎组（*I.* sect. *Tuberosae*）
6. 花序近蝎尾状聚伞，具花 3 朵以上……………………………… 蝎尾状花序组（*I.* sect. *Scorpioidae*）
6. 花单生、簇生或为总状花序，绝不为蝎尾状聚伞花序…………………………………………………… 7
7. 花序梗极度退化，1~3 花，蒴果长纺锤形 ……………………… 束花组（*I.* sect. *Fasciculatae*）
7. 花序梗不退化，蒴果短纺锤形………………………………………… 单花组（*I.* sect. *Uniflorae*）

棒凤仙花亚属
Impatiens subgen. *Clavicarpa*

多年生草本；部分物种具有块根、根状茎或块茎。总状花序，多花；侧生萼片4，2枚内萼片明显；花粉三角状，3萌发沟；4心皮，每心皮1胚珠；蒴果锤头状；种子具网状纹饰。分布于重庆、云南、贵州、四川、广西、广东、湖北、湖南；越南北部及泰国北部也有分布。

Perennial herb, some species with tuberous roots, rhizome or tubers. Inflorescences racemose, many flowered; lateral sepals 4, 2 inner sepals conspicuous; pollen triangular, 3-aperturate; 4 carpels, 1 ovule per carpel; capsule hammerhead-shaped; seeds with reticulate ornamentation. Distributed in Chongqing, Yunnan, Guizhou, Sichuan, Guangxi, Hubei, Hunan, and Guangdong of China, also in N Vietnam and N Thailand.

1. 大叶凤仙花

Impatiens apalophylla Hook. f.

多年生草本。叶互生，矩圆状卵形或矩圆状倒披针形。花 4 ~ 10 朵排成总状花序。花黄色。侧生萼片 4，外面 2 个斜卵形，内面 2 个条状披针形；旗瓣椭圆形；翼瓣无柄，2 裂，基部裂片矩圆形，上部裂片狭矩圆形；唇瓣囊状，基部急狭成长距，距微弯或有时螺旋状。花果期 6–12 月。分布于广西、广东、贵州、云南。生长于山谷沟底、山坡草丛中，或林下阴湿处，海拔 900 ~ 1500 m。

Perennial herb. Leaves alternate, oblong-ovate or oblong-oblanceolate. Inflorescences racemose, 4–10-flowered. Flowers yellow; lateral sepals 4; outer 2: obliquely ovate; inner 2: linear-lanceolate; lower sepal saccate, abruptly into a slightly curved or involute spur; upper petal elliptic; lateral united petals not clawed, 2-lobed; basal lobes oblong, distal lobes narrowly oblong. Fl. and fr. Jun–Dec. Forest understories, grasslands on slopes, shaded moist places, 900–1500 m. Distr. Guangxi, Guizhou, Yunnan, Guangdong.

植株 Plant

花序 Inflorescences

花侧面观 Flower in lateral view

花解剖 Flower anatomy

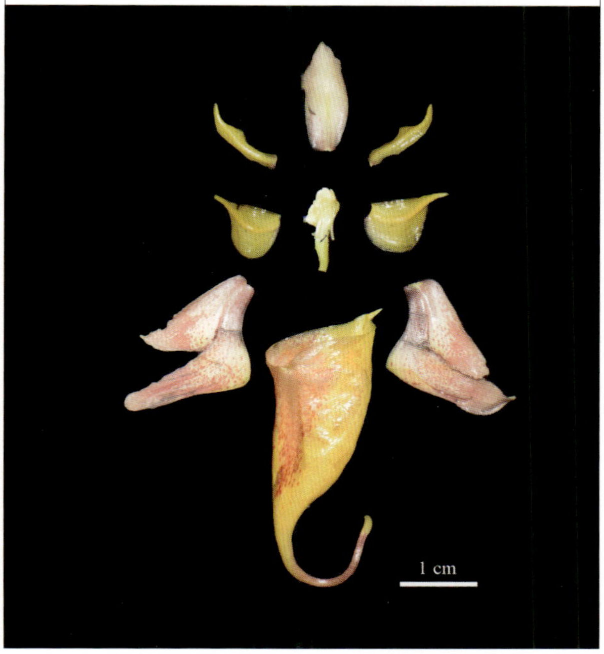

花序 Inflorescences

花正面观 Flower in front view

花侧面观 Flower in lateral view

2. 耳叶棒凤仙花

Impatiens auriculata C. Y. Xia & S. X. Yu

多年生草本，茎具翅。叶互生，基部耳形，叶片倒卵状长圆形。花序 3 ~ 8（11）花。花黄色。侧生萼片 4，外面 2 枚斜卵形，内面 2 枚线形；旗瓣椭圆状倒卵形或近圆形；翼瓣近无柄，基部裂片倒卵形，上部裂片长圆形；唇瓣宽漏斗状，基部渐狭成内弯的距。花期 6–11 月。分布于广西、云南。生长于山坡林下或阴湿处。

Perennial herb, stem with wings. Leaves alternate, base auriculate, obovate–oblong. Inflorescences 3–8 (–11) –flowered. Flowers yellow; lateral sepals 4; outer 2: obliquely ovate, inner 2: linear; lower sepal broadly infundibuliform, base gradually constricted into an incurved spur; upper petal elliptic–obovate or suborbicular; lateral united petals ± clawed, basal lobes obovate, distal lobes oblong. Fl. Jun–Nov. Understory of hillside or wet place. Distr. Guangxi, Yunnan.

花解剖 Flower anatomy

3. 大苞凤仙花

Impatiens balansae Hook. f.

多年生草本。叶互生，叶片纸质，卵状长圆形或椭圆形。总花梗生于茎端或上部叶腋。花多数，总状排列。花黄色。萼片 4，外面 2，半卵形，内面 2，线状长圆形。旗瓣椭圆形或倒卵形；翼瓣近无柄，2 裂，基部裂片倒卵状楔形，上部裂片斧形，背部无耳。唇瓣囊状漏斗形，基部狭成长为檐部一半、内弯的距。花期 10 月。分布于云南。生于山谷疏林湿润处或溪旁，海拔 960 ~ 1400 m。

Perennial herb. Leaves alternate, papery, ovate–oblong or elliptic. Inflorescences at apex of stem or in upper leaf axils, racemose, many flowered. Flowers yellow; lateral sepals 4; outer 2: subovate; inner 2: linear–oblong; lower sepal saccate–funnelform, narrowed into an incurved spur ca. 1/2 as long as limb; upper petal elliptic or obovate; lateral united petals ± clawed, 2–lobed; basal lobes obovate–cuneate, distal lobes dolabriform, auricle absent. Fl. Oct. Sparse forests, by streams, shaded moist places; 1000–1400 m. Distr. Yunnan alsoin Vietnam.

花序 Inflorescences

花正面观 Flower in front view

花侧面观 Flower in front view

花解剖 Flower anatomy

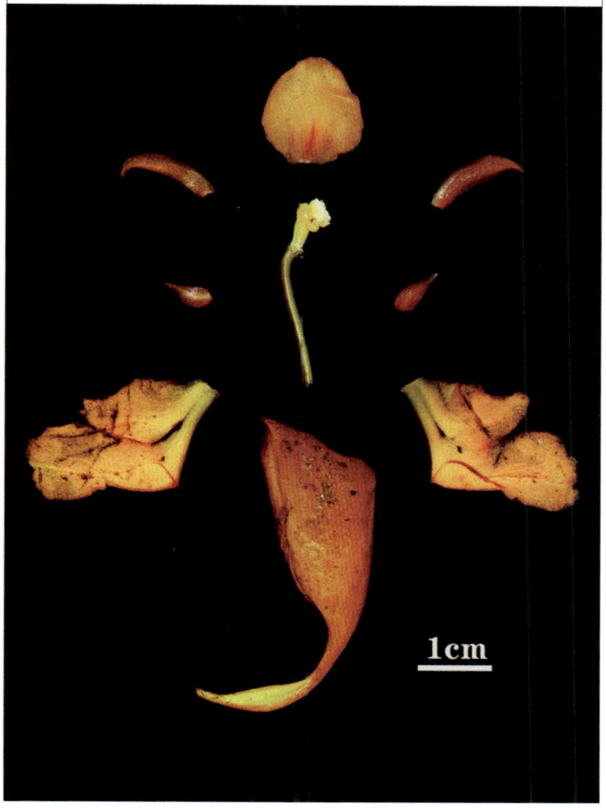

植株 Plant

植株 Plant

花正面观 Flower in front view

花解剖 Flower anatomy

4. 棒凤仙花

Impatiens clavigera Hook. f.

多年生草本。叶互生，倒卵形或倒披针形。花多数。花黄色。侧生萼片 4，外面 2 枚斜卵形，内面 2 枚线状披针形，镰刀状弯曲；旗瓣倒卵形；翼瓣无柄，基部裂片圆形，上部裂片长圆状，弯曲；唇瓣近囊状，急狭成一个弯曲的距。花期 10 月 – 次年 1 月，果期 1–2 月。分布于广西、云南，缅甸和泰国也有分布。生长于森林下层，山谷中潮湿的地方，海拔 1000 ~ 1800 m。

Perennial herb. Leaves alternate, obovate or oblanceolate. Inflorescences many flowered. Flowers yellowish; lateral sepals 4; outer 2: obliquely ovate, inner 2: linear–lanceolate, falcate–curved; lower sepal subsaccate, abruptly narrowed into an incurved spur; upper petal obovate; lateral united petals not clawed; basal lobes orbicular, distal lobes incurved, oblong. Fl. Oct–Jan of next year, fr. Jan–Feb. Understories of forests, moist places in valleys, 1000–1800 m. Distr. Guangxi, Yunnan; Vietnam, Thailand.

花侧面观 Flower in lateral view

5. 贵州凤仙花

Impatiens guizhouensis Y. L. Chen

多年生草本。叶互生，长圆状披针形或披针形。总状花序，具 3 ~ 8 (11) 花。花粉红色，长 4 ~ 4.5 cm。侧生萼片 4，外层 2 枚斜卵形，内层 2 枚线形；旗瓣椭圆状倒卵形或近圆形；翼瓣近无柄，基部裂片倒卵形，上部裂片长圆状斧形；唇瓣宽漏斗状，基部渐狭成长 15 ~ 20 mm 内弯的距。花期 6–9 月。分布于贵州、云南、湖南、广西。生于山坡林下或阴湿处，海拔 700 ~ 1120 m。

Perennial herb. Leaves alternate, oblong–lanceolate or lanceolate. Inflorescences racemose, 3–8(–11)-flowered. Flowers pink, 4–4.5 cm deep; lateral sepals 4, outer 2: obliquely ovate, inner 2: linear; lower broadly funnelform, gradually narrowed into an incurved spur 15–20 mm; upper petal elliptic–obovate or suborbicular; lateral united petals ± clawed; basal lobes obovate, distal lobes oblong–dolabriform. Fl. Jun–Sep. Forest understories, shaded moist places; 700–1120 m. Distr. Guizhou, Yunnan, Hunan, Guangxi.

植株 Plant

花序 Inflorescences

花侧面观 Flower in lateral view

花解剖 Flower anatomy

花正面观 Flower in front view

植株 Plant

花序 Inflorescences

花正面观 Flower in front view

6. 香港凤仙花

Impatiens hongkongensis Grey-Wilson

多年生草本。叶螺旋状排列。总花梗单生于上部叶腋，具（3）4 ~ 7 花。花淡黄色。侧生萼片 4，外面 2 枚卵形，内面 2 枚线状长圆形；旗瓣半兜状，宽卵形或半圆形；翼瓣 2 裂，基部裂片倒卵状匙形，上部裂片长圆状倒卵形；唇瓣囊状，基部缩狭成线形内弯，长 1.5 ~ 2 cm 的距。花期 10 月。分布于广东、香港。生于山坡潮湿处，海拔 100 ~ 170 m。

Perennial herb. Leaves helicoid. Inflorescences in upper leaf axils, (3 or)4–7-flowered. Flowers yellowish; lateral sepals 4, outer 2: ovate, inner 2: linear-oblong; lower sepal saccate, constricted into an incurved spur; spur linear, 1.5–2 cm; upper petal subcucullate, broadly ovate or suborbicular; lateral united petals 2-lobed; basal lobes obovate-spatulate, distal lobes oblong-obovate. Fl. Oct. Humid places on slopes; 100–170 m. Distr. Guangdong, Hong Kong.

花解剖 Flower anatomy

7. 荔波凤仙花

Impatiens liboensis K. M. Liu & R. P. Kuang

多年生草本，具球状或不规则的地下块茎。叶互生，卵状长圆形或近长圆形。花序 3 ~ 7 花。花白色带有黄色，喉部有粉色斑点。侧生萼片 4，外面 2 枚斜卵形，内面 2 枚线状披针形，透明，先端弯曲；旗瓣倒卵形；翼瓣无柄，基部裂片近长圆形，上部裂片倒卵状长圆形或斜倒卵形；唇瓣囊状，渐狭成一个弯曲的距。花期 9–10 月，果期 10–11 月。分布于贵州。生长于山谷溪边，潮湿的半阴处，海拔 450 ~ 520 m。

Perennial herb, with a globose or irregular underground tuber. Leaves alternate, ovate–oblong or nearly oblong. Inflorescences 3–7–flowered. Flowers white with yellow and pink spots below the throat; lateral sepals 4; outer two obliquely ovate, inner two linear–lanceolate, hyaline, recurved at apex. lower sepal saccate, gradually narrowed into an incurved spur; upper petal obovate; lateral united petals not clawed; basal lobes nearly oblong, distal lobes obovate–oblong or obliquely obovate. Fl. Sep–Oct. and fr. Oct–Nov. In moist semi–shaded places along the shore of a valley brook, 450–520 m. Distr. Guizhou.

花解剖 Flower anatomy

植株 Plant

花序 Inflorescences

花正面观 Flower in front view

花侧面观 Flower in lateral view

植株 Plant

花正面观 Flower in front view

花侧面观 Flower in lateral view

8. 点花凤仙花

Impatiens maculifera S. X. Yu & Chang Y. Xia

多年生植物。叶互生，狭椭圆形或椭圆状披针形。总状花序生于上部叶腋，8～12花。花淡绿黄色，具密集的红色斑点，尤其在唇瓣和翼瓣上。侧生萼片4，外侧一对倒卵形，内侧一对长披针形；唇瓣斜漏斗状，在基部逐渐收缩到距，距长2.0～2.5 cm；旗瓣斜菱形；翼瓣2裂，基部裂片卵圆形，上部裂片长圆形。花果期9–12月。分布于云南。生长于常绿阔叶林，海拔1000～1200 m。

Perennial herb. Leaves alternate, narrowly oval or elliptic–lanceolate. Inflorescence racemose in upper leaf axils, 8–12–flowered. Flowers greenish yellow with dense red dots especially on lower sepal and lateral united petals; lateral sepals 4; outer 2: obovate; inner 2: lanceolate; lower sepal obliquely infundibuliform, gradually constricted to spur at base; spur 2.0–2.5 cm long; upper petal obliquely rhombic; lateral united 2–lobed; basal lobes ovate–oblate, distal lobes oblong. Fl. and fr. Sep–Dec. Understories of evergreen broadleaf forests, 1000–1200 m. Distr. Yunnan.

花解剖 Flower anatomy

9. 麻栗坡凤仙花

Impatiens malipoensis S. H. Huang

多年生草本。叶互生，叶片卵状椭圆形至矩圆形。花序具 3 ~ 5（~ 7）花。花白色。侧生萼片 4 枚，外面 2 枚卵状披针形，内面 2 枚线形；旗瓣倒心形；翼瓣 2 裂，基部裂片卵状矩圆形，上部裂片矩圆形；唇瓣囊状或漏斗状，基部渐狭成内弯的距。花果期 9 月 – 次年 1 月。分布于广西、云南。生长于山坡林下或阴湿处，海拔 700 ~ 1500 m。

Perennial herb. Leaves alternate, ovate-elliptic to oblong. Inflorescence 3–5(–7)-flowered. Flowers white; outer 2: ovate-lanceolate, inner 2: linear; lower sepal saccate or funnelform, gradually narrowed into an incurved spur; upper petal obcordate; lateral united petals 2-lobed; basal lobes obate-oblong, distal lobes oblong. Fl. and fr. Sep– Jan of next year. Forest understories, shaded moist places; 700–1500 m. Distr. Guangxi, Yunnan.

花解剖 Flower anatomy

植株 Plant

花正面观 Flower in front view

花侧面观 Flower in lateral view

10. 峨眉凤仙花

Impatiens omeiana Hook. f.

多年生草本。叶互生，披针形或卵状矩圆形。总花梗顶生，花 5 ~ 8 朵排成总状花序。花黄色。侧生萼片 4，外面 2 枚斜卵形，内面 2 枚镰刀形；旗瓣三角状圆形；翼瓣无柄，2 裂，基部裂片近方形，上部裂片较长，斧形；唇瓣狭漏斗状，基部延成卷曲的短距。花期 8–9 月。分布于四川。生长于灌木林下或林缘，海拔 900 ~ 1000 m。

Perennial herb. Leaves alternate, lanceolate or ovate-oblong. Inflorescences terminal, racemose, 5–8-flowered. Flowers yellow; lateral sepals 4; outer 2: obliquely ovate; inner 2: falcate; lower sepal narrowly funnelform, narrowed into an involute, short spur; upper petal triangular-orbicular; lateral united petals not clawed, 2-lobed; basal lobes subtetragonous, distal lobes dolabriform, longer. Fl. Aug–Sep. Understories of thickets and forest margins; 900–1000 m. Distr. Sichuan.

植株 Plant

花序 Inflorescences

花正面观 Flower in front view

花侧面观 Flower in lateral view

花解剖 Flower anatomy

11. 琴叶凤仙花

Impatiens pandurata Y. H. Tan & S. X. Yu

多年生草本。叶互生，倒披针形至线状披针形。花序 2 ~ 3（5）花。花淡黄色或奶油色。侧生萼片 4，外面 2 枚卵形至披针形，内面 2 枚线形，不对称；旗瓣圆形；翼瓣 2 裂，基部裂片椭圆形，上部裂片长圆形；唇瓣囊状，基部渐狭成一个弯曲的距。花果期 9–12 月。分布于云南。生长于常绿阔叶林下，海拔 1000 ~ 1200 m。

Perennial herb. Leaves alternate, oblanceolate to linear oblanceolate. Inflorescence 2–3 (–5)–flowered. Flowers yellowish or cream; lateral sepals 4, the outer 2: ovate to lanceolate; the inner 2: linear, inaequilateral; lower sepal saccate, base gradually into an incurved spur; upper petal orbicular; lateral united petals 2–lobed; basal lobes elliptic, distal lobes oblong. Fl. and fr. Sep–Dec. Under evergreen broad leaf forest; 1000–1200 m. Distr. Yunnan.

花解剖 Flower anatomy

植株 Plant

花正面观 Flower in front view

花侧面观 Flower in lateral view

花序 Inflorescences

12. 小萼凤仙花

Impatiens parvisepala S. X. Yu &Y. T. Hou

多年生草本。叶互生，叶片倒卵形或倒卵状披针形。总状花序，具 6 ~ 8 花。花黄色。侧生萼片 4 枚，外面 2 枚倒卵形，小；内侧 2 枚披针形，不对称；旗瓣倒卵形；翼瓣 2 裂，基部裂片卵圆形，上部裂片长圆形；唇瓣斜漏斗状，基部渐狭成近直的距。花果期 9–11 月。分布于广西、云南。生长于林下或阴湿处，海拔约 500 m。

Perennial herb. Leaves alternate, obovate or obovate–lanceolate. Inflorescence racemose 6–8–flowered. Flowers yellow. Lateral sepals 4, outer 2: obovate, minute; inner 2: lanceolate, inequilateral; lower sepal obliquely infundibuliform, base gradually constricted to spur; spur straight or slightly incurved; upper petal obovate; lateral united petals 2–lobed; basal lobes ovate–oblate, lower petal oblong. Fl. and fr. Sep–Nov. Under the forest, shaded wet places. ca. 500 m. Distr. Guangxi, Yunnan.

植株 Plant

花序 Inflorescences

花正面观 Flower in front view

花侧面观 Flower in lateral view

花解剖 Flower anatomy

13. 近大叶凤仙花

Impatiens pesudoapalophylla Chang Y. Xia & S. X. Yu

多年生草本。叶互生，倒卵形。总花梗腋生，花 5 ~ 9 朵排成总状花序。花黄色。侧生萼片 4，外部 2 个斜卵形，内部 2 个条状披针形；旗瓣椭圆形；翼瓣 2 裂，基部裂片三角形，上部裂片狭矩圆形，先端具密集的红色斑点；唇瓣深囊状，突然延长成内弯、卷曲的距。花期 9–10 月，果期 10–11 月。分布于云南。生长于水沟边的潮湿处。

Perennial herb. Leaves alternate, obovate. Inflorescences axillary, racemes, 5–9–flowered. Flowers yellow; lateral sepals 4, outer 2: obliquely ovate, inner 2: linear–lanceolate; lower sepal deep saccate, abruptly elongated into an incurved and curly spur; upper petal elliptic; lateral united petals 2–lobed; basal lobes triangular, distal lobes narrowly oblong, apex with dense red spots. Fl. Sep–Oct, fr. Oct–Nov. Wet place along the canal. Distr. Yunnan.

花解剖 Flower anatomy

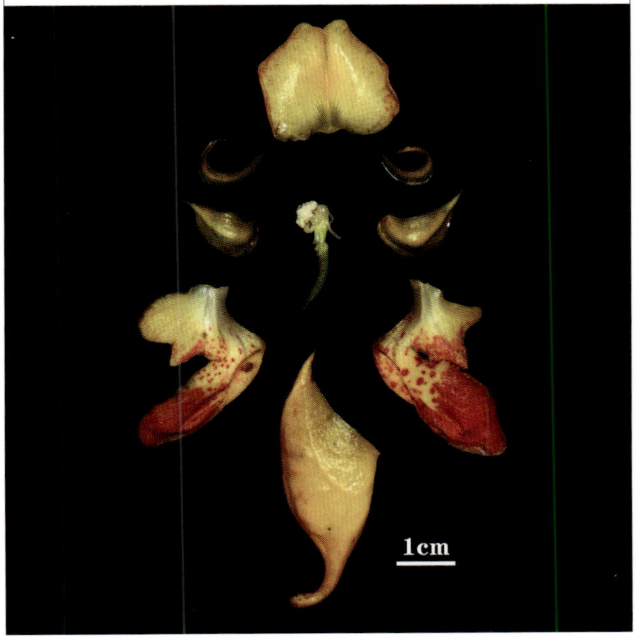

植株 Plant

花序 Inflorescences

花正面观 Flower in front view

花侧面观 Flower in lateral view

植株 Plant

花序 Inflorescences

花正面观 Flower in front view

花侧面观 Flower in lateral view

14. 湖北凤仙花

Impatiens pritzelii Hook. f.

多年生草本，具串珠状的根状茎。叶互生，长圆状披针形或宽卵状椭圆形。总花梗生于上部叶腋，具 3 ~ 8（13）花，总状排列。花黄色或黄白色；侧生萼片 4，外面 2 枚宽卵形，内面 2 枚线状披针形。旗瓣宽椭圆形或倒卵形；翼瓣 2 裂，基部裂片倒卵形，上部裂片长圆形或近斧形；唇瓣囊状，基部渐狭成长 14 ~ 17 mm 内弯或卷曲的距。花期 10 月。分布于湖北、湖南、重庆。生长于山谷林下、沟边及湿润草丛中，海拔 400 ~ 1800 m。

Perennial herb, with moniliform rhizome. Leaves alternate, oblong-lanceolate or broadly ovate-elliptic. Inflorescences in upper leaf axils, racemes 3-8(-13)-flowered. Flowers yellow or yellow-white; lateral sepals 4, outer 2: broadly ovate, inner 2: linear-lanceolate; lower sepal saccate, gradually narrowed into an incurved or involute spur 14-17 mm; upper petal broadly elliptic or obovate; lateral united petals 2-lobed, basal lobes obovate, distal lobes oblong or subdolabriform. Fl. Oct. Forest understories, humid grasslands in valleys, streamsides; 400-1800 m. Distr. Hubei, Sichuan, Hunan.

花解剖 Flower anatomy

15. 翅茎凤仙花

Impatiens pterocaulis S. X. Yu & L. R. Zhang

多年生草本，茎具 4 ~ 5 条宽约 2 mm 的翅。叶互生，倒卵形至倒卵状披针形。花序 10 ~ 13 花。花淡黄色或奶油色。侧生萼片 4，外面 2 枚小，卵形，内面 2 枚镰刀形，不对称；旗瓣卵形；翼瓣 2 裂，基部裂片椭圆形，上部裂片长圆形；唇瓣窄漏斗形，急狭成一个弯曲带钩的距。花果期 10–12 月。分布于广西。生长于潮湿的路边或山谷中森林被破坏的地方，海拔 1100 ~ 1500 m。

Perennial herb, stems with 4–5 ca. 2 mm wide wings. Leaves alternate, blades obovate to obovate–lanceolate. Inflorescences 10–13–flowered. Flowers yellowish or cream; lateral sepals 4, the outer 2 small, ovate, the inner 2 large, sickle–formed, inequilateral; lower sepal narrowly infundibuliform, abruptly constricted into a curved, hook–like spur; upper petal ovate; lateral united petals 2–lobed; basal lobes elliptic, distal lobes oblong. Fl. and fr. Oct–Dec. Wet places along the road, the valley where the forest has been damaged, 1100–1500 m. Distr. Guangxi.

植株 Plant

花序 Inflorescences

花正面观 Flower in front view

花侧面观 Flower in lateral view

花解剖 Flower anatomy

16. 紫背凤仙花

Impatiens purpureifolia S. H. Huang & Y. M. Shui

多年生草本。叶互生，倒卵状椭圆形或椭圆形。花序 10 ~ 12 花。花淡黄色。侧生萼片 4，外面 2 枚斜卵形，先端具喙；内面 2 枚线状披针形；旗瓣圆形或近方形；翼瓣 2 裂；基部裂片斧形，上部裂片长圆形；唇瓣囊状漏斗形，顶端具喙，基部急狭成一个弯曲的距。花期 10–11 月，果期 11–12 月。分布于云南。生长于石灰岩丘陵的常绿阔叶林，海拔约 800 m。

Perennial herb. Leaves alternate, obovate–elliptic or elliptic. Inflorescence 10–12–flowered. Flowers yellowish; lateral sepals 4, outer 2: oblique and ovate, apex rostrate, inner 2: linear–lanceolate; lower sepal saccate–infundibular, terminally mucronate, base abruptly into an incurved spur; upper petal orbicular or subquadrate; lateral united petals bilobed; basal lobes dolabrate, distal lobes oblong. Fl. Oct–Nov., fr. Nov–Dec. In evergreen broad–leaved forests of limestone hills, 800 m. Distr. Yunnan.

植株 Plant

花序 Inflorescences

花正面观 Flower in front view

花侧面观 Flower in lateral view

花解剖 Flower anatomy

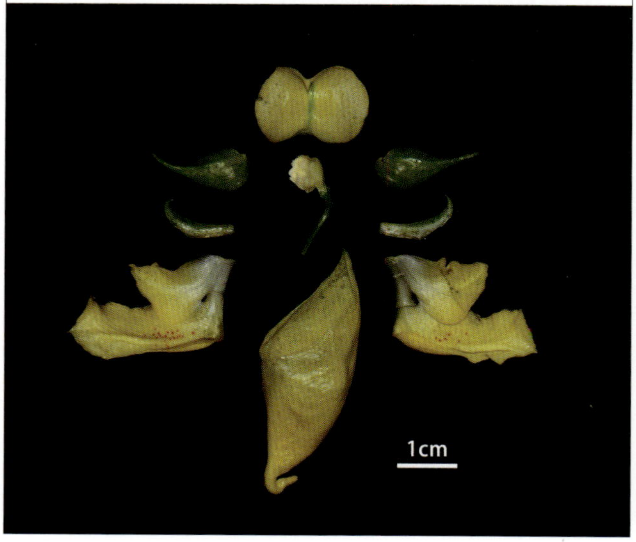

17. 细距凤仙花

Impatiens purpureifolia var. *malipoensis* Chang Y. Xia & S. X. Yu

多年生草本。叶互生，长卵形。花序 5 ~ 8 花。花淡黄色。侧生萼片 4，淡黄绿色，外面 2 枚斜卵形，内面 2 枚斜，长卵形；旗瓣圆形或近方形；翼瓣 2 裂，基部裂片斧形，上部裂片近矩圆形；唇瓣深囊状，基部急狭成内弯的距。花期 9–10 月，果期 10–11 月。分布于云南。生长于路边水沟，海拔 700 ~ 1400 m。

Perennial herb. Leaves alternate, long ovate. Inflorescence 5–8–flowered. Flowers yellowish; lateral sepals 4, yellowish green, outer 2: obliquely ovate, inner 2: oblique, long ovate; upper petal orbicular or subquadrate; lateral united petals bilobed, basal lobes dolabriform, distal lobes nearly oblong; lower sepal deep saccate, base abruptly narrowed into an incurved spur. Fl. Sep–Oct. and fr. Oct–Nov. Canals of roadside, 700–1400 m. Distr. Yunnan.

植株 Plant

花侧面观 Flower in lateral view

花正面观 Flower in front view

花解剖 Flower anatomy

18. 青城山凤仙花

Impatiens qingchengshanica Y. M. Yuan

多年生草本，具念珠状的根状茎。叶互生，叶片矩圆形，椭圆形或宽椭圆形。总花梗顶生，5 ~ 10 花总状排列。花粉红色。侧生萼片 4，外面 2 枚斜卵形，内面 2 枚线状披针形；旗瓣倒卵形或圆形；翼瓣 2 裂，基部裂片圆形至卵形，上部裂片矩圆形；唇瓣漏斗状，基部急狭为锥状的距。花果期 7–11 月。分布于四川。生长于灌木林下或林缘，海拔 700 ~ 1400 m。

Perennial herb, with moniliform rhizome. Leaves alternate, oblong, elliptic or widely elliptic. Inflorescence terminal, racemose, 5–10–flowered. Flowers pink; lateral sepals 4, outer 2: obliquely ovate, inner 2: linear–lanceolate; lower sepal infundibuliform, abruptly constricted to a conical spur at base; upper petal obovate or round; lateral united petals 2–lobed, basal lobes orbicular to ovate, distal lobes oblong. Fl. and fr. Jul–Nov. Understories of thickets, forest margins, 700–1400 m. Distr. Sichuan.

花序 Inflorescences

花正面观 Flower in front view

花侧面观 Flower in lateral view

花解剖 Flower anatomy

19. 块根凤仙花

Impatiens rapiformis Y. Y. Cong & Y. X. Song

多年生草本，具圆柱状或近纺锤状的块根。叶互生，椭圆形或倒卵状长圆形。总状花序，具 4 ~ 11 花。花粉红色。侧生萼片 4，外面 2 枚镰刀形，内面 2 枚披针形。唇瓣囊状，基部急收缩成长 5 ~ 7 mm 内弯的距；旗瓣近圆形；翼瓣无柄，2 裂，基部裂片卵形，上部裂片矩形。花果期 10 月 – 次年 1 月。分布于云南、广西。生长于林下阴湿处，海拔 1150 ~ 1300 m。

Perennial herb, root tuber cylindric or sub-fusiform. Leaves alternate, elliptic or obovate-oblong. Inflorescences racemose, 4–11-flowered. Flowers pink; lateral sepals 4, outer 2: falcate, inner 2: lanceolate; lower sepal saccate, at base abruptly constricted into a spur; spur 5–7 mm long, incurved; upper petal suborbicular; lateral united petals sessile, 2-lobed, basal lobes ovate, distal lobes rectangular. Ovary 4-carpellate. Fl. and fr. Oct–Jan of next year. In forest understories, shaded moist places at elevations of 1150–1300 m. Distr. Yunnan, Guangxi.

花解剖 Flower anatomy

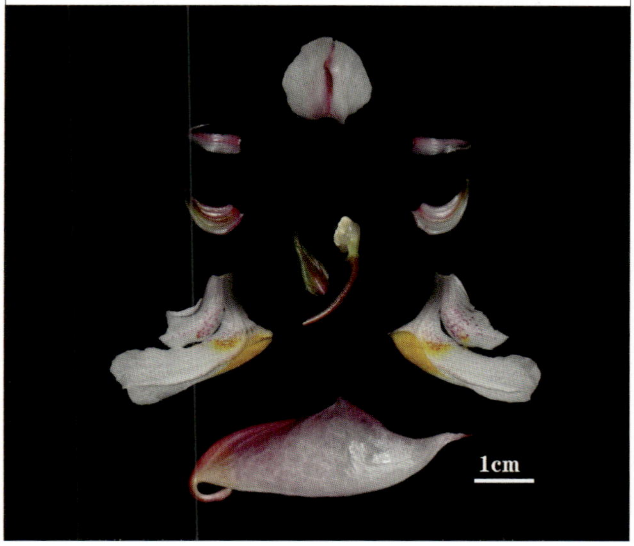

植株 Plant

根 Root

花正面观 Flower in front view

花侧面观 Flower in lateral view

20. 皱缩凤仙花

Impatiens rugata S. H. Huang & Y. M. Shui

多年生草本。叶互生，倒卵状椭圆形或倒卵状长圆形，花序 5 ~ 6 花。花淡黄色。侧生萼片 4，外面 2 枚卵状长圆形，内面 2 枚线状披针形；旗瓣宽卵形；翼瓣 2 裂，基部裂片倒卵形，上部裂片狭长圆形；唇瓣囊状，顶端具喙，基部急狭成一个弯曲的距。花期 7–12 月，果期 12 月 – 次年 1 月。分布于云南。生长于热带季节性雨林，海拔约 560 m。

Perennial herb. Leaves alternate, obovate–elliptic or obovate–oblong. Inflorescences 5–6–flowered. Flowers yellowish; lateral sepals 4, outer 2: ovate–oblong, inner 2, linear–lanceolate; lower sepal saccate, terminally rostrate, base abruptly into an incurved spur; upper petals broadly ovate; lateral united petals 2–lobed, basal lobes anguste obovate, distal lobes narrowly oblong. Fl. July–Dec., fr. Sep–Jan of next year. In tropical seasonally rainy forests, ca. 560 m. Distr. Yunnan.

植株 Plant

花序 Inflorescences

花正面观 Flower in front view

花侧面观 Flower in lateral view

花解剖 Flower anatomy

21. 螺旋凤仙花

Impatiens spiralis Y. Y. Cong, G. L. Zhang & Y. M. Zheng

多年生草本。叶互生，倒卵状披针形或长圆形。花序生于上部叶腋，5～8花。花金黄色。侧生萼片4，外面2枚斜卵形，内面2枚线状披针形；旗瓣近圆形或扁圆形；翼瓣无柄，具红色斑点，基部裂片近卵形，上部裂片长圆形；唇瓣囊状，基部渐狭成一个螺旋状弯曲的距。花期9–12月，果期10–12月。分布于云南。生长于山谷溪边的半阴处，海拔约990 m。

Perennial herb. Leaves alternate, obovate–lanceolate or oblong. Inflorescences in upper leaf axils, 5–8–flowered. Flowers golden–yellow; lateral sepals 4, outer 2: obliquely ovate, inner 2: linear–lanceolate; lower sepal saccate, base gradually narrowed into a spirally curved spur; upper petal suborbicular or oblate; lateral united petals not clawed, red spotted; basal lobes subovate, distal lobes oblong. Fl. Sep–Nov. and fr. Oct–Nov. In moist semi–shaded places along the shore of a valley brook, ca. 990 m. Distr. Yunnan.

花解剖 Flower anatomy

植株 Plant

花序 Inflorescences

花正面观 Flower in front view

花侧面观 Flower in lateral view

植株 Plant

花序 Inflorescences

花正面观 Flower in front view

花侧面观 Flower in lateral view

22. 田林凤仙花

Impatiens tianlinensis S. X. Yu & L. J. Zhang

多年生草本。叶互生，倒卵形至倒披针形。总花梗生于上部叶腋，总状排列，3 ~ 5（7）花。花淡黄色或奶油色。侧生萼片 4，外面 2 枚小，卵形，对称；里面 2 枚大，不对称；旗瓣卵形；翼瓣黄色，基部裂片矩圆形，上部裂片椭圆形；唇瓣囊状，急剧收缩成内卷的 10 ~ 15 mm 的距。花果期 9–11 月。分布于广西、广东、贵州、云南。生长于山谷林下，溪边阴湿处以及路边潮湿的灌草丛中，海拔 300 ~ 1200 m。

Perennial herb. Leaves alternate, obovate to oblanceolate. Inflorescence racemose; racemes solitary in the upper axils, 3–5 (–7)–flowered. Flowers yellowish or cream; lateral sepals 4, the outer 2 small, ovate, symmetric; the inner 2 large, inaequilateral; lower sepal saccate, abruptly constricted into a 10 ~ 15 mm involute spur; upper petal ovate; lateral united petals yellow; basal lobes oblong, distal lobes elliptic. Fl. and fr. Sep–Nov. Under the valley forest, shaded wet places of streamside and thickets along wet roadsides. 300–1200 m. Distr. Guangxi, Guangdong, Guizhou, Yunnan.

花解剖 Flower anatomy

23. 管茎凤仙花
Impatiens tubulosa Hemsl.

多年生草本。叶互生，叶片披针形或长圆状披针形。具 3 ~ 4（5）花，排列成总状花序。花黄色。侧生萼片 4，外面 2 枚斜卵形，内面 2 枚狭披针形或线状披针形；旗瓣倒卵状椭圆形；翼瓣 2 裂，基部裂片长圆形，上部裂片倒卵形，外缘无小耳；唇瓣囊状，基部渐狭成长约 20 mm 上弯的距。花期 8–12 月。分布于浙江、江西、福建、广东、湖南。生长于林下或沟边阴湿处，海拔 500 ~ 700 m。

Perennial herb. Leaves alternate, lanceolate or oblong–lanceolate. Inflorescences racemose, 3– or 4(or 5)–flowered. Flowers yellow; lateral sepals 4; outer 2: obliquely ovate; inner 2: narrowly lanceolate or linear–lanceolate; lower sepal saccate, gradually narrowed into a recurved spur ca. 20 mm; upper petal obovate–elliptic; lateral united petals 2–lobed; basal lobes oblong, distal lobes obovate, auricle absent. Fl. Aug–Dec. Forest understories, shaded and humid places along canals; 500–700 m. Distr. Zhejiang, Jiangxi, Fujian, Guangdong, Hunan.

居群 Population

植株 Plant

花解剖 Flower anatomy

花序 Inflorescences

24. 白花凤仙花

Impatiens wilsonii Hook. f.

多年生草本。叶互生，矩圆状倒卵形或倒披针形。总花梗具 4 ~ 10 花，花白色。侧生萼片 4，外面 2 个卵形，内面 2 个马刀形；旗瓣椭圆形；翼瓣无柄，基部裂片矩圆形，上部裂片斧形；唇瓣囊状，有内弯的短距。花期 8–11 月。分布于四川、云南。生长于沟边或林下阴湿处，海拔 800 ~ 1000 m。

Perennial herb. Leaves alternate, oblong–obovate or oblanceolate. Inflorescences 4–10–flowered. Flowers white; lateral sepals 4, outer 2: ovate; inner 2: falcate; lower sepal saccate, constricted into a curved, short spur; upper petal elliptic; lateral united petals not clawed, basal lobes oblong, distal lobes dolabriformr. Fl. Aug–Nov. Forest understories, along canals, shaded moist places; 800–1000 m. Distr. Sichuan, Yunnan.

植株 Plant

花序 Inflorescences

花正面观 Flower in front view

花侧面观 Flower in lateral view

花解剖 Flower anatomy

25. 五台山凤仙花

Impatiens wutaishanensis R. L. Liao & L. Cai

多年生草本。叶互生，椭圆形，披针形或长圆状披针形。花序可达 22 花。花黄色。侧生萼片 4，外面 2 枚卵形或倒卵形，内面 2 枚斜披针形；旗瓣倒卵形至卵形；翼瓣 2 裂，基部裂片长圆形，上部裂片肾形；唇瓣斜漏斗形，基部渐狭成一个微弯，12 ~ 30 mm 的距。花期 8–11 月，果期 9–12 月。分布于云南。生长于林下，海拔 1300 ~ 1650 m。

Perennial herb. Leaves simple, elliptic, lanceolate, or lanceolate-oblong. Inflorescences up to 22 flowers. Flowers yellow; lateral sepals 4; outer 2: ovate or obovate, inner 2: obliquely lanceolate; lower sepal obliquely infundibuliform, base gradually constricted into a spur, spur 12 ~ 30 mm long, slightly incurved; upper petal obovate to ovate; lateral united petals 2-lobed; basal lobes oblong, distal lobes reniform. Fl. Aug–Nov. and fr. Sep–Dec. In the understory of forest at an elevation of 1300–1650 m. Distr. Yunnan.

植株 Plant

花正面观 Flower in front view

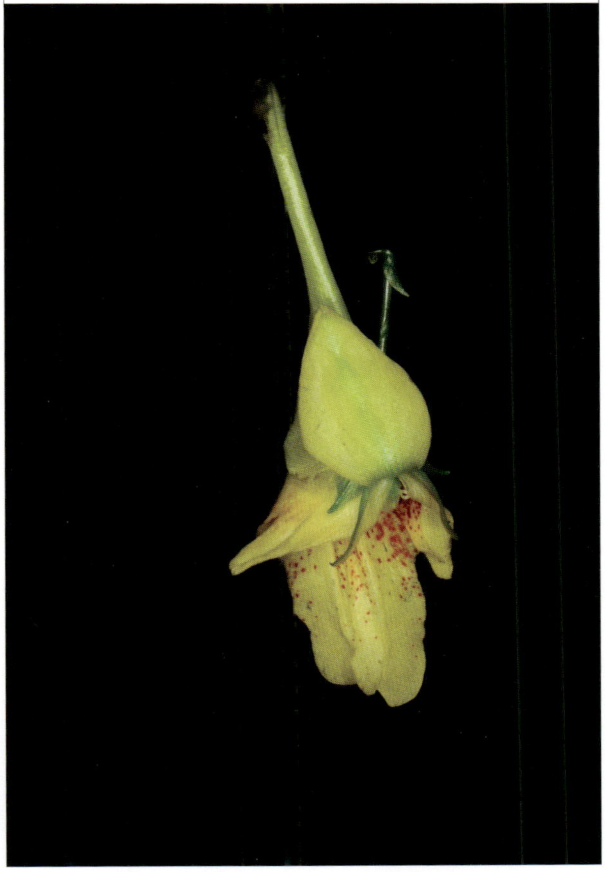

花解剖 Flower anatomy

花侧面观 Flower in lateral view

凤仙花亚属
Impatiens subgen. *Impatiens*

一年或多年生草本，部分物种具有块根、根状茎或块茎。花序多样化，花单生或簇生于叶腋，或为多样化的总状花序，少部分物种具蝎尾状聚伞花序或螺旋状聚伞花序；侧生萼片 2，稀 4，如萼片 4，则内萼片较外萼片明显小。花粉椭圆柱形、近圆球形，4 萌发沟；5 心皮，每心皮 1 至数枚胚珠；蒴果倒圆锥形、线形、圆柱形、短纺锤形；种子表面突起或具附属物。我国各地均有分布，国外除南美洲、澳大利亚及两极外均有分布。根据于胜祥（2015）的分类系统，该亚属被分为 7 个组，我国产 6 个组，其中块茎组（Sect. *Tuberosae*）物种仅分布于非洲。本书依据系统关系依次介绍国产 6 个组。

Annual or perennial herb, with some species having tuberous roots, rhizomes, or tubers. The inflorescences are diverse, with flowers either solitary or clustered in the leaf axils, or in various forms of racemose inflorescences. A few species have scorpioid cymes or helicoid cymes. The sepals are laterally arranged, typically 2, rarely 4; when there are 4 sepals, the inner ones are distinctly smaller than the outer ones. Pollen is oval to cylindrical or nearly spherical, 4-aperturate. 5 carpels, each carpel containing one to several ovules. The fruit is a capsule, which may be inversely obconic, linear, cylindrical, or short fusiform. The seeds have a surface that is reticulated type, protrusive type or appendicular type. The species are distributed throughout China, and globally, except in South America, Australia, and the polar regions. According to the classification system of Yu (2015), this subgenus is divided into seven sections. Six of these sections are found in China, with the Sect. *Tuberosae* being exclusively distributed in Africa. This book introduces the six sections from China in sequence based on their systematic relationships.

I 心旗组
Impatiens sect. *Semeiocardium*

一年或多年生草本。无总花梗或总花梗较短，部分种类翼瓣合生。4 心皮，蒴果倒圆锥形。主要分布于华南及中南半岛。

Annual or perennial herb; without peduncle or peduncle short, lateral united petals integrated, 4-carpellate, capsule obconic. Mainly distributed in South China and the Central and Southern peninsulas.

居群 Population

花正面观 Flower in front view

花侧面观 Flower in lateral view

1. 腹唇凤仙花

Impatiens gasterocheila Hook. f.

一年生草本。叶互生，叶片卵形，边缘具细锯齿。花序具 1 花。花粉紫色；侧生萼片 4，外面 2 枚线状披针形，内面 2 枚线形；旗瓣圆形；翼瓣具宽柄，基部裂片长圆形，上部裂片长于基裂片的一半，倒卵状长圆形；唇瓣肿胀且内弯，舟状，基部急狭成短而直的距。花期 8–9 月。分布于四川。生长于溪边或山坡路旁阴湿处，海拔约 900 m。

Annual herb. Leaves alternate, ovate, margin serrulate, Inflorescences 1–flowered. Flowers pink–purple; lateral sepals 4, outer 2: linear–lanceolate, inner 2: linear; upper petal orbicular; lower sepal incurved, turgid, navicular, abruptly narrowed into an erect, short spur; lateral united petals broadly clawed, basal lobes oblong, distal lobes obovate–oblong, ca. 1.5 × as long as basal lobes. Fl. Aug–Sep. Shaded moist places on slopes, streamsides, roadsides, ca. 900 m. Distr. Sichuan.

花解剖 Flower anatomy

2. 海南凤仙花

Impatiens hainanensis Y. L. Chen

多生年草本。叶互生，叶片卵状椭圆形或卵形。总花梗腋生，具 1 花，有时有 2 花。花乳黄色或淡黄色；侧生萼片 2，近圆形或宽卵圆形；唇瓣短囊状，基部急收缩成上弯顶端 2 裂的距；旗瓣微兜状，倒卵状椭圆形；翼瓣 2 裂，基部裂片近圆形，上部裂片短宽斧形。花期 6–7 月。分布于海南。生长于密林中或石灰岩石缝中，海拔 1200 ~ 1300 m。

Perennial herb. Leaves alternate, ovate–elliptic or ovate. Inflorescences axillary, 1–flowered, occasionally 2–flowered. Flowers yellow or yellowish; Lateral sepals 2, suborbicular or broadly ovate–orbicular; lower sepal shallowly saccate, abruptly constricted into a recurved, 2–lobed spur; upper petal slightly cucullate, obovate–elliptic; lateral united petals 2–lobed, basal lobes suborbicular, distal lobes longer, broadly dolabriform. Fl. Jun–Jul. Dense forest understories, crevices and ledges of limestone cliffs; 1200–1300 m. Distr. Hainan.

植株 Plant

花正面观 Flower in front view

花解剖 Flower anatomy

花侧面观 Flower in lateral view

植株 Plant

花正面观 Flower in front view

花侧面观 Flower in lateral view

3. 高大凤仙花

Impatiens kerriae Graib

多年生落叶灌木状草本，基部半木质化。叶互生，长圆形或卵状披针形。花序腋生，具 1 ~ 3 朵花。花白色至浅黄色；侧生萼片 2，卵圆形或阔卵圆形；旗瓣卵形或卵圆形；翼瓣无柄，中部合生，两端分离；唇瓣舟状漏斗形，距近基生，微二裂，内弯。花果期 8–12 月。分布于云南，越南和泰国也有分布。生长于石灰岩山地林下、边缘、山顶或峭壁上，海拔 900 ~ 1400 m。

Perennial herb, deciduous, shrubby, base semi-lignification. Leaves alternate, oblong or ovate-lanceolate. Inflorescences axillary, 1-3-flowered. Flowers white to pale yellow; lateral sepals 2, ovate-orbicular or broadly ovate-orbicular; lateral united petals not clawed, connected at middle, apex discrete; lower sepal navicular-funnelform, spur nearly basal, slightly 2-lobed, incurved. Fl. and fr. Aug-Dec. Forest understories on slopes, forest margins, the mountaintop or cliff of limestone; 900-1400 m. Distr. Yunnan, Vietnam, Thailand.

花解剖 Flower anatomy

4. 线萼凤仙花

Impatiens linearisepala S. Akiyama, Hohba & S. K. Wu

多年生草本。叶互生，叶片椭圆形。总花梗生于上部叶腋，具 1 或 2 花。花黄色；侧生萼片 4 枚，外面 2 枚卵形，里面 2 枚线形；旗瓣浅绿黄色，近圆形；翼瓣 2 裂，基部裂片长圆状倒卵形，上部裂片矩圆状倒卵形；唇瓣宽漏斗状，基部急收缢为内弯的短距。花果期 7–10 月。分布于云南、广西。生长于山坡林下阴湿处，海拔 1500 ~ 2000 m。

Perennial herb. Leaves alternate, elliptic. Inflorescences in upper axils, 1–2-flowered. Flowers yellow; lateral sepals 4; outer 2: ovate, inner 2: linear; upper petal pale greenish yellow, nearly orbicular; lateral united petals 2-lobed, basal lobes oblong-obovate, distal lobes oblong-obovate; lower sepal broadly funnelform, base abruptly constricted into an incurved short spur. Fl. and fr. Jul–Oct. Forest understories on slopes, shaded moist places; 1500–2000 m. Distr. Yunnan, Guangxi.

花侧面观 Flower in lateral view

植株 Plant

花正面观 Flower in front view

花解剖 Flower anatomy

植株 Plant

花正面观 Flower in front view

花解剖 Flower anatomy

5. 裂萼凤仙花

Impatiens lobulifera S. X. Yu, Y. L. Chen & H. N. Qin

多年生草本。叶互生，叶片卵形或卵圆形。花序生上部叶腋，具 4 或 5 花，总花梗极短。花黄绿色。侧生萼片 4 枚，外面 2 枚贝壳状，卵圆形，里面 2 枚卵状披针形，顶端具 4 枚指状裂片；旗瓣椭圆形或卵状椭圆形；旗瓣 2 裂，基部裂片卵圆形，上部裂片斧形；唇瓣漏斗状，基部狭成内弯 2 裂的距。花果期 3–5 月。分布于广西。生长于石灰岩山坡林下阴湿处，海拔 700 ~ 1000 m。

Perennial herb. Leaves alternate, ovate or ovate–orbicular. Inflorescences in upper axils, 4– or 5–flowered, peduncles very short. Flowers yellow–green. Lateral sepals 4; outer 2: ovate–orbicular, conchate, inner 2: ovate–lanceolate; topped with four finger–like lobes; upper petal elliptic or ovate–elliptic; lateral united petals 2–lobed, basal lobes ovate–orbicular; distal lobes dolabriform; lower sepal funnelform, base abruptly constricted into an incurved, 2–lobed spur. Fl. and fr. Mar–May. Shady places in limestone slopes under broadleaved forests; 700–1000 m. Distr. Guangxi.

花侧面观 Flower in lateral view

6. 龙州凤仙花

Impatiens morsei Hook. f.

一年生草本。叶互生，卵形，椭圆形或卵状长圆形。无总花梗，花梗单生于上部叶腋。花白色，粉红色或紫色。侧生萼片 2，斜圆形；旗瓣圆形；翼瓣 2 裂，基部裂片镰刀状扇形，上部裂片长圆形；唇瓣檐部舟状或漏斗状，基部急狭成内弯短于檐部的短距。分布于广西。生长于山谷水旁密林下阴湿处，海拔 400 ~ 950 m。

Annual herb. Leaves alternate, ovate, elliptic, or ovate-oblong. Peduncles absent, pedicels solitary in upper leaf axils. Flowers white, pink, or purple. Lateral sepals 2, obliquely orbicular; upper petal orbicular; lateral united 2-lobed, basal lobes falcate-flabellate, distal lobes oblong; Lower sepal navicular or funnelform, abruptly constricted into an incurved spur shorter than limb. Dense forest understories, streamsides in valleys, shaded and humid places; 400–950 m. Distr. Guangxi.

花解剖 Flower anatomy

植株 Plant

花序 Inflorescences

花正面观 Flower in front view

花侧面观 Flower in lateral view

7. 丰满凤仙花

Impatiens obesa Hook. f.

高大肉质草本。叶互生，卵形或倒披针形。总花梗生于上部叶腋，单花或2花。花粉紫色，侧生萼片4，外面2枚圆形或椭圆状圆形，内面的极小，卵形，长2 mm；旗瓣宽倒卵形或楔形；翼瓣2裂，基部裂片梨形，上部裂片斧形；唇瓣短囊状或杯状，基部急狭成内弯的短距。花期6–7月。分布于广东、江西、湖南。生长于山坡林缘或山谷水旁，海拔400 ~ 750 m。

Large and succulent herb. Leaves alternate, ovate or oblanceolate. Inflorescences in upper leaf axils, 1– or 2–flowered. Flowers pink–purple, lateral sepals 4; outer 2: orbicular or elliptic–orbicular, inner 2: minute, ovate, 2 mm; upper petal broadly obovate or cuneate; lateral united petals 2–lobed; basal lobes pyriform; distal lobes dolabriform; lower sepal shallowly saccate or cup–shaped, abruptly constricted into an incurved, short spur at base. Fl. Jun–Jul. Forest margins on slopes, valleys, watersides; 400–750 m. Distr. Guangdong, Jiangxi, Hunan.

植株 Plant

花正面观 Flower in front view

花侧面观 Flower in lateral view

花解剖 Flower anatomy

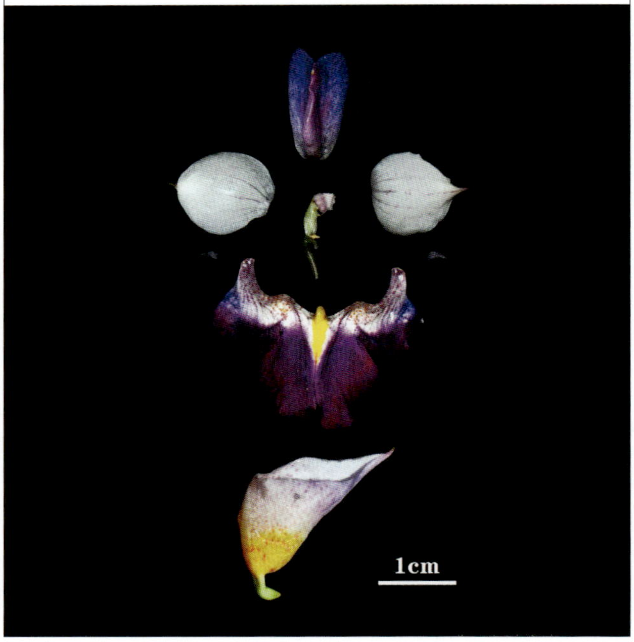

8. 凭祥凤仙花

Impatiens pingxiangensis H. Y. Bi & S. X. Yu

多年生草本。叶互生，叶片卵形或卵圆形。总花梗极短，具 1 或 2 花。花淡粉红色或紫色；侧生萼片 4 枚，外面 2 枚斜卵形或卵圆形，内侧 2 枚小，卵圆形；旗瓣长圆形至卵圆形；翼瓣 2 裂，基部裂片长圆形至倒卵形，上部裂片近圆形；唇瓣漏斗状，基部急狭成内弯的短距。花果期 6–8 月。分布于广西。生长于山坡阳处，海拔 200 ~ 600 m。

Perennial herb. Leaves alternate, ovate or ovate-orbicular. Peduncles very short, 1–2-flowered. Flowers pink or pale purple; lateral sepals 4; outer 2: oblique ovate to ovate-orbicular, inner 2: minute, ovate-orbicular; upper petal oblong to ovate-orbicular; lateral united petals 2-lobed, basal lobes oblong to obovate, distal lobes suborbicular; lower sepal funnelform, base abruptly constricted into an incurved short spur. Fl. and fr. Jun–Aug. On sunny slopes; 200–600 m. Distr. Guangxi.

花侧面观 Flower in lateral view

植株 Plant

花正面观 Flower in front view

花解剖 Flower anatomy

植株 Plant

花正面观 Flower in front view

花侧面观 Flower in lateral view

9. 多脉凤仙花

Impatiens polyneura K. M. Liu

一年生草本。叶互生，叶片椭圆形或长圆状椭圆形；侧脉 16 ~ 21 对。总花梗单生于上部叶腋，具 2 花，少具 1 花。花淡紫色；侧生萼片 4，外面 2 个宽椭圆形或近圆形，内面 2 个披针形；旗瓣倒卵状长圆形；翼瓣 2 裂，基部裂片圆形，上部裂片半圆形；唇瓣宽漏斗状，基部狭长成约 6 mm 内弯的距。花果期 8–10 月。分布于湖南。生长于山谷溪流边，海拔约 420 m。

Annual herb. Leaves alternate, elliptic or oblong-elliptic; lateral veins 16–21 pairs. Inflorescences in upper leaf axils, 2-flowered, rarely 1-flowered. Flowers purplish; lateral sepals 4, outer 2: broadly elliptic or suborbicular, inner 2: lanceolate; upper petal obovate-oblong; lateral united 2-lobed, basal lobes orbicular; distal lobes suborbicular; lower sepal broadly funnelform, narrowed into an incurved, 2-lobed spur ca. 6 mm. Fl. and fr. Aug–Oct. Streamsides in valleys; ca. 420 m. Distr Hunan.

花解剖 Flower anatomy

10. 岩生凤仙花

Impatiens rupestris K. M. Liu & X. Z. Cai

一年生草本。叶互生，叶片椭圆形或卵状椭圆形。总花梗极短，具1花，少2花。花淡紫色，侧生萼片4枚，外面2枚斜卵形或近圆形，里面2枚极小，狭披针形或线形；旗瓣宽倒卵形；翼瓣2裂，基部裂片宽倒卵形或近圆形，上部裂片倒卵形；唇瓣宽漏斗状，基部狭成内弯，顶端2裂的距。花果期7–10月。分布于湖南。生长于山谷溪流边，海拔约350 m。

Annual herb. Leaves alternate, elliptic or ovate-elliptic. Peduncles very short, 1(rarely 2)-flowered. Flower pale purple, lateral sepals 4; outer 2: obliquely ovate or suborbicular, inner 2: minute, narrowly lanceolate or linear; upper petal broadly obovate; lateral united petals 2-lobed, basal lobes widely obovate or suborbicular, distal lobes obovate; lower sepal broadly funnelform, base constricted into an incurved, 2-lobed spur. Fl. and fr. Jul–Oct. Streamside in valleys; ca. 350 m. Distr. Hunan.

植株 Plant

花正面观 Flower in front view

花解剖 Flower anatomy

花侧面观 Flower in lateral view

11. 窄萼凤仙花

Impatiens stenosepala E. Pritz.

一年生草本。叶互生，矩圆形或矩圆状披针形。总花梗腋生，有花1或2朵。花紫红色；侧生萼片4，外面2个条状披针形，内面的2个条形；旗瓣宽肾形；翼瓣2裂，基部裂片椭圆形，上部裂片矩圆状斧形；唇瓣囊状，基部圆形，有内弯的短矩。花果期8–10月。分布于贵州、重庆、湖南、湖北、陕西、甘肃、河南、山西、四川。生长于山坡林下、山沟水旁或草丛中，海拔800 ~ 1800 m。

Annual herb. Leaves alternate, oblong or oblong–lanceolate. Inflorescences axillary, 1–2–flowered. Flowers purple–red; Lateral sepals 4, outer 2: linear–lanceolate, inner 2: linear; upper petal broadly reniform; lateral united petals 2–lobed, basal lobes elliptic, distal lobes oblong–dolabriform; lower sepal saccate, abruptly narrowed into an incurved short spur. Fl. and fr. Aug–Oct. Forests on slopes, along water edges, grasslands; 800–1800 m. Distr. Guizhou, Chongqing, Hunan, Hubei, Shanxi, Gansu, Henan, Shanxi, Sichuan.

植株 Plant

花正面观 Flower in front view

花解剖 Flower anatomy

花侧面观 Flower in lateral view

12. 文山凤仙花

Impatiens wenshanensis S. H. Huang

多年生草本。茎具棱。叶互生，叶片草质，椭圆形或长圆状椭圆形。总花梗生上部叶腋，具 1 或 2 花。花黄色；侧生萼片 4，外萼片 2 枚，阔卵形，偏斜，边缘具 2 或 3 个芒状齿或全缘，内萼片 2 枚，线形；旗瓣宽大，扇形；翼瓣 2 裂，基部裂片宽卵圆形，上部裂片斧形，长为基部裂片的 1.5 倍；唇瓣深囊状，基部骤狭成内弯的短距。花期 9 月。分布于云南。生长于常绿阔叶林中或溪边，海拔约 1820 m。

Perennial herb. Stem with ridges. Leaves alternate, herbaceous, elliptic or oblong-elliptic. Inflorescences in upper axils, 1–2-flowered. Flowers yellow; lateral sepals 4; outer 2: obliquely broadly ovate, inner 2: linear; upper petal large, flabellate; lateral united petals 2-lobed, basal lobes broadly ovate-orbicular, distal lobes dolabriform, ca. 2 × as long as basal lobes; lower sepal deeply saccate, base abruptly constricted into an incurved short spur. Fl. Sep. Broad-leaved forests, streamside; ca. 1820 m. Distr. Yunnan.

花解剖 Flower anatomy

植株 Plant

花序 Inflorescences

花正面观 Flower in front view

花侧面观 Flower in lateral view

植株 Plant

花序 Inflorescences

花正面观 Flower in front view

花侧面观 Flower in lateral view

13. 版纳凤仙花

Impatiens xishuangbannaensis S. H. Huang

一年生草本。叶互生，叶片椭圆形至矩圆形。总花梗生于上部叶腋，具 2 或 3 花。花粉红色；侧生萼片 4 枚，外面 2 枚卵状椭圆形，内面 2 枚线形；旗瓣椭圆形；翼瓣 2 裂，基部裂片圆形，上部裂片斧形；唇瓣囊状，具细而稍内弯的距。花果期 8–11 月。分布于云南。生长于山坡林缘湿处，海拔约 1300 m。

Annual herb. Leaves alternate, elliptic to oblong. Inflorescences in upper leaf axils, 2–3–flowered. Flowers pink; lateral sepals 4, outer 2: ovate–elliptic, inner 2: linear; upper petal elliptic; lateral united petals 2–lobed, basal lobes orbicular; distal lobes dolabriform; lower sepal saccate, narrowed into a slightly curved and slender spur. Fl. and fr. Aug–Nov. Forest margins, shaded moist places on slopes; ca. 1300 m. Distr. Yunnan.

花解剖 Flower anatomy

II 总状花序组
Impatiens sect. *Racemosae*

大部分种类为一年生草本，少数为多年生草本。总状花序，多花。大部分种类侧生萼片 2，少数侧生萼片 4。蒴果线形，种子卵球形，具指状种皮纹饰。主要分布于华南、西南地区；印度北部、尼泊尔、不丹也有分布。

Most species annuals, a few perennials; inflorescences racemose, many–flowered; most species lateral sepals 2, with few lateral sepals 4; capsule linear, seeds ovoid, with fingerlike seedcoat ornamentation. Mainly distributed in South and Southwest China, northern India, Nepal and Bhutan.

1. 抱茎凤仙花

Impatiens amplexicaulis Edgew.

一年生草本。茎四棱形。叶无柄，下部对生，上部互生，长圆形或长圆状披针形，边缘具圆齿状锯齿，基部圆形或心形，抱茎，具球形腺体。总花梗腋生；花粉红色或粉紫色，6 ~ 12 个排成伞形或总状花序。侧生萼片 2，斜圆形，稀镰刀形；旗瓣近圆形；翼瓣无柄，基部裂片近圆形，上部裂片卵形；唇瓣斜囊状，基部急狭成内弯的短距。花期 7–8 月，果期 8–9 月。分布于我国西藏，印度和尼泊尔也有分布。生长于路边灌丛中，海拔 2900 ~ 3900 m。

Annual herb. Stem tetragonous. Leaves opposite in lower part of stem, alternate in upper part of stem, sessile, oblong or oblong–lanceolate, margin crenate–serrate, base rounded or cordate, amplexicaul, with globose glands. Inflorescences axillary, umbellate or racemose, 6–12–flowered. Flowers pink or pink–purple; lateral sepals 2, obliquely orbicular, rarely falcate; lower sepal obliquely saccate, abruptly narrowed into an inflexed, short spur; upper petal suborbicular; lateral united petals not clawed, basal lobes suborbicular, distal lobes ovate. Fl. Jul–Aug, fr. Aug–Sep. Thickets along roadsides, 2900–3900 m. Distr. Xizang; India, Nepal.

植株 Plant

植株 Plant

花正面观 Flower in front view

花解剖 Flower anatomy

2. 水凤仙花

Impatiens aquatilis Hook. f.

一年生草本。叶互生，叶片披针形、卵状披针形或卵状长圆形，边缘具圆齿状锯齿或细锯齿。总花梗具 6 ~ 10 花。花粉紫色。侧生萼片 2，斜卵形或卵圆形；旗瓣圆形或扁球形；翼瓣无柄，基部裂片圆形，上部裂片长于基裂片的 2 倍，中下部膨大后变窄；唇瓣檐部内弯，短囊状，基部狭成内弯的长距。花期 8–9 月，果期 10 月。分布于云南。生长于湖边或溪边阴湿处，海拔 1500 ~ 3000 m。

Annual herb. Leaves alternate, lanceolate, ovate–lanceolate, or ovate–oblong, margin crenate–serrate or serrulate. Inflorescences 6–10–flowered. Flowers pink–purple; lateral sepals 2, obliquely ovate or ovate; lower sepal incurved, shortly saccate, narrowed into a long, incurved spur; upper petal orbicular or oblate; lateral united petals not clawed, basal lobes orbicular, distal lobes ca. 2 × as long as basal lobes, below middle enlarged, downward becoming narrow. Fl. Aug–Sep, fr. Oct. Lakesides, riversides, shaded moist places; 1500–3000 m. Distr. Yunnan.

花解剖 Flower anatomy

居群 Population

花侧面观 Flower in lateral view

花正面观 Flower in front view

花序 Inflorescences

植株 Plant

花序 Inflorescences

花侧面观 Flower in lateral view

花正面观 Flower in front view

3. 新滇南凤仙花

Impatiens austroyunnanensis S. H. Huang

一年生草本。茎多分枝。叶互生，叶片卵状椭圆形至长圆形，边缘具圆齿状锯齿，基部有 2 对有柄腺体。总花梗具 2 ~ 5 花。花黄色。侧生萼片 2，卵状三角形，先端有短尖头；旗瓣宽卵形至近圆形；翼瓣近无柄，基部裂片卵形，上部裂片线状披针形，长约基裂片 2.5 倍；唇瓣狭漏斗形前端具芒尖，基部渐狭成直伸的距。花期 8–9 月。分布于云南，缅甸也有分布。生长于密林下或溪边，海拔 1850 ~ 2450 m。

Annual herb. Stem branched. Leaves alternate, ovate–elliptic to oblong, margin crenate, with 1 pair of stipitate glands at base. Inflorescences 2–5 flowered. Flowers yellow; lateral sepals 2, ovate–triangular, apex mucronulate; lower sepal narrowly funnelform, apex apiculate, base gradually narrowed into an erect spur; upper petal broadly ovate to suborbicular; lateral united petals ± clawed, basal lobes ovate, distal lobes linear–lanceolate, ca. 2 × as long as basal lobes. Fl. Aug–Sep. Understories of dense forests, by streams, 1850–2450 m. Distr. Yunnan, also in Myanmar.

花解剖 Flower anatomy

4. 白汉洛凤仙花

Impatiens bahanensis Hand. -Mazz.

一年生草本。叶互生，叶片卵形或卵状长圆形，边缘具圆齿状齿。总花梗生长于茎端及上部叶腋，花多数，排成总状。花小，粉红色或黄色。侧生萼片 2，极小，宽卵形，长 1 ~ 2 mm；旗瓣宽卵形；翼瓣 2 裂，基部裂片圆形，上部裂片倒卵状圆形；唇瓣檐部舟状，基部狭成内弯的距。花期 7-8 月。分布于云南。生长于山谷竹丛边或混交林下，海拔 2000 ~ 3000 m。

Annual herb. Leaves alternate, ovate or ovate-oblong, margin crenate-serrate. Inflorescences terminal or in upper leaf axils, racemose, many flowered. Flowers small, pink or yellow; lateral sepals 2, broadly ovate, very small, 1–2 mm; lower sepal navicular, narrowed into an incurved spur; upper petal broadly ovate; lateral united petals 2-lobed, basal lobes orbicular, distal lobes obovate-orbicular. Fl. Jul–Aug. Margins of bamboo forests, mixed forests in valleys, 2000–3000 m. Distr. Yunnan.

花解剖 Flower anatomy

植株 Plant

花侧面观 Flower in lateral view

花正面观 Flower in front view

花序 Inflorescences

植株 Plant

花侧面观 Flower in lateral view

花正面观 Flower in front view

花序 Inflorescences

5. 双角凤仙花

Impatiens bicornuta Wall.

一年生草本。叶互生，椭圆形或椭圆状披针形，边缘有粗圆齿。总花梗具多数花，排成中断的总状花序。花淡蓝紫色。侧生萼片 2，斜卵形，顶端具芒状腺体；旗瓣近圆形；翼瓣无柄，基部裂片卵形至近圆形，上部裂片狭成尾状；唇瓣宽锥状或弯囊状，口部具角，基部急收缩成钩状或内弯的距。花期 6–8 月。分布于中国西藏，印度和尼泊尔也有分布。生长于水边草地或阔叶林和铁杉林下，海拔 2400 ~ 2800 m。

Annual herb. Leaves alternate, elliptic or elliptic-lanceolate, margin coarsely crenate. Inflorescences many flowered, racemose. Flowers pale blue-purple; lateral sepals 2, obliquely ovate, with aristate glands at apex; lower sepal broadly sigmoid or curved-saccate, abruptly constricted into a hooked or incurved spur; mouth cornute; upper petal suborbicular; lateral united petals not clawed, basal lobes ovate to suborbicular, distal lobes narrowly caudate. Fl. Jun–Aug. Understories of *Tsuga* forests, grasslands or broadleaf forest by water, 2400–2800 m. Distr. Xizang; India, Nepal.

花解剖 Flower anatomy

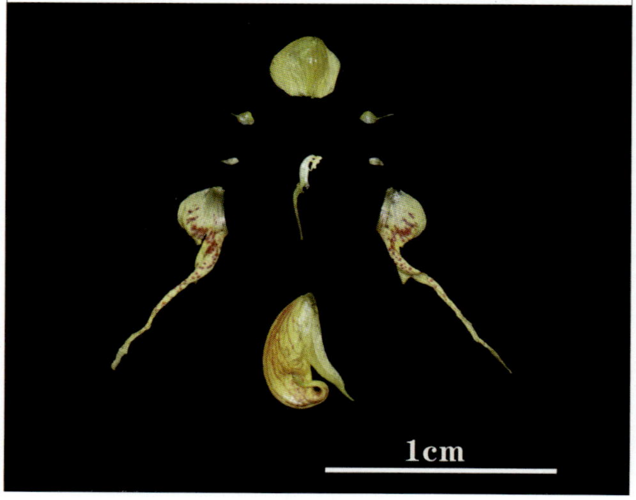

6. 东川凤仙花

Impatiens blinii Levl.

一年生草本。叶互生，卵状披针形或卵状长圆形，边缘具圆齿状锯齿。总花梗具 3～4 花，近伞房状排列。花紫堇色；侧生萼片 2，斜卵形或宽卵形；旗瓣宽倒卵形；翼瓣无柄，基部裂片卵形，上部裂片长圆状斧形；唇瓣檐部宽漏斗状，基部渐狭成一个直距。花期 9–10 月。分布于云南、贵州、湖南。生长于山谷、林缘、灌丛草坡阴湿处，海拔 2100～2800 m。

Annual herb. Leaves alternate, ovate–lanceolate or ovate–oblong, margin crenate–serrate. Inflorescences 3– or 4–flowered, corymbose. Flowers purple–violet; lateral sepals 2, obliquely ovate or broadly ovate; lower sepal broadly funnelform, gradually narrowed into an erect spur; upper petal broadly obovate; lateral united petals not clawed, basal lobes ovate, distal lobes oblong–dolabriform. Fl. Sep–Oct. Forest margins, thickets, grassy slopes, shaded moist places in valleys, 2100–2800 m. Distr. Yunnan, Guizhou, Hunan.

花解剖 Flower anatomy

居群 Population

植株 Plant

花侧面观 Flower in lateral view

花序 Inflorescences

7. 波密凤仙花

Impatiens bomiensis Y. Y. Cong & Y. C. Peng

一年生草本。茎近四棱形。叶在茎下部对生，上部螺旋状排列，叶片披针形或卵状披针形，边缘具圆齿状锯齿。总状花序近伞形，具 3 ~ 7 花。花淡粉色有紫色斑纹。侧生萼片 2，斜卵形；旗瓣近圆形；翼瓣无柄，基部裂片近卵形，上部裂片斧形；唇瓣浅漏斗状，基部急狭成稍内弯的距。花果期 7–10 月。分布于西藏。生长于阔叶林溪边，海拔 2695 ~ 3035 m。

Annual herb. Stem nearly tetragonous. Leaves opposite in lower part of stem, spirally arranged in upper part, lanceolate or ovate–lanceolate, margin crenate–serrate. Inflorescences subcorymbose–racemose, 3 – 7 flowered. Flowers pale pink with purple spots; lateral sepals 2, obliquely ovate; lower sepal shallowly funnelform, narrowed into a slightly incurved spur; upper petals suborbicular; lateral united petals sessile; basal lobes subovate, distal lobes dolabriform. Fl. and fr. Jul–Oct. Growing beside a stream as an undergrowth in a broad–leaved forest. 2695–3035 m. Distr. Xizang.

植株 Plant

花侧面观 Flower in lateral view

花正面观 Flower in front view

花解剖 Flower anatomy

8. 短距凤仙花

Impatiens brachycentra Kar. & Kir.

一年生草本。叶互生，椭圆形或卵状椭圆形，边缘具圆齿状锯齿。总状花序，4 ~ 12 花。花极小，淡白色。侧生萼片 2，卵形；旗瓣宽倒卵形；翼瓣近无柄，2 裂，基部裂片矩圆形，上部裂片宽矩圆形；唇瓣舟状，有长不超过 1 mm 三角形的短距。花期 8–9 月。分布于中国新疆；哈萨克斯坦和吉尔吉斯斯坦也有分布。生长于山坡林下、林缘、山谷水旁或沼泽地，海拔 800 ~ 2100 m。

Annual herb. Leaves alternate, elliptic or ovate–elliptic, margin crenate–serrate. Inflorescences racemose, 4–12–flowered. Flowers whitish, very small; lateral sepals 2, ovate; lower sepal navicular, narrowed into a short, triangular spur shorter than 1 mm; upper petal broadly obovate; lateral united petals ± clawed, 2–lobed, basal lobes oblong, distal lobes broadly oblong. Fl. Aug–Sep. Forest understories on slopes, forest margins, along canals, swamps, 800–2100 m. Distr. Xinjiang; Kazakhstan, Kyrgyzstan.

植株 Plant

花序 Inflorescences

花侧面观 Flower in lateral view

花正面观 Flower in front view

植株 Plant

花侧面观 Flower in lateral view

花正面观 Flower in front view

9. 具角凤仙花

Impatiens ceratophora H. F. Comber

一年生草本。叶互生，披针形或椭圆状披针形，边缘具圆齿状锯齿。总花梗具 8 ~ 20 花。花淡黄色，具紫色斑点。侧生萼片 2，斜圆形；旗瓣圆形，僧帽状；翼瓣无柄，基部裂片斜宽卵形，上部裂片长于基部裂片的 2 倍，斜椭圆形；唇瓣杯状，基部狭成内弯或内卷的距，口部先端渐狭成极长的芒尖。花期 8–9 月。分布于云南，缅甸也有分布。生长于山坡水沟边或混交林下潮湿处，海拔 1700 ~ 2700 m。

Annual herb. Leaves alternate, lanceolate or elliptic–lanceolate, margin crenate–serrate. Inflorescences 8–20–flowered. Flowers yellowish, purple spotted; lateral sepals 2, obliquely orbicular; lower sepal cup–shaped, narrowed into an incurved or involute, mouth tip gradually narrowed downward and long cuspidate or aristate; upper petal orbicular, cup–shaped; lateral united petals not clawed; basal lobes obliquely broadly ovate, distal lobes obliquely elliptic, ca. 2 × as long as basal lobes. Fl. Aug–Sep. Understories of mixed forests, along canals, moist places, 1700–2700 m. Distr. Yunnan; Myanmar.

花解剖 Flower anatomy

10. 高黎贡山凤仙花

Impatiens chimiliensis H. F. Comber

一年生粗壮草本。叶疏散互生，卵形或卵状椭圆形，边缘具粗圆齿状齿。总状花序，3 ~ 9 花。花黄色或具紫色晕；侧生萼片 4，外面 2 枚宽卵形，内层 2 披针形；旗瓣圆形；翼瓣 2 裂，基部裂片宽卵形，上部裂片椭圆状披针形；唇瓣檐部半球状或杯状，基部狭成长 8 mm 内弯的距。花期 9 月，果期 10 月。分布于中国西藏、云南，缅甸也有分布。生长于灌丛边阴湿处或溪边，海拔约 3200 m。

Annual herb, robust. Leaves remotely alternate, ovate or ovate–elliptic, margin coarsely crenate–denticulate. Inflorescences racemose, 3–9–flowered. Flowers yellow or purple–tinged; lateral sepals 4, outer 2: broadly ovate, inner 2: lanceolate; lower sepal subglobose or cup–shaped, narrowed into an incurved spur ca. 8 mm; upper petal orbicular; lateral united petals 2–lobed, basal lobes broadly ovate, distal lobes elliptic–lanceolate. Fl. Sep, fr. Oct. Shaded and humid places at thicket margins, streamsides, ca. 3200 m. Distr. Xizang, Yunnan; Myanmar.

植株 Plant

居群 Population

花解剖 Flower anatomy

花侧面观 Flower in lateral view

植株 Plant

花侧面观 Flower in lateral view

花正面观 Flower in front view

11. 棒尾凤仙花

Impatiens clavicuspis Hook. f. ex W. W. Smith

一年生草本。叶互生，叶柄基部具一对球形腺体，叶片卵状披针形或披针形。总状花序，具10 ~ 12 花。花淡黄色顶端带紫色。侧生萼片 2，斜卵形，具腺状芒尖或短渐尖；旗瓣近圆形；翼瓣 2 裂，基部裂片近圆形，上部裂片大于基裂的 2 倍，渐狭；唇瓣檐部囊状，基部渐狭成内弯的距。花期 7–8 月，果期 9 月。分布于云南。生长于山谷阴湿处，海拔 2400 ~ 2800 m。

Annual herb. Leaves alternate, petiole with 1 pair of globose glands at base, ovate–lanceolate or lanceolate. Inflorescences racemose, 10–12–flowered. Flowers yellowish, purple tinged at apex; lateral sepals 2, obliquely ovate, apex glandular–aristate or shortly acuminate; lower sepal saccate, gradually narrowed into an incurved spur; upper petal suborbicular; lateral united petals 2–lobed, basal lobes suborbicular, distal lobes ca. 2 × as large as basal lobes, gradually narrowed. Fl. Jul–Aug, fr. Sep. Shaded moist places in valleys, 2400–2800 m. Distr. Yunnan.

花解剖 Flower anatomy

12. 叶底花凤仙花
Impatiens cornucopia Franch.

一年生草本。叶互生，叶片卵形或卵状披针形，边缘具圆齿状齿。总花梗具 4～6 花。花黄色带紫色。侧生萼片 4，外面 2 枚长圆形或卵状长圆形，顶端突尖，内面 2 枚较短，披针形；旗瓣圆形，顶端凹；翼瓣无柄，基部裂片长圆形，上部裂片较长，带状；唇瓣舟状，基部渐狭成内弯的细距，距长 4～5 mm，角状。花期 8 月。分布于云南、四川。生长于常绿阔叶林中或林缘溪边，海拔 1900～2600 m。

注：叶底花凤仙花和紫色凤仙花在形态上极为近似，仅仅花色具有差别，这两种极有可能为同一种的不同生态型。由于缺少材料，本书将这两种单独收录，不做分类学处理。

Annual herb. Leaves alternate, ovate or ovate-lanceolate, margin crenate. Inflorescences 4-6-flowered. Flowers yellow, purple-tinged; lateral sepals 4, outer 2: oblong or ovate-oblong, apex cuspidate; inner 2: lanceolate, shorter than outer ones; lower sepal navicular, gradually narrowed into an incurved spur; spur 4–5 mm, slender, cornute; upper petal orbicular, apex retuse; lateral united petals not clawed; basal lobes oblong, distal lobes longer, narrow. Fl. Aug. Broad-leaved forests, forest margins by streams, 1900–2600 m. Distr. Yunnan, Sichuan.

植株 Plant

花序 Inflorescences

花侧面观 Flower in lateral view

花解剖 Flower anatomy

花正面观 Flower in front view

植株 Plant

花枝 Flower branches

花正面观 Flower in front view

13. 金凤花

Impatiens cyathiflora Hook. f.

一年生草本。叶互生，叶片卵状长圆形或卵状披针形，边缘具圆齿状锯齿。总花梗生于茎端及上部叶腋，总状花序，具 6 ~ 10 花。花黄色，具红色斑点。侧生萼片 2，斜卵形或近四方形；旗瓣圆形，僧帽状；翼瓣 2 裂，基部裂片长圆状圆形，上部裂片带形；唇瓣檐部杯状或漏斗状，基部狭成约与檐部等长或长于檐部内弯的距。花期 8–9 月，果期 10–11 月。分布于云南。生长于山坡混交林下潮湿处或草丛中，海拔 1900 ~ 2300 m。

Annual herb. Leaves alternate, ovate–oblong or ovate–lanceolate, margin crenate–serrate. Inflorescences terminal and in upper leaf axils, racemose, 6–10–flowered. Flowers yellow, red spotted; lateral sepals 2, obliquely ovate or subtetragonous; lower sepal cup–shaped or funnelform, narrowed into an incurved spur ca. as long as or longer than limb; upper petal saccate, orbicular; lateral united petals 2–lobed; basal lobes oblong–orbicular, distal lobes narrow. Fl. Aug–Sep, fr. Oct–Nov. Understories of mixed forests, moist places on slopes, grasslands; 1900–2300 m. Distr. Yunnan.

花解剖 Flower anatomy

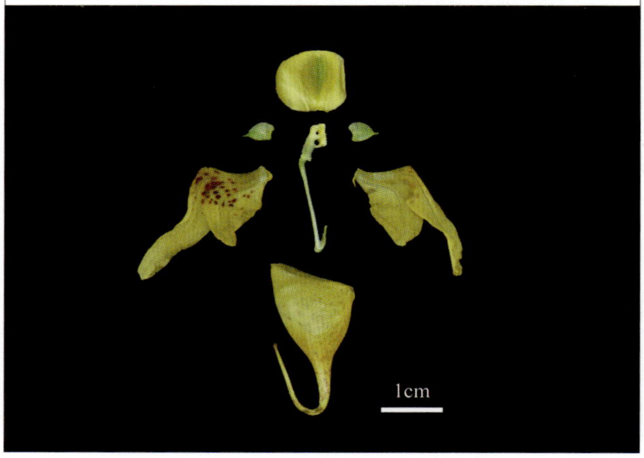

14. 舟状凤仙花
Impatiens cymbifera Hook. f.

一年生草本。叶互生，椭圆状卵形或卵状披针形，边缘具圆齿状锯齿。总花梗具 1 ~ 4（5）花。花蓝紫色。侧生萼片 2，卵圆形；旗瓣圆形；翼瓣近有柄，基部裂片圆形，上部裂片长圆状斧形；唇瓣深舟状，基部急狭成稍弯的距。花期 8-9 月。分布于中国西藏，尼泊尔、印度、不丹及缅甸也有分布。生长于山坡阴湿处，林下，海拔约 2500 m。

Annual herb. Leaves alternate, elliptic–ovate or ovate–lanceolate, margin crenate–serrate. Inflorescences 1–4(or 5)–flowered. Flowers blue–purple; lateral sepals 2, ovate–orbicular; lower sepal deeply navicular, abruptly narrowed into a slightly curved spur; upper petal orbicular; lateral united petals ± clawed; basal lobes orbicular, distal lobes oblong–dolabriform. Fl. Aug–Sep. Forest understories, shaded moist places on slopes, ca. 2500 m. Distr. Xizang; Nepal, India, Bhutan, Myanmar.

花解剖 Flower anatomy

植株 Plant

花序 Inflorescences

花侧面观 Flower in lateral view

花正面观 Flower in front view

植株 Plant

花序 Inflorescences

花正面观 Flower in front view

花侧面观 Flower in lateral view

15. 紫花辐射凤仙花

Impatiens dalaiensis Gogoi & Borah

一年生草本。叶互生，叶片椭圆形至狭椭圆形，边缘圆锯齿状。总花梗具 6 ~ 18 轮花（平均每轮 5 朵花）。花紫色。侧生萼片 2，锥状，先端具短腺尖；旗瓣近圆形，兜状；翼瓣 2 裂，基部裂片近圆形，上部裂片长带状，螺旋扭曲；唇瓣舟状，逐渐变细成向上弯曲的距。花果期 8–11 月。分布于云南、西藏。生长于常绿阔叶林下水沟边，海拔 1900 ~ 2200 m。

Annual herb. Leaves alternate, elliptic to narrowly elliptic, margin crenate. Inflorescence' s flowers in 6 – 18 whorls (average 5 flowers per whorl). Flower purple; lateral sepals 2, awl shaped, apex slightly glandular; lower sepal navicular, gradually tapering to a spur, upcurved; upper petal suborbicular, cucullate; lateral united petals bilobed; basal lobes sub–orbicular, distal lobes long–lorate, twisted. Fl. and fr. Aug – Nov. Understories of evergreen forests, by streams, 1900–2200 m. Distr. Yunnan, Xizang.

花解剖 Flower anatomy

16. 束花凤仙花

Impatiens desmantha Hook. f.

一年生草本。叶互生，叶片卵形，边缘圆齿状齿或细圆齿。总花梗具 3 ~ 10 花。花黄色。侧生萼片 2，卵形，镰刀状；旗瓣圆形；翼瓣无柄，基部裂片圆形，上部裂片斧形或半月形；唇瓣檐部舟状，基部渐狭成内弯的距。花期 8-9 月。分布于云南。生长于冷杉林下或山谷阴湿处，海拔 2800 ~ 4000 m。

Annual herb. Leaves alternate, ovate, margin crenate or crenulate. Inflorescences 3–10–flowered. Flowers yellow; lateral sepals 2, falcate–ovate; lower sepal navicular, base gradually narrowed into an incurved spur; upper petal orbicular; lateral united petals not clawed; basal lobes orbicular, distal lobes dolabriform or lunar. Fl. Aug–Sep. Understories of *Abies* forests, shaded moist places in valleys. 2800–4000 m. Distr. Yunnan.

花解剖 Flower anatomy

植株 Plant

花侧面观 Flower in lateral view

花正面观 Flower in front view

花序 Inflorescences

花侧面观 Flower in lateral view

花正面观 Flower in front view

17. 镰萼凤仙花

Impatiens drepanophora Hook. f.

高大草本。叶互生，卵状披针形，基部具 2 个具柄的腺体。总花梗具 5 ~ 10 花。花黄色。侧生萼片 2，镰刀状，顶端具长芒尖；旗瓣僧帽状；翼瓣具柄，基部裂片狭长圆形，上部裂片长圆状斧形；唇瓣口部上端边缘有绿色的长角，具螺旋状内弯的距。花期 8 月。分布于西藏、云南；不丹、印度、缅甸、尼泊尔也有分布。生长于山坡常绿林下或溪流边，海拔 2000 ~ 2200 m。

Plants robust. Leaves alternate, ovate–lanceolate, with 2 stipitate basal glands. Inflorescences 5–10–flowered. Flowers yellow; lateral sepals 2, falcate, apex long aristate; lower sepal constricted into an involute–incurved spur; mouth tip green, long cornute; upper petal cup–shaped; lateral united petals clawed; basal lobes narrowly oblong, distal lobes oblong–dolabriform. Fl. Aug. Understories of evergreen forests on slopes, by streams, 2000–2200 m. Distr. Xizang, Yunnan; Bhutan, India, Myanmar, Nepal.

花解剖 Flower anatomy

18. 草莓凤仙花

Impatiens fragicolor Marq. & Airy-Shaw

一年生草本。茎粗壮，四棱形或近圆柱形。叶在茎下部对生，上部互生，披针形或卵状披针形，边缘具圆齿状锯齿。总花梗近伞房状排列，具 1 ~ 6 花。花紫色或淡紫色。侧生萼片 2，斜卵形；旗瓣心状宽卵形；翼瓣无柄，基部裂片近卵形，上部裂片斧形；唇瓣宽漏斗状，基部有内弯的细距。花期 7–8 月。分布于西藏。生长于路边或河边草丛中或水沟边湿地上，海拔 3100 ~ 3900 m。

Annual herb. Stem tetragonous or nearly terete, robust. Leaves opposite in lower part of stem, alternate in upper part of stem, lanceolate or ovate-lanceolate, margin crenate-serrate. Inflorescences subcorymbose, 1–6-flowered. Flowers purple or pale purple; lateral sepals 2, obliquely ovate; lower sepal broadly funnelform, narrowed into an incurved, slender spur; upper petal broadly cordate-ovate; lateral united petals not clawed; basal lobes subovate, distal lobes dolabriform. Fl. Jul–Aug. Grasslands by rivers, moist places by canals, roadsides, 3100–3900 m. Distr. Xizang.

花解剖 Flower anatomy

植株 Plant

花序 Inflorescences

花侧面观 Flower in lateral view

花正面观 Flower in front view

植株 Plant

花侧面观 Flower in lateral view

花正面观 Flower in front view

19. 东北凤仙花

Impatiens furcillata Hemsl.

一年生草本。叶互生，菱状卵形或菱状披针形，边缘有锐锯齿。总状花序，3 ~ 9 花。花小，黄色或淡紫色；侧生萼片 2，卵形；旗瓣圆形；翼瓣有柄，基部裂片近卵形，上部裂片斜卵形；唇瓣漏斗状，基部突然延长成螺旋状卷曲的长距。分布于河北、黑龙江、吉林、辽宁、内蒙古；朝鲜、俄罗斯也有分布。生长于山谷河边、林缘或草丛中，海拔 700 ~ 1100 m。

Annual herb. Leaves alternate, rhombic–ovate or rhombic–lanceolate, , margin sharply serrate. Inflorescences racemose, 3–9–flowered. Flowers yellow or pale purple, small; lateral sepals 2, ovate; lower sepal funnelform, abruptly elongated into an involute, long spur; upper petal orbicular; lateral united petals clawed; basal lobes subovate, distal lobes obliquely ovate. Forest margins, grasslands in valleys, riversides, 700–1100 m. Distr. Hebei, Heilongjiang, Jilin, Liaoning, Nei Mongol; Korea, Russia.

花序 Inflorescences

20. 腺柄凤仙花

Impatiens glandulifera Royle

一年生草本。叶对生或轮生，椭圆状卵形或卵状披针形，边缘具圆齿状锯齿。花多数，排列成总状。花粉红色或红紫色；侧生萼片 2，斜卵状心形；唇瓣囊状，基部骤狭成内弯的短距；旗瓣近圆形；翼瓣无柄，基部裂片近斧形，上部裂片宽斧形。花期 7–10 月。中国新归化，分布于黑龙江漠河；原产印度及西喜马拉雅山脉，生于海拔 1600 ~ 4300 m 的林缘路边。

Annual herb. Leaves opposite or verticillate, elliptic-ovate or ovate-lanceolate, margin crenate-serrate. Inflorescences racemose, flowers pink or reddish purple; Lateral sepals 2, obliquely ovate-cordate; Lower sepal saccate, base abruptly narrowed into an incurved spur; Upper petal suborbicular; Lateral united petals not clawed, basal lobes subdolabriform, distal lobes broadly dolabriform. Fl. Jul–Oct. New naturalized species in China, distributed in Mohe, Heilongjiang province; It is native to India and the Western Himalayas, and is born on the side of the forest at an altitude of 1600–4300 m.

居群 Population

花序 Inflorescences

花侧面观 Flower in lateral view

花正面观 Flower in front view

果实 Fruit

21. 哈氏凤仙花

Impatiens harae H. Ohba & S. Akiyama

一年生草本。叶互生，叶片卵状椭圆形或椭圆状披针形。总花梗密集生长于上部叶腋，花多数，排成中断的总状花序。花乳白色或污白色。侧生萼片 2 枚，小，斜卵形，顶端具芒尖；旗瓣近圆形；翼瓣 2 裂，基部裂片近圆形，上部裂片狭成尾尖；唇瓣宽锥状或弯囊状，基部急收缩成钩状或外弯的短距。花期 7–10 月。分布于中国西藏；印度和尼泊尔也有分布。生长于水边草地或阔叶林或铁杉林下，海拔 1500 ~ 2800 m。

Annual herb. Leaves alternate, oblong–ovate or oblong–lanceolate. Inflorescences in upper leaf axils, many flowered, racemose. Flowers milky–white or dirty white; lateral sepals 2, small, obliquely ovate, apex aristate; lower sepal broadly sigmoid or curved–saccate, base abruptly narrowed into a hooked or curved, short spur; upper petal suborbicular; lateral united petals 2–lobed; basal lobes suborbicular, distal lobes narrowly caudate. Fl. Jul–Oct. Understories of *Tsuga* forests, grasslands or broadleaf forest by water, 1500–2800 m. Distr. Xizang; India, Nepal.

植株 Plant

花序 Inflorescences

花侧面观 Flower in lateral view

花正面观 Flower in front view

花解剖 Flower anatomy

22. 同距凤仙花

Impatiens holocentra Hand.-Mazz

一年生草本。叶互生，矩圆状卵形或矩圆状披针形，边缘有粗圆齿。总花梗具4～6花。黄色或紫色。侧生萼片4，外面2个宽卵形，内面2个极小，条形；旗瓣倒卵形；翼瓣近无柄，基部裂片三角形，上部裂片披针形；唇瓣狭漏斗状，基部伸长成直而细的距。花果期7–11月。分布于云南、缅甸。生长于亚高山山谷溪流或阴湿处，海拔2700～2800 m。

Annual herb. Leaves alternate, oblong–ovate or oblong–lanceolate, margin coarsely crenate. Inflorescences 4–6–flowered. Flowers yellow or purple; lateral sepals 4; outer 2: broadly ovate; inner 2: linear, minute; lower sepal narrowly funnelform, narrowed into an erect, slender spur; upper petal obovate; lateral united petals ± clawed, basal lobes triangular, distal lobes lanceolate. Fl. and fr. Jul–Nov. Shaded moist places in subalpine valleys, by streams, 2700–2800 m. Distr. Yunnan; Myanmar.

花解剖 Flower anatomy

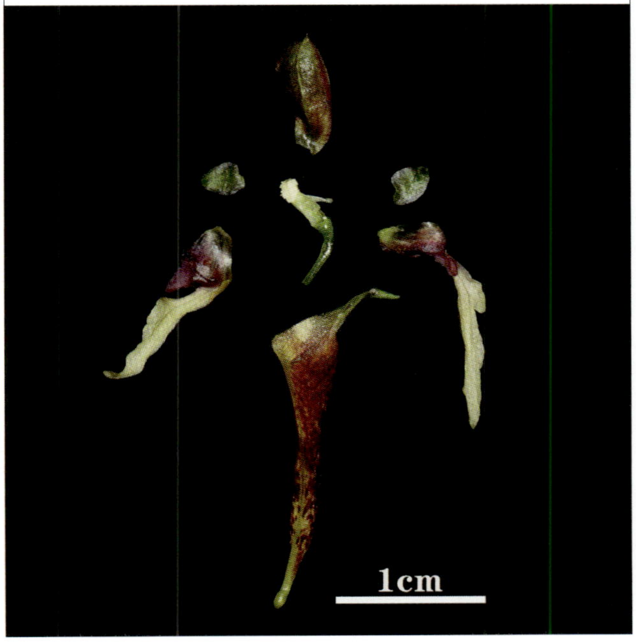

花序 Inflorescences

植株 Plant

花正面观 Flower in front view

花侧面观 Flower in lateral view

23. 井冈山凤仙花

Impatiens jinggangensis Y. L. Chen

一年生草本。叶互生，卵状披针形或长圆状披针形，边缘具粗圆齿。花序近伞房状排列，3 ~ 8 花。花紫色或鲜粉红色；侧生萼片 2，斜卵形；旗瓣近圆形；翼瓣 2 裂，基部裂片近圆形，上部裂片宽，斧形；唇瓣宽漏斗状，基部狭成长 15 ~ 20 mm，内弯的距。花果期 8–10 月。分布于湖南、江西。生长于密林下或河边阴湿处，海拔 800 ~ 1240 m。

Annual herb. Leaves alternate, ovate–lanceolate or oblong–lanceolate, margin coarsely crenate. Inflorescences subcorymbose, 3–8–flowered. Flowers purple or pink; lateral sepals 2, obliquely ovate; lower sepal broadly funnelform, narrowed into an incurved spur 15–20 mm; upper petal suborbicular; lateral united petals 2–lobed; basal lobes suborbicular, distal lobes dolabriform, broad. Fl. and fr. Aug–Oct. Understories of dense forests, riverbanks, shaded moist places, 800–1240 m. Distr. Hunan, Jiangxi.

植株 Plant

花序 Inflorescences

花侧面观 Flower in lateral view

花正面观 Flower in front view

花解剖 Flower anatomy

24. 九龙山凤仙花

Impatiens jiulongshanica Y. L. Chen

一年生草本。叶互生，卵状椭圆形，边缘具圆齿。总状花序，具4～6花。花白色或粉色。侧生萼片2，卵形；旗瓣近圆形；翼瓣2裂，基部裂片宽三角形，上部裂片披针形；唇瓣漏斗状，基部渐狭成长15～18 mm的直距。花果期8月。分布于浙江、江西、湖南。生长于落叶林下，海拔1000～1400 m。

注：蓝花凤仙花、九龙山凤仙花、东川凤仙花等在形态上极为相近，本书编者团队通过多年的野外考察，发现这几个种间形态存在一些小的变异，种间关系需通过大量采样研究确定。因此，本书将这几个种单独收录，且不做分类学处理。

Annual herb. Leaves alternate, ovate-elliptic, margin crenate. Inflorescences racemose, 4–6-flowered. Flowers white or Pink; lateral sepals 2, ovate; lower sepal funnelform, gradually narrowed into an erect spur 15–18 mm; upper petal suborbicular; lateral united 2-lobed; basal lobes broadly triangular, distal lobes lanceolate. Fl. and fr. Aug. Forest understories, 1000–1400 m. Distr. Zhejiang, Jiangxi, Hunan.

植株 Plant

花侧面观 Flower in lateral view

花解剖 Flower anatomy

花正面观 Flower in front view

植株 Plant

花序 Inflorescences

花正面观 Flower in front view

25. 疏花凤仙花

Impatiens laxiflora Edgew.

一年生草本。叶互生，卵状披针形或椭圆状披针形，叶柄基部有两个大腺体，边缘具粗圆齿。总花梗具 6 ~ 11 个花。花淡粉色或白色。侧生萼片 2，卵形或卵状钻形；旗瓣圆形，基部每边有 1 黑色的微粒；翼瓣无柄，基部裂片圆形，上部裂片长圆状斧形；唇瓣舟状，基部具短直距。花期 8 月。分布于西藏；不丹、印度和克什米尔地区也有分布。生长于沟边，海拔约 3200 m。

Annual herb. Leaves alternate; petiole with 2 large basal glands; ovate–lanceolate or elliptic–lanceolate, margin coarsely crenate. Inflorescences 6–11–flowered. Flowers pale pink or white; lateral sepals 2, ovate or ovate–subulate; lower sepal navicular, with erect, short spur; upper petal orbicular, with a black gland on each side of base; lateral united petals not clawed; basal lobes orbicular, distal lobes oblong–dolabriform. Fl. Aug. Along canals, ca. 3200 m. Distr. Xizang; Bhutan, India, Kashmir.

花解剖 Flower anatomy

26. 细果凤仙花

Impatiens leptocarpa Hook. f.

一年生草本。叶主要局限于茎上部，轮生，椭圆形至卵形，边缘具圆齿。总状花序，可达 25 朵花。花黄色，伴有红色斑点。侧生萼片 4，外面 2 枚卵形至披针形，内面 2 枚披针形；旗瓣宽卵形至近圆形；翼瓣 2 裂，基部裂片倒卵形至近圆形，上部裂片长圆状斧形；唇瓣漏斗状，急狭成一个短且向下弯曲的距。花果期 7–10 月。分布于我国西藏，印度、尼泊尔也有分布。生长于温带至亚高山地区林缘，海拔 2600 ~ 3600 m。

Annual herb. Leaves confined mainly to upper part of stem, whorled, blade elliptic to ovate, margins crenate. Inflorescence racemose, up to 25–flowered. Flowers yellow with red spots; lateral sepals 4, the outer 2 ovate to lanceolate, the inner 2 lanceolate; lower sepals funneliform, abruptly constricted into a short down–curved spur; upper petal broadly ovate to suborbicular; lateral united petals 2–lobed, basal lobes obovate to suborbicular, distal lobes oblong–dolabriform. Fl. and fr. Jul–Oct. Temperate to lower sub–alpine zones, in forest margins, 2600–3600 m. Distr xizang; India, nepal.

植株 Plant

花序 Inflorescences

花解剖 Flower anatomy

花正面观、侧面观
Flower in front view, Flower in lateral view

花序 Inflorescences

植株 Plant

花正面观、侧面观
Flower in front view, Flower in lateral view

花解剖 Flower anatomy

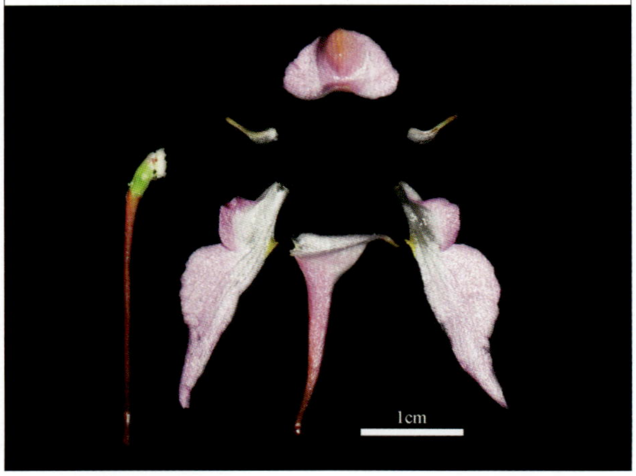

27. 隆子凤仙花

Impatiens lhunzeensis J. Tian, G. W. Hu & Q. F. Wang

一年生非肉质草本。茎直立，密被毛。叶互生，叶柄密被毛，基部具 2 个棒状腺体，叶片卵形，叶上面及叶下面的叶脉密被毛，边缘具圆齿。花序总状，6 ~ 26 朵花。苞片卵形，宿存，顶端腺尖纤细。花浅粉色至白色，小。侧生萼片 2，卵状披针形，顶端具长尖头；旗瓣肾形，顶端圆形；翼瓣白色至粉色，2 裂，基部裂片宽卵形至近圆形，上部裂片三角状长圆形，先端钝；唇瓣舟状，渐狭成直距。花期 7 月下旬至 8 月，果期 8 月下旬至 9 月。分布于西藏。生长于山区森林边缘潮湿的路边沟渠，海拔 2500 ~ 2800 m。

Annual, non-succulent herb. Stems erect, densely hairy. Leaves alternate, petiole densely hairy, with 2 clavate basal glands, ovate, densely hairy above and on veins beneath, margin crenate. Inflorescence racemose, 6 - 26-flowered. Bracts ovate, persistent, apex glandular slender. Flowers pale-pinkish to white, small; lateral sepals 2, ovate-lanceolate, apex long mucronulate; upper petal reniform, apex rounded; lateral united petals white to pink, 2-lobed; basal lobes broadly ovate to sub-orbicular, distal lobes triangular oblong, apex obtuse; lower sepal navicular, gradually tapering into straight spur. Fl. late Jul-Aug, fr. late Aug-Sep. Moist roadside ditches on the forest margins in the mountains at elevations of 2500-2800 m. Distr. Xizang.

28. 栗子坪凤仙花

Impatiens lizipingensis Q. Luo

一年生草本。叶互生，狭椭圆形或椭圆状披针形，边缘具圆齿。花序总状，5 ~ 15 花。花淡紫色或近白色，具紫色斑点。侧生萼片 2，绿色，镰刀形；旗瓣近圆形，翼瓣 2 裂，具短柄，基部裂片三角形，上部裂片披针形，具紫色条纹；唇瓣高脚碟形，具紫色斑点，基部渐狭成弯曲的距，距先端紫色。花期 7–9 月，果期 8–10 月。分布于四川、云南。生长于潮湿的常绿阔叶林和云杉林中，海拔 2500 ~ 2850 m。

Annual herb. Leaves alternate, blades narrowly elliptic or elliptic–lanceolate, margins round–toothed. Inflorescences racemose, 5 – 15–flowered. Flowers pale purple or nearly white, with purple spots; lateral sepals 2, greenish, falcate, 2.0 – 2.5 mm long; lower sepal salver–shaped, with purple spots, base gradually narrowed into the spur; spur incurved, purple at apex; upper petal orbicular; lateral united petals 2–lobed, short stipitate; basal lobes triangular, distal lobes lanceolate, with purple stripes. Fl. Jul–Sep. and fr. Aug–Oct. In wet evergreen broad–leaved forests and spruce forests, 2500–2850 m. Distr. Sichuan, Yunnan.

花解剖　Flower anatomy

植株　Plant

花序　Inflorescences

花正面观　Flower in front view

花侧面观　Flower in lateral view

花序 Inflorescences

花正面观 Flower in front view

花解剖 Flower anatomy

29. 长芒凤仙花

Impatiens longiaristata S. Peng, G. W. Hu & Q. F. Wang

多年生草本。叶互生，倒卵形，椭圆形或椭圆状披针形，边缘具粗圆齿。花序 3 ~ 5 花。花黄色，伴有红色斑点。侧生萼片 4，外面 2 枚卵状披针形，内面 2 枚披针形；旗瓣浅兜状，近圆形或宽倒卵形，背面光滑无脊，中部增厚；翼瓣 2 裂，基部裂片三角状半圆形，上部裂片长圆状椭圆形；唇瓣斜漏斗形，口部伴有一个约 9 ~ 12 mm 的长芒（花蕾期明显），基部渐狭成一个向下弯曲或环状的距。花期 8–9 月，果期 9–10 月。分布于四川。生长于阔叶林下潮湿处，海拔约 2680 m。

Perennial herb. Leaves alternate, obovate, elliptic or elliptic–lanceolate, margin coarsely crenate. Inflorescence 3 – 5–flowered. Flower yellow with red spots; lateral sepals 4, the outer 2 ovate–lanceolate, the inner 2 lanceolate; lower sepal obliquely funnelform, apex of mouth with a long arista ca. 9 – 12 mm (conspicuous in flower bud stage), base gradually narrowed into a decurved or circinate spur; upper petal shallowly cucullate, suborbicular or broadly obovate, dorsally glabrate without a crest, middle incrassate; lateral united petals 2–lobed; basal lobes triangular semicircle, distal lobes oblong–elliptic. Fl. Aug–Sep. and fr. Sep–Oct. Moist places under broad–leaved forests, ca. 2680 m. Distr. Sichuan.

花侧面观 Flower in lateral view

30. 长裂片凤仙花

Impatiens longiloba Craib

一年生草本。叶螺旋状排列，长圆状椭圆形，边缘具圆齿。花序 2 ~ 5 花。花完全黄色或伴有带橙红色斑点的萼片，稀淡黄色；侧生萼片 4，外面 2 枚卵形至斜卵形，内面 2 枚线形至披针形，常镰刀状；旗瓣倒卵形，近圆形或宽椭圆形；翼瓣具柄；基部裂片倒卵形至近三角形，上部裂片长圆状披针形或条状；唇瓣狭漏斗状，基部渐狭成一个距，距直立或上弯，稀 S 形，先端常 2 裂。花期 8–11 月。分布于云南；越南、泰国也有分布。生长于山地林内，海拔 1600 ~ 2565 m。

Annual herb. Leaves spirally arranged, oblong–elliptic, margin crenate. Inflorescences 2–5–flowered. Flowers entirely yellow or with orange–red mottled sepals, rarely pale yellow; lateral sepal 4, the outer 2 ovate to obliquely ovate, the inner 2 linear to lanceolate, often falcate; lower sepal narrowly funnelform, base gradually tapering into a spur, spur straight or up–curved, rarely S–curved, apex often bifid; upper petal obovate, suborbicular, or broadly elliptic; lateral united petals clawed; basal lobes obovate to subtriangular, distal lobes oblong–lanceolate or strap–like. Fl. Aug–Nov. Mountain forest, 1600–2565 m. Distr. Yunnan; Vietnam, Thailand.

花侧面观 Flower in lateral view

植株 Plant

花正面观 Flower in front view

花解剖 Flower anatomy

花序 Inflorescences

花正面观 Flower in front view

花解剖 Flower anatomy

31. 隆阳凤仙花

Impatiens longyangensis Y. Y. Cong, G. W. Hu & S. Peng

一年生草本。叶互生，卵状披针形或长圆状披针形，边缘具圆齿。花序 4 ~ 13 花。花淡紫色。侧生萼片 2，斜卵形；旗瓣近圆形；翼瓣具短柄，基部裂片卵形，上部裂片狭斧形；唇瓣短囊状，基部渐狭成一个距，距的远端弯曲成 S 状。花果期 9–11 月。分布于云南。生长于森林下潮湿的路边，海拔 2391 ~ 2420 m。

Annual herb. Leaves alternate. ovate–lanceolate or oblong–lanceolate, margin crenate–serrate. Inflorescences 4 – 13–flowered. Flowers pale purple; lateral sepals 2, obliquely ovate; lower sepal shortly saccate, base gradually narrowed into a spur, the distal part of spur strongly recurved and S–shaped; upper petal suborbicular; lateral united petals shortly clawed, basal lobes ovate, distal lobes narrowly dolabriform. Fl. and fr. Sep–Nov. In moist places under the forests on the roadside at elevations of 2391 – 2420 m. Distr. Yunnan.

花侧面观 Flower in lateral view

32. 路南凤仙花

Impatiens loulanensis Hook. f.

一年生草本。叶互生，卵状矩圆形或卵状披针形，边缘有粗圆齿或小圆齿。总花梗 5 ~ 13 朵花排成总状花序。花黄色。侧生萼片 2，宽卵形，先端有一个具腺体的芒；旗瓣圆形；翼瓣近无柄，基部裂片近圆形，上部裂片狭披针形；唇瓣漏斗状，基部延成内弯的长距。花期 8-9 月。分布于贵州、云南。生长于山谷湿地、林下草丛、水沟边，海拔 700 ~ 2500 m。

Annual herb. Leaves alternate, ovate–oblong or ovate–lanceolate, margin coarsely crenate or crenulate. Inflorescences racemose, 5–13–flowered. Flowers yellow; lateral sepals 2, broadly ovate, apex glandular–aristate; lower sepal funnelform, narrowed into a curved, long spur; upper petal orbicular; lateral united petals ± clawed; basal lobes suborbicular, distal lobes narrowly lanceolate. Fl. Aug–Sep. Forest understories, moist places in valleys, grasslands, along canals, 700–2500 m. Distr. Guizhou, Yunnan.

花解剖 Flower anatomy

植株 Plant

花侧面观 Flower in lateral view

花正面观 Flower in front view

花侧面观 Flower in lateral view

33. 无距凤仙花

Impatiens margaritifera Hook. f.

一年生草本。叶互生，卵形，边缘有粗圆齿。花序 6 ~ 8 花。花白色，小。侧生萼片 2，小，卵圆形；旗瓣椭圆状倒卵形或近圆形；翼瓣具宽柄，基部裂片卵状长圆形，上部裂片狭斧形或长圆状斧形；唇瓣舟状，无距。花期 7–9 月。分布于西藏、云南、四川。生长于河滩湿地或溪边草丛潮湿处，或冷杉林下及林缘，海拔 2600 ~ 3800 m。

Annual herb. Leaves alternate, ovate, margin coarsely crenate. Inflorescences 6–8-flowered. Flowers white, small; lateral sepals 2, ovate-orbicular, small; lower sepal navicular, spur absent; upper petal elliptic-obovate or suborbicular; lateral united petals broadly clawed; basal lobes ovate-oblong or suborbicular, distal lobes narrowly dolabriform or oblong-dolabriform. Fl. Jul–Sep. Understories of *Abies* forests, forest margins, grasslands, riverbanks, streamsides, moist places, 2600–3800 m. Distr. Xizang, Yunnan, Sichuan.

植株 Plant

花序 Inflorescences

花正面观 Flower in front view

花解剖 Flower anatomy

34. 南岭凤仙花

Impatiens nanlingensis A. Q. Dong & F. W. Xin

一年生草本。叶互生，卵状披针形或长圆状披针形，边缘具细锯齿。花序 4 ~ 8 花。花粉色或深粉色；旗瓣近圆形；翼瓣无柄，基部裂片近圆形，上部裂片狭尾状；唇瓣宽漏斗形，渐狭成一个弯曲的距。花果期 8–10 月。分布于广东。生长于常绿阔叶林边缘的腐殖化有机土壤中，海拔 1000 ~ 1050 m。

Annual herb. Leaves alternate, ovate - lanceolate or oblong - lanceolate, margin serrulate. Inflorescences 4 - 8-flowered. Flowers pink or intense pink; lower sepal broadly funnel-shaped, narrowed into an incurved spur; upper petal suborbicular; lateral united petals not clawed; basal lobes suborbicular, distal lobes narrowly caudate. Fl. and fr. Aug - Oct. In humified organic soil along margins of an evergreen broad-leaved forests, 1000 - 1050 m. Distr. Guangdong.

花解剖 Flower anatomy

植株 Plant

花序 Inflorescences

花侧面观 Flower in lateral view

花正面观 Flower in front view

35. 米林凤仙花

Impatiens nyimana Marq. & Airy-Shaw

一年生草本。叶互生，卵形或卵状披针形，边缘具稍粗圆齿。总花梗具 2 ~ 5（稀 1）花。花浅黄色、粉色或白色。侧生萼片 2，卵形或卵状披针形；旗瓣圆形，顶端具弯的小尖；翼瓣无柄，基部裂片近圆形，上部裂片斧形；唇瓣囊状漏斗形，基部急狭成弯曲的短距。花期 6–9 月。分布于西藏。生长于山谷草丛或林下水边，海拔 2400 ~ 3500 m。

Annual herb. Leaves alternate, ovate or ovate-lanceolate, margin slightly coarsely crenate. Inflorescences (rarely 1)2–5-flowered. Flowers yellowish, pink or white; lateral sepals 2, ovate or ovate-lanceolate; upper petal orbicular, apex curved cuspidate; lateral united petals not clawed; basal lobes suborbicular, distal lobes dolabriform; lower sepal saccate-funnelform, abruptly narrowed into a curved, short spur. Fl. Jun–Sep. Forest understories beside water, grasslands in valleys, 2400–3500 m. Distr. Xizang.

植株 Plant

花侧面观 Flower in lateral view

花正面观 Flower in front view

花解剖 Flower anatomy

36. 小花凤仙花

Impatiens parviflora DC.

一年生草本。叶互生，椭圆形或卵形，边缘具锐锯齿。总花梗具 4 ~ 12 花。花淡黄色。侧生萼片 2，卵形；旗瓣圆形；翼瓣近无柄，2 裂，基部裂片卵形，上部裂片近斧形，具 2 浅裂；唇瓣檐部舟状，基部急狭成直距。花期 6-8 月。分布于我国新疆；欧洲、俄罗斯、中亚及蒙古国也有分布。生长于河岸边、沼泽地或山坡沟边潮湿处，海拔 1200 ~ 1700 m。

Annual herb. Leaves alternate, elliptic or ovate, margin acutely serrate. Inflorescences 4–12-flowered. Flowers pale yellow; lateral sepals 2, ovate; lower sepal navicular, abruptly narrowed into an erect spur; upper petal orbicular; lateral united petals ± clawed, 2-lobed; basal lobes ovate, distal lobes subdolabriform, 2-lobed. Fl. Jun–Aug. Riverbanks, swamps or moist places along canals, 1200–1700 m. Distr. Xinjiang; Europe, Russia, Central Asia, Mongolia.

植株 Plant

花序 Inflorescences

花侧面观 Flower in lateral view

花正面观 Flower in front view

花正面观 Flower in front view

植株 Plant

花正面观 Flower in front view

花侧面观 Flower in lateral view

37. 片马凤仙花

Impatiens pianmaensis S. H. Huang

一年生草本。叶互生，叶片卵状长圆形或长圆形，边缘具圆锯齿。总花梗具 1 ~ 2 花。花绿白色或粉色。侧生萼片 2，卵状披针形；旗瓣扁圆形；翼瓣具柄，基部裂片卵圆形，上部裂片长圆形，先端渐狭；唇瓣舟形，基部骤狭成近直伸的距。花期 7–10 月。分布于云南。生长于山谷常绿阔叶林下、河边，海拔约 2300 m。

Annual herb. Leaves alternate, ovate–oblong or oblong, margin crenate. Inflorescence 1–2–flowered. Flowers green–white or pink; lateral sepals 2, ovate–lanceolate; upper petal oblate; lateral united petals clawed; basal lobes ovate, distal lobes oblong, apex gradually narrowed; lower sepal navicular, base abruptly narrowed into a suberect spur. Fl Jul–Oct. Under the evergreen broad–leaved forests in valley or by streams, ca. 2300 m. Distr. Yunnan.

花解剖 Flower anatomy

38. 松林凤仙花

Impatiens pinetorum Hook. f. ex W. W. Smith

一年生草本。叶互生，卵状椭圆形或近椭圆形，边缘具圆齿状齿。总花梗具多数花。花黄白色。侧生萼片 2，斜卵形；旗瓣圆形；翼瓣无柄，基部裂片近圆形，上部裂片较长；唇瓣漏斗状，渐狭成细距。花期 7–10 月。分布于云南。生长于松林下、潮湿处，海拔 2100 ~ 2400 m。

Annual herb. Leaves alternate, ovate–elliptic or subelliptic, margin crenate–serrate. Inflorescences many flowered. Flowers yellow–white; lateral sepals 2, obliquely ovate; lower sepal funnelform, gradually narrowed into a slender spur; upper petal orbicular; lateral united petals not clawed; base lobes suborbicular, distal lobes longer. Fl. Jul – Oct. Wet places under the pine forest, 2100–2400 m. Distr. Yunnan.

花解剖　Flower anatomy

植株　Plant

花序　Inflorescences

花正面观　Flower in front view

花侧面观　Flower in lateral view

39. 紫色凤仙花

Impatiens porphyrea Toppin

多年生草本，高 1 ~ 2 m。叶互生，椭圆形，卵形或披针形，边缘具圆齿。花序 3 ~ 5 花或 1 花。花深紫红色。侧生萼片 4，外面 2 枚舟状，卵形或披针形；内面 2 枚极小，长度短于 1 mm；旗瓣略呈兜状，圆形；翼瓣 2 裂，基部裂片长圆状圆形至圆形，上部裂片；唇瓣舟状，狭成一个稍内弯的距，口部先端具喙尖。分布于云南；缅甸。生长于森林，海拔 1700 ~ 1900 m。

Perennial herb, 1–2 m tall. Leaves alternate, elliptic, ovate, or lanceolatemargin crenate. Inflorescences 3–5–flowered, or 1–flowered. Flowers dark red–purple; lateral sepals 4; outer 2: navicular, ovate or lanceolate; inner 2: minute, shorter than 1 mm; lower sepal navicular, narrowed into a slightly recurved spur, mouth tip rostellate; upper petal slightly cucullate, orbicular; lateral united petals 2–lobed; basal lobes oblong–orbicular to orbicular, distal lobes loriform. Forests; 1700–1900 m. Distr. Yunnan; Myanmar.

植株 Plant

花序 Inflorescences

花解剖 Flower anatomy

花侧面观 Flower in lateral view

40. 直距凤仙花
Impatiens pseudokingii Hand.-Mazz.

一年生草本。叶互生，叶片卵形或长圆形，边缘具密圆齿状齿。总花梗具 8 ~ 12 花。花淡粉红色。侧生萼片 4，卵形、宽卵形或圆形；旗瓣圆形；翼瓣无柄，基部裂片圆形，上部裂片斧形；唇瓣檐部宽漏斗状，基部急收缩成直距。花期 8–9 月，果期 10 月。分布于云南。生长于沟边灌丛、杂木林中或林缘，海拔 2000 ~ 2600 m。

Annual herb. Leaves alternate, ovate or oblong, margin densely crenate. Inflorescences 8–12-flowered. Flowers pale pink; lateral sepals 4, ovate, broadly ovate, or orbicular; upper petal orbicular; lateral united petals not clawed; basal lobes orbicular, distal lobes dolabriform; lower sepal broadly funnelform, abruptly constricted into an erect spur. Fl. Aug–Sep, fr. Oct. Mixed forests, forest margins, thickets along canals, 2000–2600 m. Distr. Yunnan.

花解剖 Flower anatomy

植株 Plant

花侧面观 Flower in lateral view

花正面观 Flower in front view

居群　Population

植株　Plant

花正面观　Flower in front view

花侧面观　Flower in lateral view

41. 总状凤仙花

Impatiens racemosa DC.

一年生草本。叶互生，椭圆状披针形或椭圆状卵形，边缘具圆齿。总花梗具 4 ~ 10 花。花黄色或淡黄色。侧生萼片 2，镰刀状或斜卵形，一侧上部边缘具 1 腺体；旗瓣圆形；翼瓣无柄，基部裂片卵形或圆形，上部裂片宽斧形；唇瓣舟状，基部狭成内弯的长距或短的直距，或无距。花期 6–8 月。分布于我国西藏；印度、不丹、尼泊尔及克什米尔等均有分布。生长于水沟边草丛中，海拔 1700 ~ 2400 m。

Annual herb. Leaves alternate, elliptic-lanceolate or elliptic-ovate, margin crenate. Inflorescences 4–10-flowered. Flowers yellow or pale yellow; lateral sepals 2, falcate or obliquely ovate, with 1 gland at one side of upper margin; lower sepal navicular, narrowed into an incurved, long spur, or spur very short or absent; upper petal orbicular; lateral united petals not clawed; basal lobes ovate to orbicular, distal lobes broadly dolabriform. Fl. Jun–Aug. Grasslands along canals, mossy or stony slopes; 1700–2400 m. Distr. Xizang; India, Bhutan, Nepal, Kashmir.

花解剖　Flower anatomy

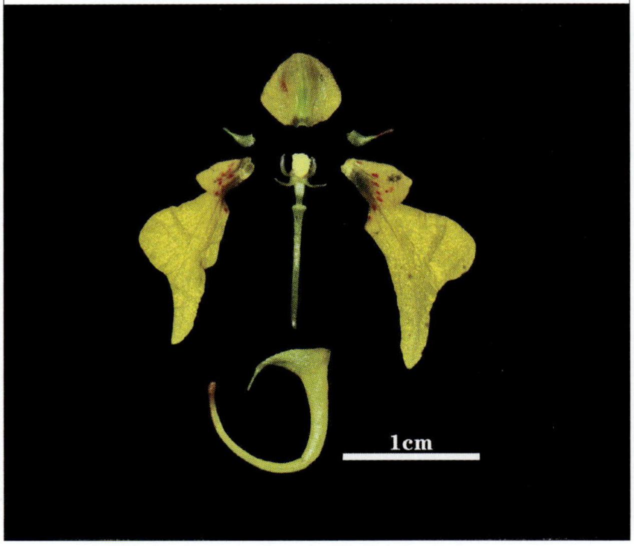

42. 辐射凤仙花

Impatiens radiata Hook. f.

一年生草本。叶互生，长圆状卵形或披针形。总花梗生长于上部叶腋，花多数，轮生或近轮生，呈辐射状，每轮有 3 ~ 5 花。花小，黄色或浅紫色。侧生萼片 2，卵状披针形，具长尖头；旗瓣近圆形；翼瓣 3 裂，下部 2 裂片小，近圆形，上部裂片长圆形；唇瓣锥状，基部渐狭成短直距，稀无距。分布于贵州、四川、西藏、云南；不丹、印度和尼泊尔也有分布。生长于山坡湿润草丛中或林下阴湿处，海拔 2100 ~ 3500 m。

Annual herb. Leaves alternate, oblong-ovate or lanceolate. Inflorescences in upper leaf axils, many flowered, verticillate or nearly so, radiate, 3–5– flowered per cycle. Flowers pale purple to yellow, small; lateral sepals 2, ovate-lanceolate, apex long mucronulate; lower sepal navicular, gradually narrowed into an erect spur, rarely spurless; upper petal suborbicular; lateral united petals 2-lobed; basal lobes broadly ovate to suborbicular, distal lobes oblong, apically 2-lobed. Shaded and moist places of forest understories, humid grasslands, 2100–3500 m. Distr. Guizhou, Sichuan, Xizang, Yunnan; Bhutan, India, Myanmar, Nepal.

花序 Inflorescences

花正面观 Flower in front view

花侧面观 Flower in lateral view

花解剖 Flower anatomy

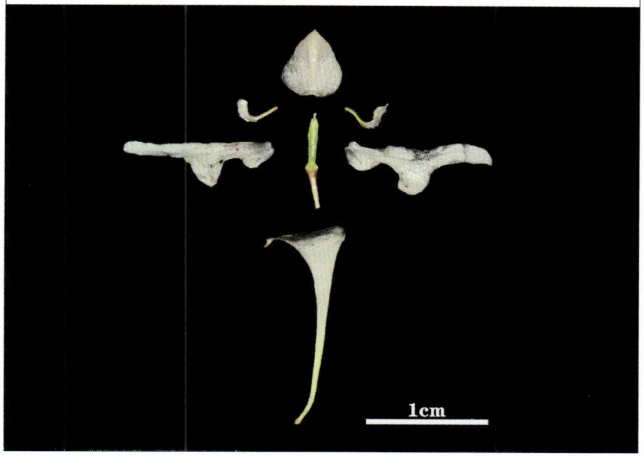

43. 直角凤仙花

Impatiens rectangula Hand.-Mazz.

一年生草本。叶互生，卵形或卵状披针形，边缘具密圆齿状齿。总状花序，花多数。花硫黄色。侧生萼片 2，斜卵形或近 S 状，长 2 ~ 4 mm；旗瓣近四方状圆形；翼瓣无柄，基部裂片圆形，上部裂片宽或窄斧形；唇瓣檐部舟状，渐狭成与管部成直角的距。花果期 9–10 月。分布于云南。生长于竹丛边或溪边，海拔 2700 ~ 3000 m。

Annual herb. Leaves alternate, ovate or ovate–lanceolate, margin densely crenate. Inflorescences racemose, many flowered. Flowers sulfur–colored; lateral sepals 2, obliquely ovate or nearly sigmoid, 2–4 mm; lower sepal navicular, gradually narrowed into a rectangular spur; upper petal subtetragonous–orbicular; lateral united petals not clawed; basal lobes orbicular, distal lobes broadly or narrowly dolabriform. Fl. and fr. Sep–Oct. Margins of bamboo forests, streamsides, 2700–3000 m. Distr. Yunnan.

花序 Inflorescences

花正面观 Flower in front view

花解剖 Flower anatomy

花侧面观 Flower in lateral view

44. 上江凤仙花

Impatiens shangjiangensis Y. Y. Cong & J. Z. Gu

一年生草本。叶在茎上部互生，在下部有 1 ~ 3 对叶对生。叶片长圆形或卵状长圆形，稀长圆状披针形，边缘具圆齿。花序 7 ~ 14 花。花淡粉色。侧生萼片 2，近圆形；旗瓣肾形；翼瓣无柄，基部裂片近圆形，上部裂片斧形或倒卵状圆形；唇瓣弯囊状，渐缩成 S 形弯曲的距。花期 8–10 月。分布于云南。生长于潮湿的阔叶山地森林中，海拔 2600 ~ 2850 m。

Annual herb. Leaves alternate at upper part of stem and 1 to 3 pairs opposite at lowest part of stem. Oblong or ovate–oblong, rarely oblong–lanceolate, margin crenate. Inflorescences 7 – 14–flowered. Flowers pale pink; lateral sepals 2, suborbicular; lower sepal curved and saccate, tapering into S–shaped recurved spur; upper petal reniform; lateral petals united sessile; basal lobes suborbicular, distal lobes dolabriform or obovate–rounded. Fl. Aug–Oct. In moist broad–leaved montane forest at an altitude of 2600 – 2850 m. Distr. Yunnan.

花解剖 Flower anatomy

植株 Plant

花序 Inflorescences

花正面观 Flower in front view

花侧面观 Flower in lateral view

45. 黄金凤

Impatiens siculifer Hook. f.

多年生草本。叶互生，卵状披针形或椭圆状披针形。花序总状，具 5 ~ 8 花。花黄色。侧生萼片 2，窄矩圆形；旗瓣近圆形；翼瓣 2 裂，基部裂片近三角形，上部裂片条形；唇瓣狭漏斗状，基部延长成内弯或下弯的长距。分布于福建、广东、广西、贵州、湖北、湖南、江西、四川、重庆、云南。生长于山坡草地、草丛、水沟边、潮湿处、密林、竹林及混交林中，海拔 800 ~ 2600 m。

Perennial herb. Leaves alternate, ovate–lanceolate or elliptic–lanceolate. Inflorescences racemose, 5–8–flowered. Flowers yellow; lateral sepals 2, narrowly oblong; upper petal suborbicular or orbicular; lateral united petals 2–lobed; basal lobes subtriangular, distal lobes lorate; lower sepal narrowly funnelform, narrowed into an incurved or recurved, long spur. Dense forests, bamboo forests, mixed forests, grasslands on slopes, along canals, moist places, 800–2600 m. Distr. Fujian, Guangdong, Guangxi, Guizhou, Hubei, Hunan, Jiangxi, Sichuan, Chongqing, Yunnan.

居群　Population

花正面观　Flower in front view

花侧面观　Flower in lateral view

花解剖　Flower anatomy

46. 紫花黄金凤

Impatiens siculifer var. *porphyea* Hook. f.

与原变种的区别：花紫红色；叶柄和叶脉更粗壮。分布于广西、云南。生长于草坡。

Flowers purple. Peduncles and pedicels stout. Grassy slopes. Distr. Guangxi, Yunnan.

植株 Plant

花序 Inflorescences

花序 Inflorescences

花正面观 Flower in front view

花解剖 Flower anatomy

花侧面观 Flower in lateral view

植株 Plant

47. 丝序凤仙花

Impatiens sterilis Y. Y. Cong & Y. X. Song

一年生草本。叶互生，长圆形至卵形，边缘具圆齿。花序 3 ~ 13 花。花淡黄色或淡紫色。侧生萼片 4，外面 2 枚斜卵形，内面 2 枚极小，线形；旗瓣兜状；翼瓣具长柄，基部裂片宽卵形，上部裂片披针形；唇瓣杯状，基部急狭成一个弯曲的距。花期 7–10 月。分布于云南。生长于山顶附近的竹林边缘，海拔约 3296 m。

Annual herb. Leaves alternate, oblong to ovate, margin crenate–serrate. Inflorescences 3 – 13–flowered. Flowers pale yellow or pale purple; lateral sepals 4, the outer 2 obliquely ovate, the inner 2 extremely small, linear; lower sepal poculiform, base abruptly constricted into an incurved spur; upper petal cucullate; lateral united petals long clawed; basal lobe broadly ovate, distal lobe lanceolate. Fl. Jul – Oct. At the edge of bamboo forest near the top of the mountain, at elevations of 3296 m. Distr. Yunnan.

花正面观 Flower in front view

花侧面观 Flower in lateral view

花解剖 Flower anatomy

48. 槽茎凤仙花

Impatiens sulcata Wall.

一年生草本。茎直立，圆柱形，具明显的槽沟，节上常具疏腺体。叶对生或上部轮生，椭圆状卵形或卵状披针形，边缘具圆齿状锯齿。花多数，排成近伞房状总状花序。花紫粉色。侧生萼片 2，斜卵状心形；旗瓣近圆形；翼瓣无柄，基部裂片近斧形，上部裂片宽斧形；唇瓣囊状，基部骤狭成长 4 ~ 8 mm 内弯的短距。花果期 8–9 月。分布于我国西藏；不丹、印度、尼泊尔也有分布。生长于冷杉林下或水沟边、潮湿处，海拔 3000 ~ 4000 m。

Annual herb. Stem erect, terete, conspicuously grooved, sparsely glandular at nodes. Leaves opposite or verticillate in upper part of stem, elliptic-ovate or ovate-lanceolate, margin crenate-serrate. Inflorescences subcorymbose-racemose, many flowered. Flowers purplish pink; lateral sepals 2, obliquely ovate-cordate; lower sepal saccate, abruptly narrowed into an incurved short spur 4–8 mm; upper petal suborbicular; lateral united petals not clawed; basal lobes subdolabriform to oblong-ovate, distal lobes broadly dolabriform to broadly elliptic or ovate. Fl. and fr. Aug–Sep. Understories of *Picea* forests, along canals, shaded moist places, 3000–4000 m. Distr. Xizang; Bhutan, India, Nepal.

花序 Inflorescences

植株 Plant

花正面观 Flower in front view

花解剖 Flower anatomy

居群 Population

植株 Plant

花正面观 Flower in front view

花侧面观 Flower in lateral view

49. 独龙凤仙花

Impatiens taronensis Hand. -Mazz.

多年生草本，根状茎匍匐。叶互生，叶片长圆状卵形或披针形，边缘具密或粗圆齿。总花梗生长于上部叶腋，具 1 ~ 2 花，稀 3 花。花紫色。侧生萼片 4，外面 2 枚卵形，内面 2 枚极小，线形；旗瓣圆形；翼瓣无柄，基部裂片三角状圆形，上部裂片狭披针形；唇瓣檐部狭漏斗形，基部渐狭成短而细，直立或略弯顶端小球形的距。花果期 8–10 月。分布于云南。生长于溪边阴湿处或岩石上，海拔 2800 ~ 3700 m。

Perennial herb. with procumbent rhizome. Leaves alternate, oblong–ovate or lanceolate, margin densely or coarsely crenate. Inflorescences in upper leaf axils, 1–2(rarely 3)–flowered. Flowers purple; lateral sepals 4, outer 2: ovate, inner 2: linear, minute; lower sepal narrowly funnelform, gradually narrowed into an erect or slightly curved spur; upper petal orbicular; lateral united petals not clawed; basal lobes triangular–rounded, distal lobes narrowly lanceolate. Fl. and fr. Aug–Oct. By streams, shaded moist places, stony slopes, 2800–3700 m. Distr. Yunnan.

花解剖 Flower anatomy

50. 膜苞凤仙花

Impatiens tenuibracteata Y. L. Chen

一年生草本。叶互生，卵形或卵状披针形，边缘具粗圆齿。总花梗生长于上部叶腋或近顶生，具8 ~ 13 花，总状排列。苞片膜质，卵形或宽卵形凹入，具长尖头。花紫色。侧生萼片 2，卵形；旗瓣圆形；翼瓣无柄，基部裂片近卵圆形，上部裂片狭带形；唇瓣狭漏斗状，口部先端具长达 4 mm 的角，基部狭成螺旋状弯的长距。花期 8 月。分布于西藏。生长于路边林缘，海拔 2100 ~ 2300 m。

Annual herb. Leaves alternate, ovate or ovate-lanceolate, margin coarsely crenate. Inflorescences in upper leaf axils or terminal, racemose, 8–13-flowered; bracts membranous, ovate or broadly ovate, apex retuse, long mucronulate or cuspidate. Flowers purple; lateral sepals 2, ovate; lower sepal narrowly funnelform, narrowed into an involute, curved, long spur, tip of mouth cornute, ca. 4 mm; upper petal orbicular; lateral united petals not clawed; basal lobes subovate, distal lobes narrowly lorate. Fl. Aug. Forest margins along roadsides, 2100–2300 m. Distr. Xizang.

花解剖 Flower anatomy

花侧面观 Flower in lateral view

花侧面观 Flower in lateral view

花正面观 Flower in front view

植株 Plant

花正面观 Flower in front view

花序 Inflorescences

51. 野凤仙花

Impatiens textorii Miquel

一年生草本。叶互生或在茎顶部近轮生，叶片菱状卵形至卵状披针形，稀宽披针形，边缘具锐锯齿。总花梗具 4 ~ 10 花。花紫色或紫红色。侧生萼片 2，宽卵形；旗瓣卵状方形至扁圆形；翼瓣具柄，基部裂片卵形或卵状长圆形，上部裂片卵形至长圆状斧形；唇瓣钟状漏斗形，基部渐狭成卷曲的距。花期 8–9 月。分布于吉林、辽宁、山东；日本、朝鲜和俄罗斯也有分布。生长于山沟溪流旁，海拔 1000 ~ 1100 m。

Annual herb. Leaves alternate or subverticillate at upper parts of stem and branches, rhombic–ovate to ovate–lanceolate, rarely broadly lanceolate, margin sharply serrate. Inflorescences 4–10–flowered. Flowers purplish or purple–red; lateral sepals 2, broadly ovate; lower sepal campanulate–funnelform, gradually narrowed into an involute spur; upper petal ovate–tetragonous to oblate; lateral united petals clawed; basal lobes ovate or ovate–oblong, distal lobes ovate to oblong–dolabriform. Fl. Aug–Sep. By streams, along canals, 1000–1100 m. Distr. Jilin, Liaoning, Shandong; Japan, Korea, Russia.

花侧面观 Flower in lateral view

52. 铜壁关凤仙花

Impatiens tongbiguanensis S. Akiyama & H. Ohba

一年生草本。叶互生，叶片线状椭圆形或线状披针形，边缘具浅圆齿。花序具 8 ~ 12 花。花黄色。侧生萼片 4，外面 2 枚镰状椭圆形，内面 2 枚线状钻形；旗瓣弯，宽椭圆形，兜状；翼瓣无柄，基部裂片披针形或狭卵形，上部裂片披针形；唇瓣舟状，基部狭成弯曲或卷曲的距。花期 7–10 月。分布于云南。生长于河岸边或阔叶林下阴湿处，海拔 1000 ~ 1400 m。

Annual herb. Leaves alternate, linear–elliptic or linear–lanceolate, margin shallowly crenate. Inflorescences 8–12–flowered. Flowers yellow; lateral sepals 4; outer 2: falcate–elliptic; inner 2: linear–subulate; lower sepal navicular, narrowed into a curved spur; upper petal cucullate, bent, broadly elliptic; lateral united petals not clawed; basal lobes lanceolate or narrowly ovate, distal lobes lanceolate. Fl. Jul–Oct. Understories of broad–leaved forests, riverbanks, shaded moist places, 1000–1400 m. Distr. Yunnan.

花解剖 Flower anatomy

居群 Population

花序 Inflorescences

花侧面观 Flower in lateral view

植株 Plant

花正面观 Flower in front view

花解剖 Flower anatomy

53. 苍山凤仙花

Impatiens tsangshanensis Y. L. Chen

一年生矮小草本。叶硬纸质，近无柄或具极短的柄，卵形或卵状披针形，边缘具圆齿状锯齿或细锯齿，叶柄基部具 2 个无柄的腺体。总花梗单生长于上部叶腋。花 1 个，稀 2 花，或有时具不发育的花。花紫色。侧生萼片 2，斜卵圆形；旗瓣四方状圆形；翼瓣 2 裂，基部裂片近四方状圆形，上部裂片宽斧形；唇瓣囊状漏斗形，基部狭成弯细距。花期 9–10 月。分布于云南。生长于林下层阴湿处、沟边，海拔约 2600 m。

Annual herb, small. Leaves rigidly papery, subsessile or shortly petiolate, ovate or ovate-lanceolate, margin crenate-serrate or serrulate, petiole with 2 sessile basal glands. Inflorescences in upper leaf axils, 1(rarely 2)-flowered, sometimes with abortive flowering bud. Flowers purple; lateral sepals 2, obliquely ovate-orbicular; lower sepal saccate-funnelform, narrowed into an incurved spur; upper petal tetragonous-orbicular; lateral united petals 2-lobed; basal lobes subtetragonous, distal lobes broadly dolabriform. Fl. Sep–Oct. Shaded moist places in forest understories, along canals, ca. 2600 m. Distr. Yunnan.

花侧面观 Flower in lateral view

54. 瘤果凤仙花

Impatiens tuberculata Hook. f. & Thoms

一年生草本。叶互生，椭圆形或椭圆状卵形，边缘具圆齿。总花梗具 4 ~ 8 花。花淡紫色。侧生萼片 2，极小，镰刀形；旗瓣圆形，兜状；翼瓣 2 裂，基部裂片圆形，上部裂片斧形；唇瓣舟状，具极短的距。蒴果具 5 棱，沿棱具密或疏瘤状突起。花期 8–9 月。分布于我国西藏；不丹、印度也有分布。生长于冷杉林缘草丛中或水沟边，海拔约 3800 m。

Annual herb. Leaves alternate, elliptic or elliptic-ovate, margin crenate. Inflorescences 4–8-flowered. Flowers purplish; lateral sepals 2, falcate, minute; lower sepal navicular, with a very short spur; upper petal cucullate, orbicular; lateral united petals 2-lobed; basal lobes orbicular, distal lobes dolabriform. Capsule 5-angled, densely or sparsely tuberculate along ribs. Fl. Aug–Sep. Margins of *Abies* forests, grasslands, along canals, ca. 3800 m. Distr. Xizang; Bhutan, India.

花解剖 Flower anatomy

花序 Inflorescences

果实 fruit

花正面观 Flower in front view

花侧面观 Flower in lateral view

花序 Inflorescences

花序 Inflorescences

花正面观 Flower in front view

花侧面观 Flower in lateral view

55. 滇水金凤

Impatiens uliginosa Franch.

一年生草本。叶互生,叶片披针形或狭披针形,叶柄基部有1对球状的腺体。花序近伞房状,具3~5花。花红色。侧生萼片2,斜卵圆形;旗瓣圆形;翼瓣无柄,基部裂片圆形,上部裂片约长于基部裂片的2倍,半月形;唇瓣檐部漏斗形,基部狭成与檐部近等长内弯的距。花期7–8月,果期9月。分布于云南。生长于林下、水沟边潮湿处或溪边,海拔1500~2600 m。

Annual herb. Leaves alternate, lanceolate or narrowly lanceolate, petiole with 1 pair of globose basal glands. Inflorescences subcorymbose, 3–5–flowered. Flowers red; lateral sepals 2, obliquely ovate–orbicular; lower sepal funnelform, narrowed into an incurved spur subequal to limb; upper petal orbicular; lateral united petals not clawed; basal lobes rounded, distal lobes semilunar, ca. 2 × as long as basal lobes. Fl. Jul–Aug, fr. Sep. Forest understories, along canals, by streams, shaded moist places, 1500–2600 m. Distr. Yunnan.

花解剖 Flower anatomy

56. 具爪凤仙花

Impatiens unguiculata K. M. Liu & Y. Y. Cong

多年生草本。叶互生，长圆形或卵状长圆形，边缘具圆齿。花序 2 ~ 5 花，花金黄色。侧生萼片 4，外面 2 枚长圆状披针形，边缘具 1 ~ 3 个腺体，内面 2 枚披针形，极小；唇瓣舟状，顶端具喙尖，逐渐变窄为弯曲的距；旗瓣金色，肾形或近圆形；翼瓣近无柄，基部裂片卵形，上部裂片三角状斧形。花期 7–8 月。分布于西藏。生长于河边潮湿的半阴凉处，海拔 1054 m。

Perennial herb. Leaves alternate, oblong or ovate-oblong, margin crenate. Inflorescences 2–5-flowered. Flowers golden yellow; lateral sepals 4, outer 2 cblong-lanceolate, margin with 1–3 glands; inner 2 lanceolate, minute; lower sepal navicular, apically with a beak-shaped tip, tapering into recurved spur; upper petal golden, reniform or suborbicular; lateral united petals ± clawed; basal lobes ovate, distal lobes triangular-dolabriform. Fl. Jul–Aug. In moist semi-shaded places along the river at elevations of 1054 m. Distr. Xizang.

植株 Plant

花序 Inflorescences

花正面观 Flower in front view

花侧面观 Flower in lateral view

花解剖 Flower anatomy

植株 Plant

花正面观 Flower in front view

花侧面观 Flower in lateral view

57. 荨麻叶凤仙花

Impatiens urticifolia Wall.

一年生草本。叶互生，椭圆状卵形、椭圆形或长圆状披针形，边缘具圆齿。总花梗具 3 ~ 5 花。花淡黄色或淡紫色。侧生萼片 2，斜卵形，一侧边缘常具腺体；旗瓣圆形；翼瓣无柄，基部裂片圆形，上部裂片斧形；唇瓣短，斜囊状，基部急狭成内弯或钩状的短距。花期 6–8 月。分布于我国西藏；尼泊尔、不丹、印度也有分布。生长于山坡林下或高山栎或冷杉林下，海拔 2300 ~ 3400 m。

Annual herb. Leaves alternate, elliptic–ovate, elliptic, or oblong–lanceolate, margin crenate. Inflorescences 3–5–flowered. Flowers yellow or pale purple; lateral sepals 2, obliquely ovate, often with glands on one side; lower sepal obliquely saccate, short, abruptly narrowed into an incurved or hooked, short spur; upper petal orbicular; lateral united petals not clawed; basal lobes orbicular, distal lobes dolabriform. Fl. Jun–Aug. Understories of alpine *Quercus* or *Abies* forests on slopes, 2300–3400 m. Distr. Xizang; Nepal, Bhutan, India.

花解剖 Flower anatomy

58. 姚家坪凤仙花

Impatiens yaojiapingensis Y. Y. Cong, G. W. Hu & T. Hu

一年生草本。叶互生，叶片长圆形或卵状长圆形，边缘具圆锯齿。花序 4 ~ 11 花。花黄色或淡紫色。侧生萼片 4，外面 2 枚斜卵形，内面 2 枚小，线形，长约 1.5 mm；旗瓣近圆形；翼瓣具短柄，基部裂片卵形，上部裂片披针形；唇瓣囊状，基部骤狭成直距。果期 7–10 月。分布于云南。生长于路边潮湿处，海拔 2464 ~ 3012 m。

Annual herb. Leaves alternate, oblong or oblong–ovate, margin crenate–serrate. Inflorescences 4 – 11–flowered. Flowers yellow or pale purple; lateral sepals 4, the outer 2 obliquely ovate, the inner 2 extremely small, linear, ca. 1.5 mm long; lower sepal saccate, base abruptly narrowed into a straight spur; upper petal suborbicular; lateral united petals shortly clawed; basal lobes ovate, distal lobes lanceolate. Fl. Jul – Oct. Moist places on the roadside at elevation of 2464 – 3012 m. Distr. Yunnan.

花序 Inflorescences

花序 Inflorescences

花侧面观 Flower in lateral view

花正面观 Flower in front view

花解剖 Flower anatomy

植株 Plant

花正面观 Flower in front view

花侧面观 Flower in lateral view

59. 药山凤仙花

Impatiens yaoshanensis K. M. Liu & Y. Y. Cong

一年生草本。叶互生，椭圆形，有时呈卵状椭圆形，边缘具粗圆齿。花序 9 ~ 12 花。花略带紫色或紫红色。侧生萼片 2，卵形；唇瓣狭漏斗形，前部渐狭成一个长喙，基部渐狭成一个弯曲的距；旗瓣近肾形；翼瓣无柄，3 裂，基部裂片近圆形，上部裂片深裂为 2 裂片。花期 8–9 月。分布于云南。生长于湿润常绿阔叶山地林中，海拔 2280 ~ 2600 m。

Annual herb. Leaves alternate, elliptic, sometimes ovate–elliptic, margin coarsely crenate–serrate. Inflorescence 9–21–flowered. Flowers purple–tinged or purple–red; lateral sepals 2, ovate; lower sepal narrowly infundibular, anterior gradually narrowed downward into a long beak; base gradually narrowed into an incurved spur; upper petal subreniform; lateral united petals sessile, 3–lobed; basal lobes suborbicular, distal lobes deeply splitting to 2 lobes. Fl. Aug – Sep. Within wet evergreen broad–leaved montane forests at elevation of 2280–2600 m. Distr. Yunnan.

花解剖 Flower anatomy

III 凤仙花组
Impatiens sect. *Impatiens*

一年或多年生草本。近伞形，总状花序，1 ~ 3 花。侧生萼片 2 或 4 ；部分物种上部裂片具有丝状附属物，切长于基部裂片 3 倍，具 2 叉分裂的距。蒴果棒状。主要分布于我国长江中下游各省、西南、华南及台湾。

Annual or perennial herb; racemes subumbellate, 1–3–flowered; lateral sepals 2 or 4; distal lobes of some species with filiform appendages, cut 3 times longer than basal lobes, with bifurcate spurs; capsule club–shaped. Distributed in various provinces in the middle and lower reaches of the Yangtze River in China, as well as in southwestern, southern, and Taiwan.

1. 太子凤仙花

Impatiens alpicola Y. L. Chen & Y. Q. Lu

一年生草本。叶互生，卵状椭圆形，边缘呈粗锯齿状。总花梗具(2)3～4花。花黄色。侧生萼片2，小，绿色；旗瓣卵圆形；翼瓣无柄，基部裂片斜卵状，上部裂片宽斧形；唇瓣斜漏斗形，基部渐尖为细长弯曲的距；花期8–9月。分布于四川。生长于森林边缘、阴湿处，海拔2800～2900 m。

Annual herb. Leaves alternate, ovate-elliptic, margin coarsely serrate. Inflorescences (2 or)3- or 4-flowered. Flowers yellow; lateral sepals 2, green, small; lower sepal obliquely funnelform, base gradually narrowed into a curved, slender spur; upper petal ovate-orbicular; lateral united petals not clawed; basal lobes obliquely ovate; distal lobes broadly dolabriform. Fl. Aug–Sep. Forest margins, shaded moist places, 2800–2900 m. Distr. Sichuan.

植株 Plant

花侧面观 Flower in lateral view

花正面观 Flower in front view

花解剖 Flower anatomy

2. 川西凤仙花

Impatiens apsotis Hook. f.

一年生草本。茎纤细。叶互生，卵形，边缘具粗齿；总花梗具 1 或 2 花。花小，直径约 1 cm，白色。侧生萼片 2，线形，绿色；旗瓣舟状；翼瓣具柄，基部裂片卵形，上部裂片长于基部裂片 3 倍，斧形；唇瓣檐部舟状，渐狭成内弯且与檐部等长的距。花期 6–9 月。分布于四川、西藏。生长于的河谷、林缘潮湿处，海拔 2200 ~ 3000 m。

Annual herb. Stem slender. Leaves alternate, ovate, margin coarsely crenate. Inflorescences 1– or 2–flowered. Flowers white, small, ca. 1 cm in diam; lateral sepals 2, green, linear; lower sepal navicular, gradually narrowed into an incurved spur ca. as long as limb; upper petal navicular; lateral united petals clawed; basal lobes ovate; distal lobes dolabriform, ca. 3 × as long as basal lobes. Fl. Jun–Sep. Forest margins, moist places in valleys, 2200–3000 m. Distr. Sichuan, Xizang.

花解剖 Flower anatomy

居群 Population

植株 Plant

花正面观 Flower in front view

花侧面观 Flower in lateral view

3. 马红凤仙花

Impatiens bachii H. Lévl

一年生草本。叶互生，狭披针形或长圆状披针形，边缘具不明显的细锯齿。总花梗具2花。花白色，具紫色斑点。侧生萼片 2，宽卵圆形；旗瓣近圆形。翼瓣近无柄，基部裂片卵状长圆形，上部裂片较长，斧形；唇瓣檐部宽漏斗状，基部急狭成向内卷曲的距。花期8–9月。分布于云南。生长于密林或水沟边，海拔 1900 ~ 2800 m。

Annual herb. Leaves alternate, narrowly lanceolate or oblong–lanceolate, margin inconspicuously serrulate. Inflorescences 2–flowered. Flowers white, purple spotted; lateral sepals 2, broadly ovate–orbicular; lower sepal broadly funnelform, abruptly narrowed into an involute spur; upper petal suborbicular; lateral united petals ± clawed; basal lobes ovate–oblong, distal lobes dolabriform, longer. Fl. Aug–Sep. Dense forests, along canals, 1900–2800 m. Distr. Yunnan.

花序 Inflorescences

花正面观 Flower in front view

花侧面观 Flower in lateral view

花解剖 Flower anatomy

4. 髯毛凤仙花

Impatiens barbata H. F. Comber

一年生草本，全株多少被短柔毛。叶互生，椭圆形或椭圆状卵形，边缘具粗锯齿。总花梗通常具3花，稀1花。花淡黄色。侧生萼片4，外面2枚斜卵形，具小尖头，被长柔毛，内面2枚狭线形；旗瓣圆形，背面被柔毛；翼瓣具柄，基部裂片圆形，上部裂片大，斧形；唇瓣囊状，基部狭成内弯稍2浅裂的距，被髯毛。花期8月。分布于四川、云南。生长于开旷山坡、沟边林下或溪旁，海拔2000 ~ 3000 m。

Annual herb, ± pilose. Leaves alternate, elliptic or elliptic–ovate, margin coarsely serrate. Inflorescences usually (rarely 1)3–flowered. Flowers yellowish; lateral sepals 4; outer 2: obliquely ovate, villous, apex mucronulate; inner 2: linear; lower sepal saccate, narrowed into an incurved, 2–fid spur, barbate; upper petal orbicular, abaxially pubescent; lateral united petals clawed; basal lobes orbicular, distal lobes dolabriform, large. Fl. Aug. Forest understories, open slopes, by streams, along canals; 2000–3000 m. Distr. Sichuan, Yunnan.

花正面观　Flower in front view

居群　Population

植株　Plant

花侧面观　Flower in lateral view

5. 美丽凤仙花

Impatiens bellula Hook. f.

一年生草本。叶互生，卵状披针形，边缘具小圆齿或小锯齿。总花梗具 1 ~ 3 花。花淡黄色。侧生萼片 2，四方形；旗瓣圆形，基部边缘具钩；翼瓣具柄，基部裂片圆形，上部裂片宽斧形；唇瓣檐部舟状，基部狭成内弯的距。花期 9 月。分布于重庆。生长于石质溪边，海拔 1400 ~ 1600 m。

Annual herb. Leaves alternate, ovate–lanceolate, margin crenulate or serrulate. Inflorescences 1–3-flowered. Flowers yellowish; lateral sepals 2, tetragonous; lower sepal navicular, narrowed into an incurved spur; upper petal orbicular, hooked at basal margin; lateral united petals clawed; basal lobes orbicular, distal lobes broadly dolabriform. Fl. Sep. Stony streamsides, 1400–1600 m. Distr. Chongqing.

花序 Inflorescences

果实 Fruit

花侧面观 Flower in lateral view

花正面观 Flower in front view

花解剖 Flower anatomy

6. 毕节凤仙花

Impatiens bijieensis X. X. Bai & L. Y. Ren

多年生草本。叶互生，椭圆形，卵形或卵状披针形，边缘具细锯齿。花序2花或3花。花深紫红色。侧生萼片2，卵形，边缘具缘毛；旗瓣肾形；翼瓣无柄，基部裂片长圆形至倒卵状长圆形，上部裂片斧形；唇瓣舟状，渐狭成一个弯曲的，长约20 mm的距，先端2裂。花果期8-10月。分布于贵州。生长于山坡溪边以及有溪水滴落的峭壁，海拔1915 ~ 2800 m。

Perennial herb. Leaves alternate, elliptic, ovate or ovate-lanceolate, margin serrulate. Inflorescences 2- or 3-flowered. Flowers deep purplish-red; lateral sepals 2, ovate, margin ciliate; lower sepal navicular, gradually narrowed into an incurved, long spur, ca. 20 mm, apex 2-lobed; upper petal reniform; lateral united petals sessile; basal lobes oblong to obovate-oblong, distal lobes dolabriform. Fl. and fr. Aug-Oct. Along the creek on the slopes, the cliffs where water was dripping from streams, 1915-2800 m. Distr. Guizhou.

花序 Inflorescences

花正面观 Flower in front view

花解剖 Flower anatomy

花侧面观 Flower in lateral view

植株 Plant

花正面观 Flower in front view

花解剖 Flower anatomy

7. 睫毛萼凤仙花

Impatiens blepharosepala E. Pritz.

一年生草本。叶互生，叶片矩圆形或矩圆状披针形，基部有 2 枚球状腺体，边缘有圆齿。总花梗具 1 或 2 花；花紫色；侧生萼片 2，卵形，边缘有睫毛，有时有疏小齿；旗瓣近肾形；翼瓣 2 裂，基部裂片矩圆形，上部裂片斧形；唇瓣宽漏斗状，基部渐狭成内弯的长可达 35 mm 的距。花果期 6–10 月。分布于湖北、湖南、江西、贵州。生长于山谷水旁、沟边林缘或山坡阴湿处，海拔 500 ~ 1600 m。

Annual herb. Leaves alternate, oblong or oblong-lanceolate, with 2 globose basal glands, margin crenate. Inflorescences 1- or 2-flowered. Flowers purple; lateral sepals 2, ovate, margin ciliate, sometimes remotely denticulate; lower sepal broadly funnelform, gradually narrowed into an incurved slender spur, up to 35 mm; upper petal subreniform; lateral united petals 2-lobed; basal lobes oblong, distal lobes dolabriform. Fl. and fr. May–Nov. Forest margins, shaded moist places on slopes, along watercourses or canals, 500–1600 m. Distr. Hubei, Hunan, Jiangxi, Guizhou.

花侧面观 Flower in lateral view

8. 包氏凤仙花

Impatiens bodinieri Hook. f.

一年生草本。叶互生，叶片倒卵状长圆形或卵状长圆形，边缘具圆齿状锯齿。总花梗具 2 或 3 花。花黄色。侧生萼片 2，卵形；旗瓣圆形；翼瓣 2 裂，上部裂片斧形；唇瓣檐部漏斗状，基部渐狭成内弯的细距。花期 7–9 月。分布于贵州。生长于水沟边或林中潮湿地，海拔 750 ~ 1400 m。

Annual herb. Leaves alternate, obovate–oblong or ovate–oblong, margin crenate. Inflorescences 2– or 3–flowered. Flowers yellow; lateral sepals 2, ovate; lower sepal funnelform, base gradually narrowed into a slender spur; upper petal orbicular; lateral united petals 2–lobed, distal lobes dolabriform. Fl. Jul–Sep. Moist places in forests, along canals, 750–1400 m. Distr. Guizhou.

居群 Population

花正面观 Flower in front view

花解剖 Flower anatomy

花侧面观 Flower in lateral view

9. 泡萼凤仙花

Impatiens bullatisepala G. W. Hu, Y. Y. Cong & Q. F. Wang

一年生草本。叶互生，椭圆形和椭圆状披针形，边缘具粗锯齿。总花梗具1花。花黄色。萼片2，近圆形，侧脉间具泡状突起；旗瓣宽卵形；翼瓣2裂，基部裂片卵形至椭圆形；上部裂片斧状，先端有一个短的黄色丝状附属物；唇瓣深囊状，渐狭成急剧弯曲的距。花期9–10月。分布于贵州。生长于常绿阔叶林下，海拔约1000 m。

Annual herb. Leaves alternate, elliptic to elliptic-lanceolate, margin coarsely crenate. Inflorescences 1-flowered. Flower yellow; lateral sepals 2, sub-orbicular, with bullate projections among lateral veins; lower sepal deeply saccate, gradually narrowed into an abruptly incurved spur; upper petal broadly ovate; lateral united petals 2-lobed, basal lobes ovate to elliptic, distal lobes dolabriform, apex with a short yellow filiform appendage. Fl. Sep–Oct. Under evergreen broad-leaved forest, ca. 1000 m. Distr. Guizhou.

居群 Population

果实 Fruit

花正面观 Flower in front view

花侧面观 Flower in lateral view

花解剖 Flower anatomy

10. 苗岭凤仙花

Impatiens cavaleriei X. X. Bai & R. X. Huang

一年生草本。叶在中下部对生，上部互生，卵形或卵状椭圆形，边缘波状。花序 2 花（仅 1 朵发育）。花黄色。侧生萼片 2，白色，卵形，先端具小短尖；旗瓣小，圆形；翼瓣具柄，基部裂片长圆形至倒卵状长圆形，上部裂片宽斧形；唇瓣舟状，基部收缩成一个约 20 mm 的长距。花期 6–8 月，果期 7–9 月。分布于贵州。生长于路边、林下及溪边，海拔约 1151 m。

Annual herb. Leaves opposite in lower and middle parts, alternate in upper part, ovate or ovate–elliptic, margin undulate. Inflorescences 2–flowered (only 1 flower developed). Flowers yellow; lateral sepals 2, white, ovate, apex mucronulate; lower sepal cymbiform, base narrowed into a long spur, ca. 20 mm; upper petal small, orbicular; lateral united petals clawed; basal lobes oblong to obovate–oblong, distal lobes broadly dolabriform. Fl. Jun–Aug and fr. Jul–Sep. Roadsides, under the forest and beside a stream, ca. 1151 m. Distr. Guizhou.

花解剖 Flower anatomy

果实 Fruit

植株 Plant

花侧面观 Flower in lateral view

11. 浙江凤仙花

Impatiens chekiangensis Y. L. Chen

一年生草本。叶互生，中部和上部叶片卵状长圆形，基部具 2 或 3 对具柄腺体，边缘有圆齿状齿。总花梗具 2，稀 3 花。花粉紫色。侧生萼片 2，卵圆形；旗瓣近圆形；翼瓣近无柄，基部裂片卵状长圆形，上部裂片斧形，顶端圆形或微凹；唇瓣狭漏斗状，基部渐狭成内弯的距。花期 7–8 月。分布于浙江。生长于山谷河边林下及阴湿处，海拔 400 ~ 1000 m。

Annual herb. Leaves alternate, blades of middle and upper leaves ovate-oblong, base with 2 or 3 pairs of stipitate glands, margin crenate. Inflorescences 2(or 3)-flowered. Flowers pink-purple; lateral sepals 2, ovate-orbicular; lower sepal narrowly funnelform, gradually narrowed into an incurved spur; upper petal suborbicular; lateral united petals ± clawed; basal lobes ovate-oblong, distal lobes dolabriform, apex obtuse or emarginate. Fl. Jul–Aug. Forest understories at riversides in valleys, shaded moist places; 400–1000 m. Distr. Zhejiang.

植株 Plant

花序 Inflorescences

花正面观 Flower in front view

花侧面观 Flower in lateral view

花解剖 Flower anatomy

12. 九龙凤仙花

Impatiens chiulungensis Y. L. Chen

一年生草本。叶互生，叶片狭长圆状披针形或披针形，边缘具密生深锐锯齿，下部基部常有 2 对睫毛状具柄腺体。总花梗具 2 花，稀单花。花黄色。侧生萼片 4，外面 2，卵形或斜卵形，内面 2，极小，镰刀状倒披针形，长 6 ~ 7 mm；旗瓣圆形；翼瓣近无柄，基部裂片圆形，上部裂片宽斧形；唇瓣檐部囊状，稍内弯，基部急狭成长 5 ~ 6 mm，顶端 2 浅裂的短矩。花期 9–10 月。分布于四川。生长于密林中，海拔约 2700 m。

Annual herb. Leaves alternate, narrowly oblong-lanceolate or lanceolate, margin densely sharply serrate, with 2 pairs of ciliate stipitate basal glands. Inflorescences (rarely 1)2-flowered. Flowers yellow; lateral sepals 4, outer 2, ovate or obliquely ovate, inner 2, falcate-oblanceolate, very small, 6–7 mm; lower sepal slightly curved, saccate, abruptly narrowed into a slightly 2-fid, short spur, 5–6 mm; upper petal orbicular; lateral united petals ± clawed, basal lobes orbicular, distal lobes broadly dolabriform. Fl. Sep–Oct. Dense forests, ca. 2700 m. Distr. Sichuan.

植株 Plant

花正面观 Flower in front view

花解剖 Flower anatomy

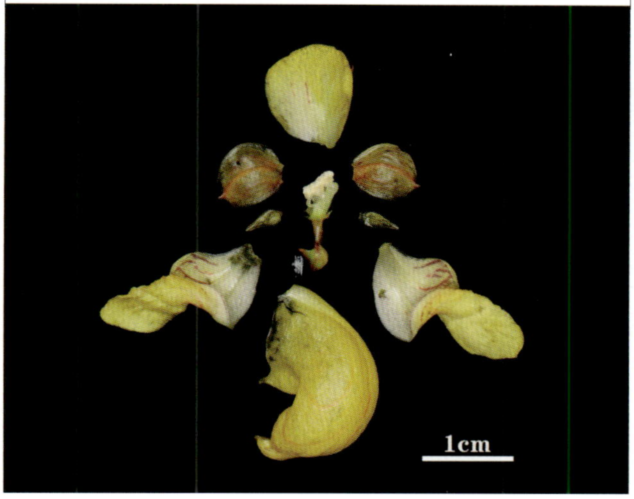

花侧面观 Flower in lateral view

植株 Plant

花正面观 Flower in front view

花侧面观 Flower in lateral view

13. 鸭跖草状凤仙花

Impatiens commelinoides Hand.-Mazz.

一年生草本，茎平卧。叶互生，叶片卵形或卵状菱形，边缘具疏锯齿。总花梗仅具1花。花蓝紫色。侧生萼片2，宽卵形；旗瓣圆形；翼瓣具柄，裂片均近圆形，上部裂片较大；唇瓣宽漏斗状，基部渐狭成内弯或卷曲的距。花期8–10月，果期11月。分布于福建、广东、江西、湖南、浙江。生长于田边或山谷沟边，海拔300～900 m。

Annual herb. Stem procumbent. Leaves alternate, ovate or ovate–rhombic, margin sparsely serrate. Inflorescences 1–flowered. Flowers blue–purple; lateral sepals 2, broadly ovate; lower sepal broadly funnelform, gradually narrowed into an incurved or involute spur; upper petal orbicular; lateral united petals clawed, both lobes orbicular, distal lobes larger. Fl. Aug–Oct, fr. Nov. Along canals in valleys, margins of rice fields, 300–900 m. Distr. Fujian, Guangdong, Jiangxi, Hunan, Zhejiang.

花解剖 Flower anatomy

14. 顶喙凤仙花

Impatiens compta Hook. f.

一年生草本。叶互生，叶片卵形或卵状长圆形，基部圆形或近心形，边缘具粗圆齿。总花梗具 1 或 2 花，稀 3 花。花淡紫蓝色。侧生萼片 2，圆形或卵圆形；旗瓣扁球形或近肾形，中肋背部增厚，近上部具上弯的长喙状突起；翼瓣无柄，基部裂片圆形，上部裂片披针状斧形，背部顶端以下，具微缺刻，具弯曲的刚毛；唇瓣深囊状，基部急狭成内弯的距。花期 8–9 月。分布于重庆、湖北。生长于沟边林下或山坡草丛中，或溪边潮湿处，海拔 1560 ~ 2200 m。

Annual herb. Leaves alternate, ovate or ovate-oblong, base rounded or subcordate, margin coarsely crenate. Inflorescences 1- or 2(rarely 3)-flowered. Flowers pale purple-blue; lateral sepals 2, orbicular or ovate-orbicular; lower sepal deeply saccate, abruptly narrowed into an incurved spur; upper petal oblate or reniform, abaxial midvein with a upcurved and long rostellum; lateral united petals not clawed; basal lobes orbicular, distal lobes lanceolate-dolabriform, slightly incised at apex, curved setose. Fl. Aug-Sep. Forest understories, grasslands on slopes, moist places by streams, along canals, 1560–2200 m. Distr. Chongqing, Hubei.

花解剖 Flower anatomy

植株 Plant

花序 Inflorescences

花正面观 Flower in front view

花侧面观 Flower in lateral view

植株 Plant

花正面观 Flower in front view

花侧面观 Flower in lateral view

15. 错那凤仙花

Impatiens conaensis Y. L. Chen

一年生草本。叶互生，叶片椭圆形或卵状披针形。花序 1 或 2 花。花淡黄。侧生萼片 2，宽卵形或近圆形；旗瓣近圆形；翼瓣 2 裂，基部裂片卵状披针形，先端具一线状的长丝，上部裂片斧形；唇瓣短囊状，急狭成一个弯曲的距。花期 7–8 月。分布于西藏。生长于林缘、草地山坡上，海拔 2700 ~ 2800 m。

Annual herb. Leaves alternate, elliptic or ovate–lanceolate. Inflorescences 1– or 2–flowered. Flowers yellowish; lateral sepals 2, broadly ovate or suborbicular; lower sepal shortly saccate, abruptly narrowed into an incurved spur; upper petal suborbicular; lateral united petals 2–lobed, basal lobes ovate–lanceolate, apex with a filamentous long hair, distal lobes dolabriform. Fl. Jul–Aug. Forest margins, grasslands on slopes, 2700–2800 m. Distr. Xizang.

花解剖 Flower anatomy

16. 黄麻叶凤仙花

Impatiens corchorifolia Franch.

一年生草本。叶互生，卵形或卵状披针形，基部有缘毛状腺体，边缘有锯齿。花序（1 或）2 花，总花梗细，短于叶。花下具苞片，苞片宿存，卵形，或中部有 1 或 2 线形苞片。花大，黄色，有时有紫斑；侧生萼片 4，外面 2 个卵状矩圆形，内面 2 个小，矩圆状披针形或条形；旗瓣圆形；翼瓣近无柄，基部裂片圆形，上部裂片较大，宽斧形，背面有较大的耳，唇瓣囊状，急狭成一个内弯的距，距极短，2 裂。花期9–10月。分布于云南、四川，生长于混合林的底层、森林边缘、阴凉潮湿的地方，海拔 2100 ~ 3500 m。

Annual herb. Leaves alternate, ovate or ovate–lanceolate, with ciliate basal glands, margin serrate. Inflorescences (1 or)2–flowered; peduncles shorter than leaves, slender. Bracteate below flowers, bracts persistent, ovate, or with 1 or 2 linear bracts at middle. Flowers yellow, sometimes purple spotted, large. Lateral sepals 4; outer 2: ovate–oblong; inner 2: oblong–lanceolate or linear, small. Upper petal orbicular; lateral united petals ± clawed; basal lobes orbicular; distal lobes broadly dolabriform, larger; auricle large; lower sepal saccate, abruptly narrowed into an incurved spur; spur short, 2–fid. Fl. Sep–Oct. Understories of mixed forests, forest margins, shaded moist places; 2100–3500 m. Distr. Yunnan, Sichuan.

花解剖 Flower anatomy

植株 Plant

花序 Inflorescences

花正面观 Flower in front view

花侧面观 Flower in lateral view

植株 Plant

花序 Inflorescences

花正面观 Flower in front view

花侧面观 Flower in lateral view

17. 西藏凤仙花

Impatiens cristata Wall.

一年生草本。叶互生，披针形或卵状披针形，叶柄基部有 2 个大的球状腺体，边缘具锯齿。总花梗短，具 2 ~ 5 花，稀单花。花金黄色。侧生萼片 2，圆形；旗瓣圆形；翼瓣无柄，基部裂片圆形，上部裂片长圆状斧形；唇瓣囊状，基部急狭成内弯的短距。花期 7–9 月。分布于我国西藏；不丹、印度、尼泊尔也有分布。生长于林下或冰沟边，海拔 2000 ~ 3100 m。

Annual herb. Leaves alternate, lanceolate or ovate–lanceolate, with 2 large globose basal glands, margin serrate. Inflorescences short, (rarely 1)2–5–flowered. Flowers golden–yellow; lateral sepals 2, orbicular; lower sepal saccate, abruptly narrowed into an incurved, short spur; upper petal orbicular; lateral united petals not clawed; basal lobes orbicular, distal lobes oblong–dolabriform. Fl. Jul–Sep. Forest understories, along canals, 2000–3100 m. Distr. Xizang; Bhutan, India, Nepal.

花解剖 Flower anatomy

18. 牯岭凤仙花

Impatiens davidii Franch.

一年生草本。叶互生，叶片椭圆形，边缘具粗圆齿。花序 1 花。花淡黄；侧生萼片 2，宽卵形；旗瓣近圆形；翼瓣 2 裂，基部裂片长圆形，上部裂片斧形；唇瓣囊状，急狭成一钩状的距。花期 7–9 月。分布于安徽、福建、广东、湖北、湖南、江西、浙江。生长于在山谷林下、潮湿的草地，海拔 300 ~ 700 m。

Annual herb. Leaves alternate, elliptic, margin coarsely crenate. Inflorescences 1–flowered. Flowers yellowish; lateral sepals 2, broadly ovate; lower sepal saccate, abruptly narrowed into a hooked spur; upper petal suborbicular; lateral united petals clawed, 2–lobed, basal lobes oblong, distal lobes dolabriform. Fl. Jul–Sep. Forest understories, moist places in valleys, grasslands, 300–700 m. Distr. Anhui, Fujian, Guangdong, Hubei, Hunan, Jiangxi, Zhejiang.

植株 Plant

花正面观 Flower in front view

花侧面观 Flower in lateral view

花解剖 Flower anatomy

19. 耳叶凤仙花

Impatiens delavayi Franch.

一年生草本。叶互生，下部和中部叶具柄，宽卵形或卵圆形，上部叶无柄或近无柄，长圆形，基部心形，稍抱茎，边缘有粗圆齿。总花梗具 1 ~ 5 花。花紫红色或污黄色；侧生萼片 2，斜卵形或卵圆形；旗瓣圆形，兜状；翼瓣 2 裂，基部裂片近方形，上部裂片大，斧形；唇瓣囊状，基部急狭成内弯的短距，距端 2 浅裂。花期 7–9 月。分布于云南、四川、西藏。生长于山麓、溪边、山沟水边或冷杉林或高山栎林下，海拔 3400 ~ 4200 m。

Annual herb. Leaves alternate, lower and middle leaves petiolate, broadly ovate or ovate–orbicular, upper leaves sessile or subsessile, oblong, base cordate, slightly amplexicaul, margin coarsely crenate. Inflorescences 1–5–flowered. Flowers purplish or dirty yellow; lateral sepals 2, obliquely ovate or ovate–orbicular; lower sepal saccate, abruptly narrowed into an incurved spur; spur short, shallowly 2–fid; upper petal cucullate, orbicular; lateral united petals 2–lobed; basal lobes subtetragonous, distal lobes dolabriform, large. Fl. Jul–Sep. *Abies* or *Quercus* forests, by streams, along canals, 3400–4200 m. Distr. Yunnan, Sichuan, Xizang.

植株 Plant

花正面观 Flower in front view

花解剖 Flower anatomy

花侧面观 Flower in lateral view

20. 德钦凤仙花

Impatiens deqinensis S. H. Huang

一年生草本。叶互生，叶片椭圆形或卵状椭圆形，边缘具浅锯齿，基部边缘有 1 或 2 对有柄腺体。总花梗常具 2 ~ 3 花（稀 4 ~ 5 花）。花黄色。侧生萼片 2，斜卵形；旗瓣扁圆形；翼瓣 2 裂，基部裂片卵圆形，上部裂片斧形；唇瓣漏斗形，基部渐狭成距，稍内弯，先端膨大或箭头状。花期 9 月。分布于云南、四川。生长于山坡灌丛中，海拔约 3680 m。

Annual herb. Leaves alternate, elliptic or ovate-elliptic, margin crenate-serrate, with 1–2 pairs of stipitate glands at basal margin. Inflorescences 2–3(rarely 4–5)-flowered. Flowers yellow; lateral sepals 2, obliquely ovate; lower sepal funnelform, base gradually narrowed into a slightly incurved spur; upper petal oblate; lateral united petals 2-lobed, basal lobes ovate-orbicular, distal lobes dolabriform. Fl. Sep. Thickets on slopes, ca. 3680 m. Distr. Yunnan, Sichuan.

花解剖 Flower anatomy

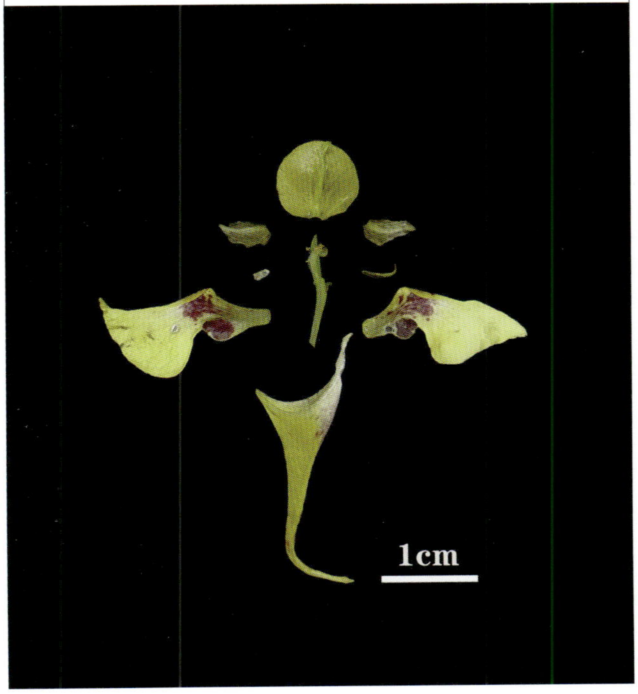

植株 Plant

花正面观 Flower in front view

花侧面观 Flower in lateral view

植株 Plant

花正面观 Flower in front view

花侧面观 Flower in lateral view

21. 齿萼凤仙花

Impatiens dicentra Franch. ex Hook. f.

一年生草本。叶互生，卵形或卵状披针形，边缘有圆锯齿。总花梗仅 1 花。花黄色。侧生萼片 2，宽卵圆形，边缘有粗齿，少有全缘；旗瓣圆形；翼瓣 2 裂，裂片披针形，先端有细丝；唇瓣囊状，基部延长成内弯的短距，距 2 裂。花期 7–8 月。分布于贵州、河南、湖北、湖南、陕西、重庆、云南。生长于山沟溪边、林下草丛中，海拔 1000 ~ 2700 m。

Annual herb. Leaves alternate, ovate or ovate–lanceolate, margin crenate–serrate. Inflorescences 1–flowered. Flowers yellow; lateral sepals 2, broadly ovate–orbicular, margin coarsely dentate, rarely entire; lower sepal saccate, constricted into an incurved spur, spur short, 2–lobed; upper petal orbicular; lateral united petals 2–lobed, basal and distal lobes lanceolate, apex with a filamentous long hair. Fl. Jul–Aug. Forest understories, grasslands, along streams or canals, 1000–2700 m. Distr. Guizhou, Henan, Hubei, Hunan, Shaanxi, Chongqing, Yunnan.

花解剖 Flower anatomy

22. 异型叶凤仙花

Impatiens dimorphophylla Franch.

一年生草本。叶互生，下部的叶具长柄，卵形或卵状长圆形，边缘有圆齿状齿。上部的叶近无柄，卵状披针形，基部楔形或微心形。总花梗通常具 1，稀 2 花。花橘黄色。侧生萼片 4，外侧 2 枚卵状长圆形或圆形，内侧 2 枚与外面的萼片同形，但小于外层的一半，具一条脉；旗瓣圆形或宽倒心形；翼瓣近无柄，基部裂片长圆形，小，上部裂片宽斧形；唇瓣囊状，基部急狭成内弯的短距。花期 9–10 月。分布于四川、云南。生长于高山松林或铁杉林下，海拔 2800 ~ 3400 m。

Annual herb. Leaves alternate. Lower leaves with long petiole, ovate or ovate–oblong, margin crenate. Upper leaves subsessile, ovate–lanceolate, base cuneate or slightly cordate. Inflorescences in upper leaf axils, usually 1(rarely 2)–flowered. Flowers orange; lateral sepals 4, outer 2: ovate–oblong or orbicular; inner 2: same as outer ones in shape, but 1/2 as large, 1–veined; lower sepal saccate, abruptly narrowed into an incurved spur, spur short; upper petal orbicular or broadly obcordate; lateral united petals ± clawed, basal lobes oblong, small; distal lobes broadly dolabriform. Fl. Sep–Oct. Understories of alpine Pinus or Tsuga forests; 2800–3400 m. Distr. Sichuan, Yunnan.

植株 Plant

花正面观 Flower in front view

花侧面观 Flower in lateral view

花解剖 Flower anatomy

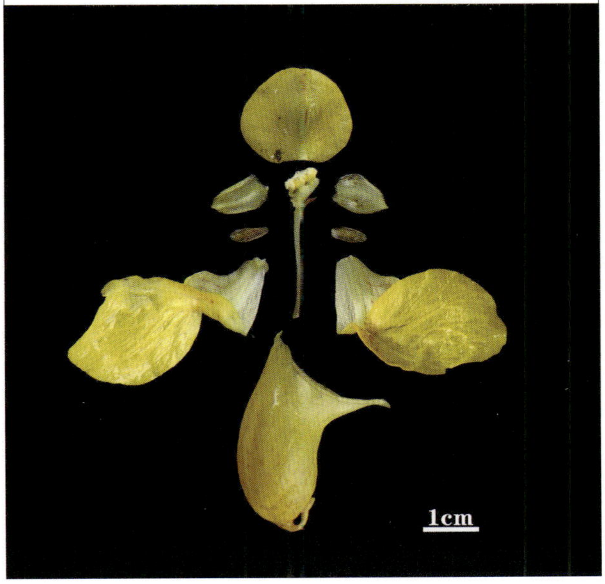

植株 Plant

花正面观 Flower in front view

花解剖 Flower anatomy

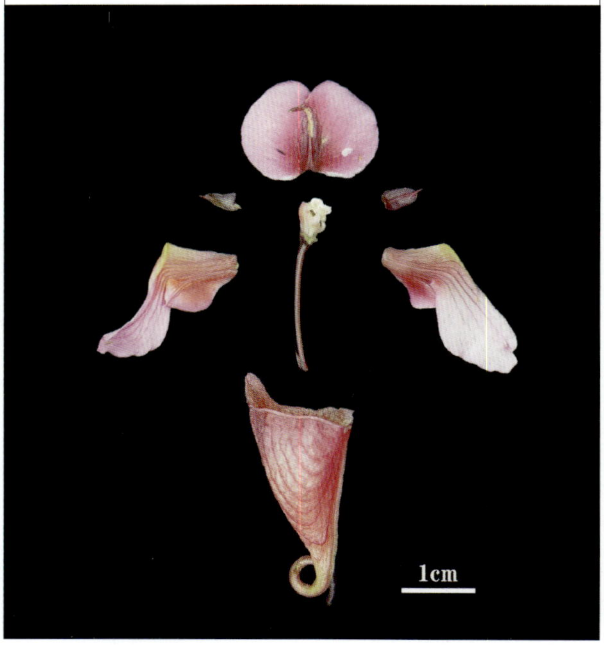

23. 柳叶菜状凤仙花

Impatiens epilobioides Y. L. Chen

一年生草本。茎基部常膨大成近球形的块茎。叶互生，中部叶狭长圆形，边缘具细锯齿，基部边缘有 3 或 4 对具柄腺体，上部叶线形或线状披针形，具不明显的小锯齿。总花梗通常具 2 花，稀单花。花粉红色。侧生萼片 2，卵形或长圆状卵形；旗瓣倒卵状圆形或近圆形；翼瓣近无柄；基部裂片圆形，上部裂片斧形；唇瓣檐部宽漏斗状，基部狭成内弯，2 浅裂的距。花期 7–8 月。分布于四川。生长于河边，海拔 1000 ~ 2500 m。

Annual herb. Stem base often swollen. Leaves alternate, leaves in middle part of stem narrowly oblong, margin serrulate, with 3 or 4 pairs of stipitate glands at basal margin. Blade of upper leaves linear or linear-lanceolate, margin inconspicuously serrulate. Inflorescences usually (rarely 1)2-flowered. Flowers pink; lateral sepals 2, ovate or oblong-ovate; lower sepal broadly funnelform, base narrowed into an incurved, slightly 2-fid spur; upper petal obovate-orbicular or suborbicular; lateral united petals ± clawed; basal lobes orbicular, distal lobes dolabriform. Fl. Jul–Aug. Riversides, 1000–2500 m. Distr. Sichuan.

花侧面观 Flower in lateral view

24. 华丽凤仙花
Impatiens faberi Hook. f.

一年生草本。叶互生，叶片宽卵状披针形或椭圆形，边缘具锯齿或圆齿状锯齿。总花梗具 2 花。花紫红色。侧生萼片 2，绿色，卵形；旗瓣圆形；翼瓣无柄，基部裂片圆形，上部裂片斧形，背部的小耳呈细丝状伸入唇瓣距内；唇瓣角状，基部狭成内弯或直的距。花期 8–9 月。分布于四川。生长于山坡林缘或路边潮湿处，海拔 1350 ~ 2100 m。

Annual herb. Leaves alternate, broadly ovate–lanceolate or elliptic, margin serrate or crenate–serrate. Inflorescences 2–flowered. Flowers purple–red; lateral sepals 2, green, ovate; lower sepal cornute, narrowed into an incurved or erect spur; upper petal orbicular; lateral united petals not clawed, basal lobes orbicular; distal lobes dolabriform, auricle linear, elongate, inserted into spur. Fl. Aug–Sep. Forest margins on slopes, moist places at roadsides, 1350–2100 m. Distr. Sichuan.

花解剖 Flower anatomy

植株 Plant

花正面观 Flower in front view

花侧面观 Flower in lateral view

25. 镰瓣凤仙花

Impatiens falcifera Hook. f.

一年生草本。叶互生，叶片卵状长圆形，边缘具锐锯齿。总花梗具 1（或 2）花。花黄色。侧生萼片 2，卵形或卵状长圆形；旗瓣圆形，兜状；翼瓣基部裂片卵形至圆形，上部裂片大，宽倒卵形，基部镰状内弯；唇瓣檐部漏斗状，基部狭成直或内弯的距。花期 8–9 月。分布于西藏；不丹、印度、尼泊尔也有分布。生长于河边草地或栎林下，海拔 2300 ~ 3300 m。

Annual herb. Leaves alternate, ovate–oblong, margin sharply serrate; Inflorescences 1(or 2)–flowered. Flowers yellow; lateral sepals 2, ovate or ovate–oblong; lower sepal funnelform, base gradually narrowed into an incurved or straight spur; upper petal cucullate, orbicular; lateral united petals clawed; basal lobes ovate to orbicular, small, distal lobes large, broadly obovate, falcate basally. Fl. Aug–Sep. Understories of *Quercus* forests, grasslands along riverbanks, 2300–3300 m. Distr. Xizang; Bhutan, India, Nepal.

植株 Plant

花正面观 Flower in front view

花侧面观 Flower in lateral view

花正面观 Flower in front view

花解剖 Flower anatomy

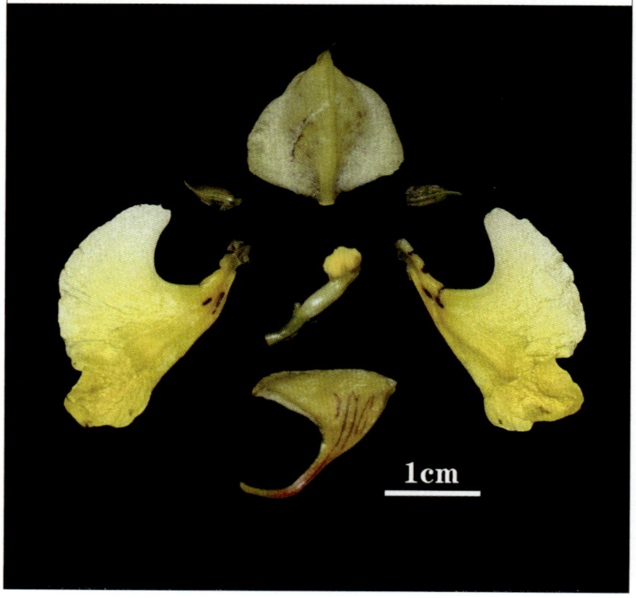

26. 裂距凤仙花

Impatiens fissicornis Maxim.

一年生草本。叶互生，卵状长圆形或卵状披针形，靠基部常具少数缘毛状腺体，边缘具粗圆齿。花单生。花黄色或橙黄色；侧生萼片 2，近卵圆形，先端有小尖；旗瓣近圆形，背面中肋有宽翅，先端具短喙；翼瓣具柄，基部裂片较小，长圆形，先端具丝状长尖，上部裂片大，斧形；唇瓣囊状，具褐色斑纹，基部延伸成钩状的短距，距端 2 裂。花期 8–9 月。分布于陕西、甘肃、湖北。生长于山谷林中阴湿处，海拔 1200 ~ 2100 m。

注：牯岭凤仙花、裂距凤仙花、齿萼凤仙花、李恒凤仙花、泡萼凤仙花、褶萼凤仙花等这一类翼瓣先端具有长丝的类群，形态近似，侧萼片形态具有变异。侧萼片形态变异是否是好的分种依据还需进一步通过分子手段研究确认，本书将这几个种单独收录，且不做分类学处理。

Annual herb. Leaves alternate, ovate–oblong or ovate–lanceolate, often with few ciliate basal glands, margin coarsely crenate. Inflorescences 1–flowered. Flowers yellow or orange–yellow; lateral sepals 2, subovate–orbicular, apex mucronulate; lower sepal brown spotted, saccate, narrowed into a hooked spur; spur short, 2–lobed; upper petal suborbicular, apex rostellate, abaxial midvein broadly thickened; lateral united petals clawed; basal lobes oblong, smaller, apex with a filamentous long hair, distal lobes dolabriform, large. Fl. Aug–Sep. Forests, shaded moist places in valleys, 1200–2100 m. Distr. Gansu, Hubei, Shaanxi.

植株 Plant

花正面观 Flower in front view

花侧面观 Flower in lateral view

花侧面观 Flower in lateral view

植株 Plant

花序 Inflorescences

花正面观 Flower in front view

花侧面观 Flower in lateral view

27. 滇西凤仙花

Impatiens forrestii Hook. f. ex W. W. Sm.

一年生草本。叶互生，叶片卵状披针形或近椭圆形，边缘具规则的锯齿。总花梗具 2 花，稀 3 花。花紫红色：侧生萼片 2，斜宽卵形或近圆形；旗瓣肾形；翼瓣具短柄，基部裂片近圆形，上部裂片长于基部裂片 2 倍，镰状扇形；唇瓣檐部囊状，基部急狭成内弯的距。花期 8 月。分布于云南、四川；缅甸也有分布。生长于山谷阴湿处或溪旁，海拔约 2600 m。

Annual herb. Leaves alternate, ovate–lanceolate or subelliptic, margin regularly serrate. Inflorescences 2(rarely 3)–flowered. Flowers purple–red; lateral sepals 2, obliquely ovate or suborbicular; lower sepal saccate, abruptly narrowed into an incurved spur; upper petal reniform; lateral united petals shortly clawed, basal lobes suborbicular, distal lobes falcate–flabellate, ca. 2 × as long as basal lobes. Shaded moist places in valleys or by streams, ca. 2600 m. Distr. Yunnan, Sichuan; Myanmar.

花解剖 Flower anatomy

28. 平坝凤仙花
Impatiens ganpiuana Hook. f.

一年生草本。叶互生，椭圆形、长椭圆形或长披针形，边缘具粗锯齿。花黄色。侧生萼片 2，卵形；旗瓣椭圆形；翼瓣 2 裂，基部裂片阔卵形，上部裂片斧形，先端 2 浅裂；唇瓣漏斗状，基部下延为纤细向内弯曲的距；花期 7–8 月，果期 9–10 月。分布于贵州、湖南、四川。生长于沟边、水塘边、林下、草丛等潮湿环境，海拔 1000 ~ 2000 m。

Annual herb. Leaves alternate, elliptic, narrowly elliptic, or lanceolate, margin coarsely serrate. Flowers yellow; lateral sepals 2, ovate; lower sepal funnelform, narrowed into an incurved spur; spur slender, apex 2-lobed; upper petal elliptic; lateral united petals 2-lobed; basal lobes broadly ovatedistal, distal lobes dolabriform, apex 2-lobed. Fl. Jul–Aug, fr. Sep–Oct. Forest understories, grasslands, shores of ponds, along canals, moist places, 1000–2000 m. Distr. Guizhou, Hunan, Sichuan.

花解剖 Flower anatomy

居群 Population

植株 Plant

花正面观 Flower in front view

花侧面观 Flower in lateral view

29. 安徽凤仙花

Impatiens anhuiensis Y. L. Chen

一年生草本。叶互生，长圆形或卵状长圆形，具 1 或 2 对具柄球状腺体，边缘具圆齿状锯齿。总花梗具 2 或 3 花。花粉红色。侧生萼片 4，外面 2 枚斜宽卵形，具短尖，内面 2 枚狭长圆形，顶端钝；旗瓣近圆形；翼瓣近无柄，基部裂片近长圆形，上部裂片斧形，常联合或粘贴成 2 裂的宽片状；唇瓣宽漏斗状，具红色斑点，基部急狭成 2 浅裂的弯距。花期 9 月。分布于安徽。生长于山谷岩石缝中，海拔约 1200 m。

Annual herb. Leaves alternate, oblong or ovate–oblong, with 1 or 2 pairs of globose glands, margin crenate–serrate. Inflorescences 2– or 3–flowered. Flowers pink; lateral sepals 4; outer 2: obliquely ovate, apex shortly acute, inner 2: narrowly oblong, apex obtuse; lower sepal red spotted, broadly funnelform, abruptly narrowed into a curved, 2–fid spur; upper petal suborbicular; lateral united petals ± clawed; basal lobes suboblong, distal lobes dolabriform, often connate into 2–lobed lamella. Fl. Sep. Stony crevices in valleys; ca. 1200 m. Distr. Anhui.

花序 Inflorescences

花序和果实 Inflorescences and capsule

花侧面观 Flower in lateral view

花正面观 Flower in front view

花解剖 Flower anatomy

30. 恭城凤仙花

Impatiens gongchengensis Z. C. Lu, B. Pan & Yan Liu

一年生草本。叶互生，叶片卵状椭圆形或椭圆状披针形，边缘具粗圆齿。总花梗具 1 花。花浅紫色或紫红色；侧生萼片 2，卵圆形；旗瓣扁圆形；翼瓣无柄，先端有长细丝，基部裂片卵形，上部裂片斧形，先端钝；唇瓣宽漏斗形，基部渐狭成一内弯的距。花期 9–10 月。分布于四川、广西。生长于常绿阔叶林，海拔 1100 ~ 1200 m。

Annual herb. Leaves alternate, leaf ovate-elliptic, elliptic or elliptic-lanceolate, margin coarsely crenate. Inflorescences 1-flowered. Flowers pale purple or purple-red; lateral sepals 2, ovate-orbicular; lower sepal broadly funnelform, base gradually narrowed into an incurved spur; upper petal oblate; lateral united petals sessile, lobes with a filamentous long hair at apex, base lobes ovate, distal lobes dolabriform, apex obtuse. Fl. Sep-Oct. In the evergreen broad-leaved forest, 1100–1200 m. Distr. Sichuan, Guangxi.

花侧面观 Flower in lateral view

植株 Plant

花正面观 Flower in front view

花解剖 Flower anatomy

植株 Plant

31. 黄岩凤仙花

Impatiens huangyanensis X. F. Jin & B. Y. Ding

一年生草本。叶互生，卵状椭圆形，边缘有圆齿状锯齿。总花梗具 1 或 2 花。花粉紫色；萼片 2，卵形；翼瓣具短柄，基部裂片倒卵形，上部裂片斧形；唇瓣囊状，急狭成内弯的距。花果期 7–8 月。分布于浙江。生长于森林潮湿处，海拔约 300 m。

Annual herb. Leaves alternate, leaf ovate-elliptic, margin crenate-serrate. Inflorescences 1- or 2-flowered. Flowers pink-purple; lateral sepals 2, ovate; lower sepal saccate, abruptly narrowed into an incurved spur; lateral united petals shortly clawed, basal lobes obovate, distal lobes dolabriform. Fl. and fr. Jul–Aug. Moist places in forests, ca. 300 m. Distr. Zhejiang.

花正面观 Flower in front view

花侧面观 Flower in lateral view

花解剖 Flower anatomy

32. 括苍山凤仙花

Impatiens kuocangshanica（X. F. Jin et F. G. Zhang）X. F. Jin & Y. L. Xu

一年生草本。叶互生，叶片卵状披针形，边缘具锐锯齿。总花梗具 1 ~ 3 花。花粉红色；侧生萼片 2，近圆形；旗瓣近圆形；翼瓣具柄，基部裂片倒卵形，上部裂片宽斧形；唇瓣宽漏斗状，基部渐狭成内弯的距。花期 6–10 月。分布于江西、福建、浙江。生长于林下阴湿处，海拔 50 ~ 340 m。

Annual herb. Leaves alternate, ovate-lanceolate, margin sharply serrate. Inflorescences 1–3-flowered. Flowers pink; lateral sepals 2, suborbicular; lower sepal broadly funnelform, base gradually narrowed into an incurved spur; upper petal suborbicular; lateral united petals clawed, basal lobes obovate, distal lobes broadly dolabriform. Fl. Jun–Oct. Shaded moist places, 50–340 m. Distr. Jiangxi, Fujian, Zhejiang.

花解剖 Flower anatomy

植株 Plant

花正面观 Flower in front view

花侧面观 Flower in lateral view

植株　　Plant

花正面观　　Flower in front view

花侧面观　　Flower in lateral view

33. 老君山凤仙花

Impatiens laojunshanensis S. H. Huang

一年生草本。叶互生，椭圆形或卵状椭圆形，边缘具圆锯齿，基部边缘有 1 或 2 对有柄腺体。总花梗具 1 花；花黄色或绿黄色。侧生萼片 2，宽卵形；旗瓣椭圆形；翼瓣无柄，基部裂片卵形，上部裂片狭长圆形；唇瓣漏斗状，基部急狭成一个弯曲的短距，长约 4 mm，内弯。花期 8 月。分布于云南。生长于林下或水沟边，海拔约 1830 m。

Annual herb. Leaves alternate, elliptic or ovate-elliptic, margin crenate-serrate, with 1-2 pairs of stipitate glands at basal margin. Inflorescences 1-flowered; Flowers yellow or green-yellow; lateral sepals 2, broadly ovate; lower sepal funnelform, base abruptly narrowed into an incurved spur; spur short, ca. 4 mm; upper petal elliptic; lateral united petals not clawed, basal lobes ovate, distal lobes narrowly oblong. Fl. Aug. Forest understories, along canals, ca. 1830 m. Distr. Yunnan.

花解剖　　Flower anatomy

34. 毛凤仙花

Impatiens lasiophyton Hook. f.

一年生草本，全株具开展的黄棕色绒毛。叶互生，椭圆形、卵形或卵状披针形，边缘具粗圆齿或圆齿状锯齿。总花梗具 2 花，花黄色或白色。侧生萼片 2，少有 4，半卵形；旗瓣圆形；翼瓣无柄，基部裂片小或退化，上部裂片宽斧形或半月形；唇瓣宽漏斗状，基部延长成内弯的距。花期 6–7 月。分布于广西、贵州、云南。生长于阴湿处、水沟边、密林中，海拔 1700 ~ 2700 m。

Annual herb, spreading yellow–brown tomentose. Leaves alternate, elliptic, ovate, or ovate–lanceolate, margin coarsely crenate or crenate–serrate. Inflorescences 2–flowered. Flowers yellow or white; lateral sepals 2(or 4), subovate; lower sepal broadly funnelform, gradually narrowed into an incurved spur; upper petal orbicular; lateral united petals not clawed; basal lobes small or rudimentary, distal lobes broadly dolabriform or sublunar. Fl. Jun–Jul. Dense forests, along canals, shaded moist places, 1700–2700 m. Distr. Guangxi, Guizhou, Yunnan.

花侧面观 Flower in lateral view

花序 Inflorescences

花正面观 Flower in front view

花解剖 Flower anatomy

35. 侧穗凤仙花

Impatiens lateristachys Y. L. Chen & Y. Q. Lu

一年生草本。叶互生，叶片宽披针形，边缘锯齿。总花梗具 3 ~ 6 花，在花序轴上呈一侧的总状花序排列。花红色、浅红色或白色；侧生萼片 2 枚，钻形；旗瓣近圆形；翼瓣近无柄，基部裂片圆形，上部裂片斧形，顶端常具缺刻，背耳呈线形，长 10 ~ 13 mm，插入距内；唇瓣角状，渐狭成一个直且粗的距。花期 8–9 月。分布于四川。生长于林缘草丛、山坡林中，海拔 2000 ~ 2500 m。

Annual herb. Leaves alternate, broadly lanceolate, margin serrate. Inflorescences 3–6–flowered. Flowers red, pale red, or white; lateral sepals 2, subulate; lower sepal navicular–cornute, gradually narrowed into an erect, stout spur; upper petal suborbicular; lateral united petals ± clawed; basal lobes orbicular; distal lobes dolabriform, apically often retuse; auricle linear, 1–1.3 cm, inserted into spur. Fl. Aug–Sep. Forest margins on slopes, 2000–2500 m. Distr. Sichuan.

植株 Plant

花序 Inflorescences

花正面观 Flower in front view

花侧面观 Flower in lateral view

花解剖 Flower anatomy

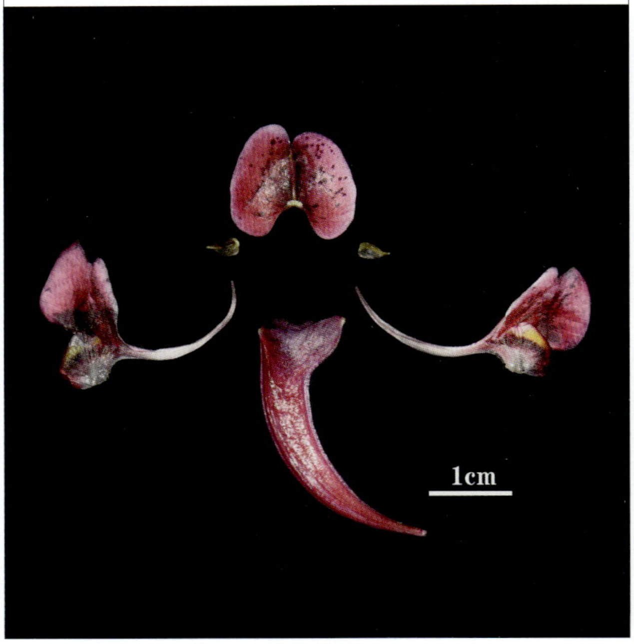

36. 滇西北凤仙花

Impatiens lecomtei Hook. f.

一年生草本。叶互生，卵形、卵状披针形或长圆状卵形，边缘具粗圆齿。总花柄具1花。花粉红色；侧生萼片2，圆形；旗瓣圆形；翼瓣近无柄，基部裂片卵形，顶端具极细的长丝；上部裂片大，斧形，背部顶端以下具刚毛；唇瓣宽漏斗形，具堇紫色条纹，基部渐狭成内弯，顶端2裂的细距。花期8–9月。分布于云南。生长于沟边杂木林或岩石缝中，海拔2300～3000 m。

Annual herb. Leaves alternate, ovate or ovate-lanceolate, or oblong-ovate, margin coarsely crenate. Inflorescences 1-flowered. Flowers pink; lateral sepals 2, orbicular; lower sepal violet striate, broadly funnelform, base gradually narrowed into an incurved, slender spur, apex 2-lobed; upper petal orbicular; lateral united petals ± clawed, basal lobes ovate, apex with a long filamentous hair, distal lobes dolabriform, large, apex obtuse with a seta. Fl. Aug–Sep. Mixed forests, along canals, stony crevices, 2300–3000 m. Distr. Yunnan.

花解剖 Flower anatomy

植株 Plant

花序 Inflorescences

花正面观 Flower in front view

花侧面观 Flower in lateral view

居群 Population

花序 Inflorescences

花正面观 Flower in front view

花侧面观 Flower in lateral view

37. 具鳞凤仙花

Impatiens lepida Hook. f.

多年生草本。叶互生，卵圆形或卵状披针形，边缘具粗锯齿。总花梗具 1 或 2 花；花黄色；侧生萼片 2，卵圆形；旗瓣阔圆形；翼瓣 2 裂，基部裂片卵圆形，上部裂片斧状；唇瓣舟状或囊状，基部下延形成细长内弯的距。花期 8–9 月，果期 9–10 月。分布于贵州。生长于沟边、林下等阴湿处，海拔约 1000 m。

Perennial herb. Leaves alternate, ovate–orbicular or ovate–lanceolate, margin coarsely serrate. Inflorescences 1– or 2–flowered. Flowers yellow; lateral sepals 2, ovate–orbicular; lower sepal navicular or saccate, narrowed into an incurved, slender spur; upper petal broadly orbicular; lateral united petals 2–lobed, basal lobes ovate–orbicular, distal lobes dolabriform. Fl. Aug–Sep, fr. Sep–Oct. Forest understories, along canals, shaded moist places, ca. 1000 m. Distr. Guizhou.

花解剖 Flower anatomy

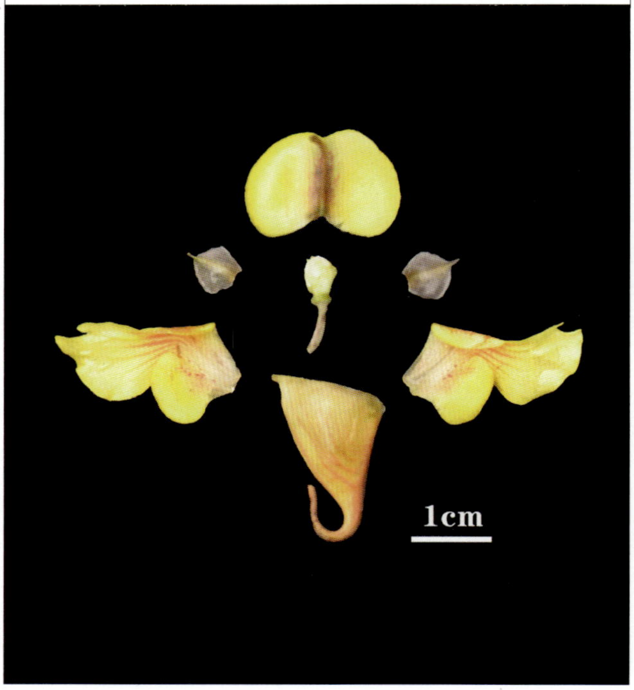

38. 细柄凤仙花

Impatiens leptocaulon Hook. f.

一年生草本。叶互生，卵形或卵状披针形，边缘有细锯齿。总花梗具1或2花。花红紫色；侧生萼片2，半卵形，长突尖，不等侧，一边有细齿；旗瓣圆形；翼瓣无柄，基部裂片小，圆形，上部裂片倒卵状矩圆形；唇瓣舟形，下延长成内弯的长矩。花果期4–10月。分布于湖北、湖南、贵州、云南、四川、重庆、河南。生长于山坡草丛中、阴湿处或林下沟边，海拔1200 ~ 2000 m。

Annual herb. Leaves alternate, ovate or ovate–lanceolate, margin serrulate. Inflorescences 1– or 2–flowered. Flowers purple–red; lateral sepals 2, subovate, long cuspidate, inequilateral, denticulate on one side; lower sepal navicular, narrowed into an incurved, long spur; upper petal orbicular; lateral united petals not clawed; basal lobes orbicular, small, distal lobes obovate–oblong. Fl. and fr. Apr–Oct. Forest understories, grasslands on slopes, along canals, shaded moist places, 1200–2000 m. Distr. Hubei, Hunan, Guizhou, Yunnan, Sichuan, Chongqing, Henan.

植株 Plant

花正面观 Flower in front view

花解剖 Flower anatomy

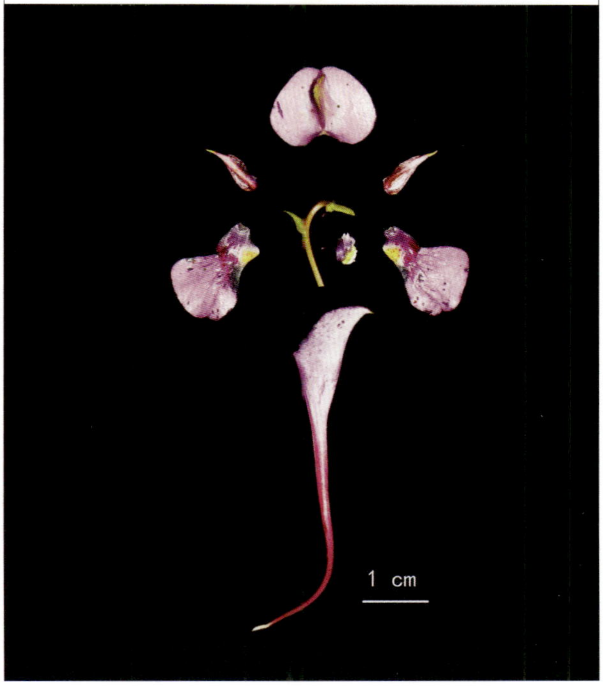

花侧面观 Flower in lateral view

植株 Plant

花侧面观 Flower in lateral view

植株 Plant

花正面观 Flower in front view

39. 李恒凤仙花

Impatiens lihengiana Y. Y. Cong & G. W. Hu

一年生草本。叶互生，边缘具圆齿状锯齿。总花梗具 1 花。花黄色。侧萼片 2，近圆形；旗瓣近圆形，先端长渐尖；翼瓣无柄，基部裂片卵状披针形，上部裂片斧状，先端收缩成纤细的丝；唇瓣具红色条纹，漏斗状，基部渐窄成一个 2 裂的距。花期 9–11 月。分布于湖南。生长于阴湿处、溪边，海拔 450 ~ 650 m。

Annual herb. Leaves alternate, margin crenate-serrate. Inflorescences 1-flowered. Flowers yellow; lateral sepals 2, suborbicular; lower sepal red striate, funnelform, base gradually narrowed into a spur, 2-lobed; upper petal suborbicular, apex long acuminate; lateral united petals not clawed, basal lobe ovate-lanceolate, distal lobes dolabriform, apex constricted into a filamentous hair. Fl. Sep–Nov. In shaded moist places, along streams, 450–650 m. Distr. Hunan.

40. 六盘水凤仙花

Impatiens liupanshuiensis X. X. Bai & T. H. Yuan

多年生草本。叶互生，卵状披针形或披针形，边缘具细锯齿。花序 2 花。花黄色或粉色。侧生萼片 2，斜卵形或卵形，不对称，一侧或两侧有小齿，具芒；旗瓣圆形；翼瓣无柄，基部裂片长圆形，极小，1 ~ 2 mm 宽，上部裂片宽斧形；唇瓣漏斗形，基部急狭成一个弯曲的距。花期 8–10 月，果期 9–11 月。分布于贵州。生长于箭竹丛中，海拔 2730 ~ 2887 m。

Perennial herb. Leaves alternate, ovate–lanceolate or lanceolate, margin serrulate. Inflorescences 2–flowered. Flowers yellow or pink; lateral sepals 2, obliquely ovate or ovate, inequilateral, remotely denticulate on one or both sides, aristate; lower sepal funnelform, base abruptly contracted into an incurved spur; upper petal orbicular; lateral united petals sessile; basal lobes oblong, extremely small, 1 - 2 mm wide, distal lobes broadly–dolabriform. Fl. Aug–Oct and fr. Sep–Nov. In *Fargesia spathacea* shrubs, 2730 - 2887 m. Distr. Guizhou.

花解剖　Flower anatomy

植株　Plant

花序　Inflorescences

花正面观　Flower in front view

花侧面观　Flower in lateral view

植株 Plant

花正面观 Flower in front view

花解剖 Flower anatomy

41. 长翼凤仙花

Impatiens longialata E. Pritz.

一年生草本。叶互生，椭圆形或卵状长圆形，基部圆形或心形，边缘呈粗圆齿状。总花梗具 2 或 3 花，稀 4 花。花淡黄。侧生萼片 2，边缘透明，宽卵形或近心形；旗瓣肾形。翼瓣具长柄，基部裂片圆形，上部裂片大，狭椭圆形，边缘波状；唇瓣具紫色斑点，檐部漏斗形，基部渐狭成内弯的距。花期 7–8 月，果期 9–10 月。分布于湖北、四川。生长于山谷沟边、路旁潮湿草丛中，海拔 500 ~ 2000 m。

Annual herb. Leaves alternate, elliptic or ovate-oblong, base rounded or cordate, margin coarsely crenate. Inflorescences 2- or 3(rarely 4)-flowered. Flowers yellowish; lateral sepals 2, broadly ovate or subcordate, hyaline margined; lower sepal purple spotted, funnelform, gradually narrowed into an incurved spur; upper petal subreniform; lateral united petals long clawed; basal lobes orbicular, distal lobes narrowly elliptic, large, margin undulate. Fl. Jul–Aug, fr. Sep–Oct. Moist grasslands in valleys, along canals, roadsides; 500–2000 m. Distr. Hubei, Sichuan.

花侧面观 Flower in lateral view

42. 龙山凤仙花

Impatiens longshanensis Y. Y. Cong & Y. X. Song

一年生草本。叶互生，卵形或狭椭圆形，边缘具圆齿状锯齿。总花梗具1花。花淡黄色。侧生萼片2，宽卵圆形；旗瓣肾状；翼瓣无柄，基部裂片长圆形，上部裂片斧形，先端钝，急狭成短丝状毛；唇瓣囊状，先端向下渐狭成一个长喙，基部逐渐缩小成一个弯曲，2裂的距。花期9–11月。分布于湖南、贵州、云南。生长于阴湿处，海拔1000 ~ 1200 m。

Annual herb. Leaves alternate, ovate or narrowly elliptic, margin crenate-serrate. Inflorescences 1-flowered. Flowers pale yellow; lateral sepals 2, broadly ovate-orbicular; lower sepal saccate, anterior gradually narrowed downward into a long beak, base gradually narrowed into an incurved spur, 2-lobed; upper petal reniform; lateral united petals not clawed, basal lobes oblong, distal lobes dolabriform, apex obtuse, abruptly narrowed into a short filamentous hair. Fl. Sep–Nov. Under moist and shady places, 1000–1200 m. Distr. Hunan, Guizhou, Yunnan.

居群 Population

花正面观 Flower in front view

花侧面观 Flower in lateral view

花解剖 Flower anatomy

43. 林生凤仙花

Impatiens lucorum Hook. f.

高大草本。叶互生，叶片卵形，基部常具 2 个具柄腺体，具粗圆齿。总花梗具 1 ~ 3 花。花黄色。侧生萼片 2，卵状心形；旗瓣扁圆形；翼瓣无柄，基部裂片圆形，上部裂片倒卵形；唇瓣狭漏斗状，具内弯的细距。花期 8–9 月。分布于四川、重庆。生长于水沟边或阴湿处，海拔 800 ~ 2800 m。

Tall herbs. Leaves alternate, leaf ovate, often with 2 stipitate basal glands, margin coarsely crenate. Inflorescences 1–3-flowered. Flowers yellow; lateral sepals 2, ovate-cordate; lower sepal narrowly funnelform, with an incurved spur; upper petal oblate; lateral united petals not clawed; basal lobes orbicular, distal lobes obovate. Fl. Aug–Sep. Along canals, shaded moist places, 800–2800 m. Distr. Sichuan, Chongqing.

花侧面观 Flower in lateral view

花正面观 Flower in front view

植株 Plant

花解剖 Flower anatomy

44. 卢氏凤仙花

Impatiens lushiensis Y. L. Chen

一年生草本。叶互生，卵形或卵状披针形，边缘具锐锯齿。总花梗具 2 或 4 花。花淡紫色。侧生萼片 4，外面 2 枚较大，斜卵形，内面 2 枚极小，钻形；旗瓣肾状圆形；翼瓣近无柄，基部裂片圆形，上部裂片长圆状斧形；唇瓣囊状，喉部具紫色斑点，基部急狭成长 2 裂内弯的距。花果期 8–9 月。分布于河南。生长于林下、草地或溪边，海拔 500 ~ 1200 m。

Annual herb. Leaves alternate, ovate or ovate–lanceolate, margin sharply serrate. Inflorescences 2–4–flowered. Flowers purplish; lateral sepals 4; outer 2: obliquely ovate, larger; inner 2: subulate, very small; lower sepal inside of throat purple spotted, saccate, abruptly narrowed into an incurved, 2–fid spur; upper petal reniform–orbicula; lateral united petals ± clawed; basal lobes orbicular, distal lobes oblong–dolabriform. Fl. and fr. Aug–Sep. Forest understories, grasslands, by streams; 500–1200 m. Distr. Henan.

果实 Fruit

植株 Plant

花序 Inflorescences

花正面观 Flower in front view

花侧面观 Flower in lateral view

45. 大旗瓣凤仙花

Impatiens macrovexilla Y. L. Chen

一年生草本。叶互生，叶片长圆形或长圆状披针形，基部常具 2 个球形腺体，边缘具圆齿状齿。总花梗具 2 花，稀单花。花紫色；侧生萼片 2，宽卵形，边缘具细齿；旗瓣大，扁圆形或肾形；翼瓣 2 裂，基部裂片长圆形，上部裂片斧形，先端浅裂；唇瓣窄漏斗形，基部渐狭成内弯的细距。花期 9–10 月。分布于广西、湖南。生长于阴湿处、林下或路边草地，海拔 100 ~ 1640 m。

Annual herb. Leaves alternate, oblong or oblong–lanceolate, often with 2 globose basal glands, margin crenate. Inflorescences (rarely 1)2–flowered. Flowers purple; lateral sepals 2, broadly ovate, margin denticulate; lower sepal narrowly funnelform, gradually narrowed into an incurved, slender spur; upper petal oblate or reniform, large; lateral united petals 2–lobed; basal lobes oblong, distal lobes dolabriform, 2–lobed apically. Fl. Sep–Oct. Forest understories, grasslands at roadsides, shaded moist places, 100–1640 m. Distr. Guangxi, Hunan.

植株 Plant

花正面观 Flower in front view

花侧面观 Flower in lateral view

花解剖 Flower anatomy

46. 瑶山凤仙花

Impatiens macrovexilla var. *yaoshanensis* S. X. Yu, Y. L. Chen & H. N. Qin

一年生草本。叶互生，叶片卵圆形或椭圆状披针形。总花梗具 1 或 2 花。花红色。侧萼片 2，斜卵形；旗瓣扁圆形或肾形；翼瓣无柄，基部裂片狭卵状披针形，上部裂片半圆形；唇瓣窄漏斗状，基部狭成轻微弯曲或直的距。花期 4–6 月，果期 5–7 月。分布于广西、广东、湖南。生长于林下潮湿处海拔 100 ~ 1700 m。

Annual herb. Leaves alternate, orbicular–ovate or elliptic–lanceolate. Inflorescences (1)2–flowered. Flowers reddish; lateral sepals 2, obliquely ovate; lower sepal narrowly infundibuliform, constricted to a slightly incurved or straight spur; upper petal oblate or reniform; lateral united petals not clawed; basal lobes narrowly ovate–lanceolate, distal lobes semiorbicular. Fl. Apr–Jun, Fr. May–Jul. Forest understories, moist places 100–1700 m. Distr. Guangxi, Guangdong, Hunnan.

植株 Plant

花侧面观 Flower in lateral view

花解剖 Flower anatomy

花正面观 Flower in front view

47. 墨脱凤仙花

Impatiens medogensis Y. L. Chen

一年生草本。叶互生，卵形或椭圆状卵形，边缘具粗圆齿。总花梗具 1 或 2 花，稀 3 花。花粉红色。侧生萼片 2，卵形；旗瓣近圆形；翼瓣无柄，基部裂片小，近圆形，上部裂片斧形；唇瓣狭漏斗状，向基部渐狭成内弯的距。花期 7–8 月。分布于中国西藏；印度也有分布。生长于山坡岩石上，海拔约 3200 m。

Annual herb. Leaves alternate, ovate or elliptic-ovate, margin coarsely crenate. Inflorescences1- or 2(rarely 3)-flowered. Flowers pink; lateral sepals 2, ovate; lower sepal narrowly funnelform, gradually narrowed into an incurved spur; upper petal suborbicular; lateral united petals not clawed; basal lobes suborbicular, small, distal lobes dolabriform. Fl. Jul–Aug. Stony slopes; ca. 3200 m. Distr. Xizang; India.

花侧面观 Flower in lateral view

花正面观 Flower in front view

花侧面观 Flower in lateral view

花解剖 Flower anatomy

48. 孟获城凤仙花

Impatiens menghuochengensis Q. Luo

一年生草本。叶互生，椭圆形，狭椭圆状卵形或卵状披针形，边缘具粗锯齿。花序 3 ~ 6 花。花浅黄色。侧生萼片 2，透明，斜卵形，背面中脉隆起；旗瓣扁圆形，基部有 2 个大的球形腺体；翼瓣具短柄，基部裂片倒卵形，小，上部裂片长圆状斧形，下部有小缺口；唇瓣囊状，具紫红色条纹，口部斜，急狭成一个弯曲的距。花期 7–9 月。分布于四川。生长于潮湿阔叶林下。

Annual herb. Leaves alternate, elliptic, narrowly elliptic, ovate or ovate–lanceolate, margins coarsely serrate. Inflorescences 3–6–flowered. Flowers light yellow; lateral sepals 2, transparent, obliquely ovate, abaxial midvein raised; lower sepal saccate with purple–red veins, oblique at mouth, abruptly constricted into an incurved spur; upper petal oblate, bearing 2 large spherical glands at base; lateral united petals shortly clawed; basal lobes small, obovate, distal lobes oblong–dolabriform, with a small notch in subapical portion. Fl. Jul–Sep. Under damp broad–leaved forest. Distr. Sichuan.

花正面观 Flower in front view

植株 Plant

花侧面观 Flower in lateral view

花解剖 Flower anatomy

植株 Plant

花序 Inflorescences

花正面观 Flower in front view

花侧面观 Flower in lateral view

49. 梅氏凤仙花

Impatiens meyana Hook. f.

一年生草本。叶互生，叶片卵形或卵状披针形，边缘具圆齿状齿或锯齿。总花梗具 2 花，花黄色。侧生萼片 2，卵形；旗瓣近四方状圆形；翼瓣无柄，基部裂片圆形，上部裂片长圆状斧形；唇瓣檐部舟形，基部急狭成内卷的距。花期 7–8 月。分布于云南。生长于路旁潮湿处，海拔 2200 ~ 3000 m。

Annual herb. Leaves alternate, ovate or ovate–lanceolate, margin crenate or serrate. Inflorescences 2–flowered. Flowers yellow; lateral sepals 2, ovate; lower sepal navicular, abruptly narrowed into an incurved spur; upper petal subtetragonous–orbicular; lateral united petals not clawed; basal lobes orbicular, distal lobes oblong–dolabriform. Fl. Jul–Aug. Moist places at roadsides, 2200–3000 m. Distr. Yunnan.

花解剖 Flower anatomy

50. 小穗凤仙花

Impatiens microstachys Hook. f.

一年生草本。叶互生，卵形或卵状长圆形，边缘具圆齿或圆齿状锯齿。花序具 3 ~ 5 花。花小，淡黄色。侧生萼片 2，卵圆形；旗瓣圆形；翼瓣无柄，基部裂片圆形，上部裂片倒卵状圆形；唇瓣漏斗状，基部渐狭成长于檐部 3 倍内弯的距。花期 8–9 月，果期 10 月。分布于四川。生长于山坡林下、灌丛或路边阴湿处，海拔 2000 ~ 2500 m。

Annual herb. Leaves alternate, ovate or ovate-oblong, margin crenate or crenate-serrate. Inflorescences 3–5-flowered. Flowers yellowish, small; lateral sepals 2, ovate-orbicular; lower sepal funnelform, gradually narrowed into an incurved spur ca. 3 × as long as limb; upper petal orbicular; lateral united petals not clawed; basal lobes orbicular, distal lobes obovate-orbicular. Fl. Aug–Sep, fr. Oct. Forest understories on slopes, thickets, shaded moist places, roadsides; 2000–2500 m. Distr. Sichuan.

花解剖 Flower anatomy

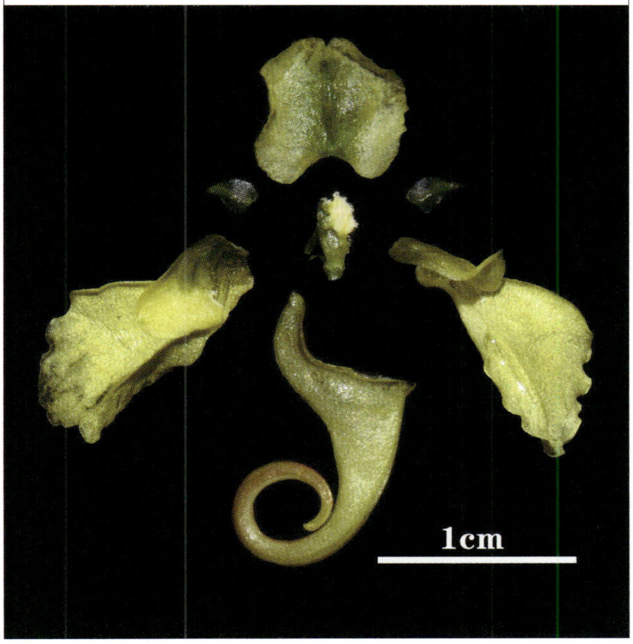

花序 Inflorescences

花侧面观 Flower in lateral view

花正面观 Flower in front view

植株 Plant

果实 Fruit

51. 微萼凤仙花

Impatiens minimisepala Hook. f.

一年生草本。叶互生，叶片卵状披针形，边缘具细锯齿。总花梗具 2 花。花黄色，极小。侧生萼片 2，极小，卵形，长不到 1 mm，一侧边缘具数齿；旗瓣扁圆形；翼瓣短，无柄，基部裂片小，圆形，上部裂片倒卵状圆形或半月形；唇瓣檐部漏斗形或杯状，基部渐狭成长约 25 mm，内弯的距。花期 10 月。分布于云南。生长于山坡溪旁或阴湿处，海拔约 1900 m。

Annual herb. Leaves alternate, ovate–lanceolate, margin serrulate. Inflorescences 2–flowered. Flowers yellow, very small; lateral sepals 2, ovate, minute, shorter than 1 mm, margin sparsely denticulate on one side; lower sepal funnelform or cup–shaped, gradually narrowed into an incurved spur ca. 25 mm; upper petal oblate; lateral united petals not clawed, short; basal lobes orbicular, small, distal lobes obovate–orbicular or lunar. Fl. Oct. By streams on slopes, shaded moist places, ca. 1900 m. Distr. Yunnan.

居群 Population

花正面观 Flower in front view

花解剖 Flower anatomy

花侧面观 Flower in lateral view

52. 木里凤仙花

Impatiens muliensis Y. L. Chen

一年生草本。叶互生，叶片卵形或卵状披针形，边缘具粗齿。总花梗通常具2花，稀单花。花淡黄色。侧生萼片 2，卵形；旗瓣兜状，椭圆形，具紫红色斑点；翼瓣具柄，基部裂片镰刀状，上部裂片近圆倒卵形；唇瓣漏斗状，向基部渐狭成 2 浅裂的距，有斑点。花期 9 月。分布于四川。生长于溪流旁边的草地中，海拔约 3500 m。

Annual herb. Leaves alternate, ovate or ovate-lanceolate, margin coarsely crenate. Inflorescences usually (rarely 1)2-flowered. Flowers yellowish; lateral sepals 2, ovate; lower sepal funnelform, gradually narrowed into a slightly 2-fid, spotted spur; upper petal cucullate, purple-red spotted, elliptic; lateral united petals clawed; basal lobes falcate, distal lobes suborbicular-obovate. Fl. Sep. Grasslands by streams; ca. 3500 m. Distr. Sichuan.

植株　Plant

居群　Population

花解剖　Flower anatomy

花正面观　Flower in front view

花苞 Flower bud

花正面观 Flower in front view

花侧面观 Flower in lateral view

植株 Plant

53. 大鼻凤仙花

Impatiens nasuta Hook. f.

一年生草本。叶互生，中部和下部叶具长柄，卵形或卵状长圆形，最上部叶具短柄或无柄，长圆形，基部心形，边缘具粗圆齿。总花梗具 1 或 2 花，极少有 3 花。花深紫红色。侧生萼片 2，斜宽卵形或近圆形；旗瓣圆形，僧帽状，背面中肋增厚，中部具象鼻状的长喙；翼瓣无柄，基部裂片宽长圆形，上部裂片较宽；唇瓣檐部宽漏斗形，基部渐狭成内卷的距。花期 8 月，果期 9–10 月。分布于重庆、湖北。生长于山坡灌丛、林中岩石边，或草坪、沟边湿地，海拔 1250 ~ 2050 m。

Annual herb. Leaves alternate, lower and middle leaves long petiolate, ovate or ovate-oblong; upper leaves shortly petiolate or sessile, oblong, base cordate, margin coarsely crenate. Inflorescences 1- or 2(rarely 3)-flowered. Flowers deep purple-red; lateral sepals 2, obliquely ovate or suborbicular; lower sepal broadly funnelform, gradually narrowed into an incurved spur; upper petal cucullate, orbicular, abaxial midvein thickened, cristate above middle, crista long, elephant-trunk-shaped; lateral united petals not clawed, basal lobes broadly oblong, distal lobes broader. Fl. Aug, fr. Sep-Oct. Forests, thickets on slopes, stony places, along canals, moist places, 1250–2050 m. Distr. Chongqing, Hubei.

54. 浙皖凤仙花

Impatiens neglecta Y. L. Xu & Y. L. Chen

一年生草本。叶互生，长圆状卵形，基部常具1～3对球形腺体，边缘具粗锯齿。总花梗具1花。花淡紫色。侧生萼片2，卵圆形；旗瓣宽卵形；翼瓣具柄，基部裂片椭圆形，上部裂片长圆形；唇瓣宽漏斗形，基部渐狭成内弯的距。花果期7–10月。分布于安徽、浙江。生长于林下山坡、溪边潮湿处，海拔1000～1200 m。

Annual herb. Leaves alternate, oblong-ovate, often with 1–3 pairs of globose basal glands, margin coarsely serrate. Inflorescences 1-flowered. Flowers pale purple; lateral sepals 2, ovate-orbicular; lower sepal broadly funnelform, gradually narrowed into an incurved spur; upper petal broadly ovate; lateral united petals clawed, basal lobes elliptic; distal lobes oblong. Fl. and fr. Jul–Oct. Forest understories on slopes, moist places by streams, 1000–1200 m. Distr. Anhui, Zhejiang.

植株 Plant

花序 Inflorescences

花正面观 Flower in front view

花侧面观 Flower in lateral view

花解剖 Flower anatomy

居群 Population

花正面观 Flower in front view

花解剖 Flower anatomy

55. 水金凤

Impatiens noli-tangere L.

一年生草本。叶互生，叶片卵形或卵状椭圆形，边缘具圆齿。总花梗具2~4花。花黄色。侧生萼片2，卵形或宽卵形。旗瓣圆形或近圆形；翼瓣无柄，基部裂片小，长圆形，上部裂片宽斧形。唇瓣宽漏斗状，基部渐狭成内弯的距。花期7–9月。分布于安徽、甘肃、广东、河北、黑龙江、河南、湖北、湖南、吉林、辽宁、内蒙古、宁夏、青海、陕西、山东、山西、浙江；日本、朝鲜、蒙古国、俄罗斯；欧洲、北美洲也有分布。生长于山坡林下、林缘草地或沟边，海拔900 ~ 2400 m。

Annual herb. Leaves alternate, ovate or ovate–elliptic, margin crenate. Inflorescences 2–4–flowered. Flowers yellow; lateral sepals 2, ovate or broadly ovate; lower sepal broadly funnelform, gradually narrowed into an incurved spur; upper petal orbicular or suborbicular; lateral united petals not clawed; basal lobes oblong, small, distal lobes broadly dolabriform. Fl. Jul–Sep. Forest understories, forest margins, grasslands, along canals, 900–2400 m. Distr. Anhui, Gansu, Guangdong, Hebei, Heilongjiang, Henan, Hubei, Hunan, Jilin, Liaoning, Nei Mongol, Ningxia, Qinghai, Shaanxi, Shandong, Shanxi, Zhejiang; Japan, Korea, Mongolia, Russia; Europe, North America.

花侧面观 Flower in lateral view

56. 西固凤仙花

Impatiens notolopha Maxim.

一年生草本。叶互生，宽卵形或卵状椭圆形，稀近圆形，边缘具粗圆齿状锯齿。上部叶近无柄，卵形，逐渐变窄，基部圆形或心形。总花梗具 3 ~ 5 花。花黄色。侧生萼片 2，卵状长圆形或圆形；旗瓣近圆形；翼瓣无柄，基部裂片近圆形，小，上部裂片具柄，圆形或宽斧形；唇瓣舟状，基部渐狭成内弯的距。花期 7–8 月，果期 8–9 月。分布于甘肃、河南、陕西、四川。生长于混交林中或山坡林下阴湿处，海拔 2200 ~ 3600 m。

Annual herb. Leaves alternate; broadly ovate or ovate-elliptic, rarely suborbicular, margin coarsely crenate. Upper leaves subsessile, ovate, base rounded or cordate. Inflorescences 3–5-flowered. Flowers yellow; lateral sepals 2, ovate-oblong or orbicular; lower sepal navicular, gradually narrowed into an incurved spur; upper petal suborbicular; lateral united petals not clawed; basal lobes suborbicular, small, distal lobes clawed, orbicular or broadly dolabriform. Fl. Jul–Aug, fr. Aug–Sep. Mixed forests, forest understories on slopes, shaded moist places, 2200–3600 m. Distr. Gansu, Henan, Shaanxi, Sichuan.

花侧面观 Flower in lateral view

花序 Inflorescences

花正面观 Flower in front view

花解剖 Flower anatomy

植株 Plant

花序 Inflorescences

花正面观 Flower in front view

57. 高山凤仙花

Impatiens nubigena W. W. Smith

一年生草本。小枝对生或近对生。叶互生，宽卵形、卵状长圆形、菱形或近圆形，边缘具浅波状圆齿或近全缘。下部叶具长柄；中部及上部叶无柄，心形抱茎，基部具圆形的耳。总花梗具 1 或 2 花。花白色，长 1 cm 或更小。侧生萼片 2，宽卵形；旗瓣圆形；翼瓣无柄，基部裂片斜卵形，上部裂片长圆状披针形至椭圆形；唇瓣檐部舟状，无距。花期 8 月，果期 9 月。分布于云南、四川和西藏。生长于高山栎或冷杉林下岩石边、山坡草地或山沟水边，海拔 2700 ~ 4000 m。

Annual herb. Branchlets opposite or subopposite. Leaves alternate, broadly ovate, ovate–oblong, rhombic or suborbicular, margin shallowly undulate–crenate or nearly entire. Lower leaves with long petiole; middle and upper leaves sessile, base rounded–auriculate, cordate–amplexicaul. Inflorescences 1– or 2–flowered. Flowers white, ca. 1 cm or smaller; lateral sepals 2, broadly ovate; lower sepal navicular, spur absent; upper petal orbicular; lateral united petals not clawed, basal lobes obliquely ovate, distal lobes oblong–lanceolate to elliptic. Fl. Aug, fr. Sep. Understories of alpine *Quercus* or *Abies* forests, grasslands on slopes, along canals, 2700–4000 m. Distr. Yunnan, Sichuan, Xizang.

花侧面观 Flower in lateral view

58. 长圆凤仙花

Impatiens oblongipetala K. M. Liu & Y. Y. Cong

一年生草本植物。叶互生，叶片长圆形，卵形长圆形或长圆形披针形。花序有 1 花，很少有 2 花。花淡玫瑰粉色。侧生萼片 2，圆形；唇瓣宽漏斗状，基部缩小成弯曲的距；旗瓣宽卵形；翼瓣具柄；基部裂片小，宽卵形，先端有 3 ~ 4 mm 丝状延伸，上部裂片长圆形或近长圆形，先端有 2 mm 的刚毛。花期 8–10 月。分布于云南；缅甸也有分布。生长于潮湿的灌木丛，海拔 2700 ~ 2850 m。

Annual herb. Leaves alternate, oblong, ovate–oblong or oblong–lanceolate. Inflorescences 1–flowered, rarely 2–flowered. Flowers pale rose pink; lateral sepals 2, orbicular; lower sepal broadly funnelform, base narrowed into an incurved spur; upper petal broadly ovate–flabellate; lateral united petals clawed; basal lobes small, broadly ovate, apex with a 3–4 mm filamentous extension, distal lobes oblong or suboblong, apex with a ca. 2 mm seta. Fl. Aug–Oct. In damp undergrowth, 2700–2850 m. Distr. Yunan; Myanmar.

花解剖 Flower anatomy

花正面观 Flower in front view

植株 Plant

花侧面观 Flower in lateral view

59. 块节凤仙花

Impatiens piufanensis Hook. f.

多年生草本。茎直立，基部平卧，具球状块茎和不定根。叶互生，叶片卵形或卵状披针形，边缘具粗锯齿。 总花梗具 1 花。花红色；侧生萼片 2，椭圆形；旗瓣圆形或者倒卵形；翼瓣 2 裂；基部裂片圆形，上部裂片斧形；唇瓣漏斗状，狭窄成一弯曲纤细的距，约等长于檐部。花期 6–8 月，果期 7–10 月。分布于重庆、贵州、湖南。生长于林下、沟边等潮湿的地方，海拔 900 ~ 2000 m。

Perennial herb. Stem erect, basally procumbent, with globose tuber and adventitious roots. Leaves alternate, ovate or ovate–lanceolate, margin coarsely serrate. Inflorescences 1–flowered. Flower red; lateral sepals 2, elliptic; lower sepal funnelform, narrowed into a curved, slender spur, ca. as long as limb; upper petal orbicular or obovate; lateral united petals 2–lobed; basal lobes orbicular, distal lobes dolabriform. Fl. Jun–Aug, fr. Jul–Oct. Forest understories, along canals, moist places, 900–2000 m. Distr. Chongqing, Guizhou, Hunan.

花序　　Inflorescences

花侧面观　　Flower in lateral view

花解剖　　Flower anatomy

花正面观　　Flower in front view

60. 多毛块节凤仙花

Impatiens piufanensis var. *villosa* G. W. Hu, S. X. Ding & S. Peng

多年生草本，全株密被白毛。叶互生，叶片卵形或卵状披针形，边缘呈粗锯齿状。花序具 1 ~ 3 花。花红色。侧生萼片 2，披针形；旗瓣近圆形；翼瓣 2 瓣，具红色条纹，无柄；基部裂片圆形，上部裂片斧形；唇瓣漏斗形，收缩成一个内弯细长的距。花期 6-9 月，果期 7-10 月。分布于湖北、湖南。生长于山区森林边缘、潮湿的路边沟渠口，海拔 700 ~ 1000 m。

Perennial herb, whole plant densely white hairy. Leaves alternate, ovate or ovate-lanceolate, margin coarsely serrate. Inflorescences 1-3 flowered. Flowers red; lateral sepals 2, lanceolate; lower sepal funnelform, narrowed into an inner-curved and slender spur; upper petal suborbicular; lateral united petals 2-lobed with red striae, not clawed; basal lobes orbicular, distal lobes dolabriform. Fl. Jun-Sep, fr. Jul-Oct. Moist roadside ditches on the forest margins in mountains, 700 - 1000 m. Distr. Hubei, Hunan.

居群 Population

花侧面观 Flower in lateral view

花侧面观 Flower in lateral view

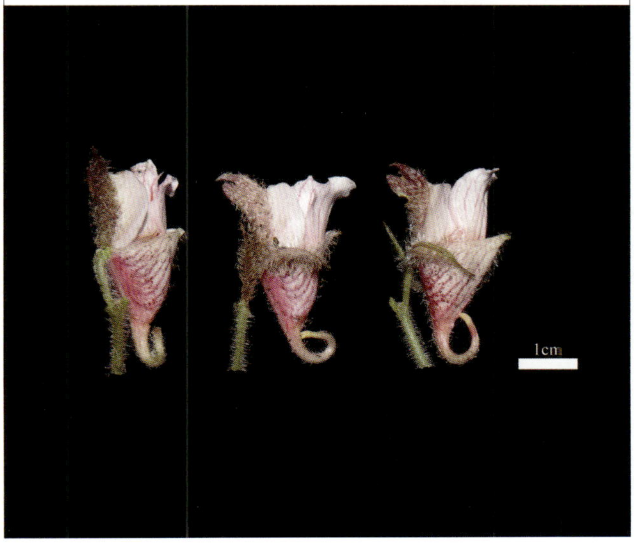

花解剖 Flower anatomy

植株 Plant

花序 Inflorescences

花正面观 Flower in front view

花侧面观 Flower in lateral view

61. 宽距凤仙花

Impatiens platyceras Maxim.

一年生草本。叶互生，卵形或卵状披针形，边缘具粗钝齿。总花梗具 1～4 花。花淡紫红色；侧生萼片 2，宽卵形或近圆形，边缘不整齐撕裂；旗瓣宽肾形；翼瓣 2 裂，基部裂片长圆形，先端有丝状长毛，上部裂片斧形；唇瓣囊状，具紫褐色斑纹，基部延伸成内弯的短距，距端 2 裂。花期 7–8 月。分布于甘肃、四川、湖北。生长于林下阴湿处，海拔 2000～3200 m。

Annual herb. Leaves alternate, ovate or lanceolate-ovate, margin coarsely crenate. Inflorescences 1–4-flowered. Flowers pale purple; lateral sepals 2, broadly ovate or suborbicular, margin irregularly lacerate; lower sepal purple-brown spotted, saccate, narrowed into an incurved spur, spur short, 2-lobed; upper petal broadly reniform; lateral united petal 2-lobed, basal lobes oblong, small, apex with a filamentous long hair, distal lobes dolabriform. Fl. Jul–Aug. Forest understories, shaded moist places, 2000–3200 m. Distr. Gansu, Sichuan, Hubei.

花解剖 Flower anatomy

62. 紫萼凤仙花

Impatiens platychlaena Hook. f.

一年生草本。叶互生，卵状长圆形、卵形或卵状披针形，边缘具粗圆齿状锯齿。总花梗具 1 或 2 花，稀 3 花。花黄色。侧生萼片 2，圆形，常呈棕色或紫红色，具紫色斑点；旗瓣圆形，紫色或黄色；翼瓣无柄，基部裂片圆形，顶端具细丝，上部裂片斧形，较长，具纤维状细丝；唇瓣深囊状，基部急狭成内弯的距，距粗短，2 裂。花果期 8–11 月。分布于四川。生长于林缘或灌木丛中潮湿处或路边林下，海拔 700 ~ 2500 m。

Annual herb. Leaves alternate, ovate–oblong, ovate, or ovate–lanceolate, margin coarsely crenate–serrate. Inflorescences 1– or 2(rarely 3)–flowered. Flowers yellow; lateral sepals 2, orbicular, usually brown to purple–red, purple spotted; lower sepal deeply saccate, abruptly narrowed into an incurved spur, spur stout, short, 2–lobed; upper petal purple or yellow, orbicular; lateral united petals not clawed, basal lobes orbicular, apex with a filamentous long hair, distal lobes dolabriform, longer, with a long filamentous hair. Fl. and fr. Aug–Nov. Forest margins, thickets, moist places, roadsides; 700–2500 m. Distr. Sichuan.

花侧面观 Flower in lateral view

植株 Plant

花正面观 Flower in front view

花解剖 Flower anatomy

植株 Plant

花侧面观 Flower in lateral view

花正面观 Flower in front view

63. 阔萼凤仙花

Impatiens platysepala Y. L. Chen

一年生草本。叶互生，叶片卵状披针形，边缘有圆齿状锯齿或圆齿。总花梗具 2 或 3 花。花粉红色。侧生萼片 2，宽卵形或近圆形，大；旗瓣近圆形；翼瓣具柄，基部裂片长圆状倒卵形，上部裂片宽斧形；唇瓣宽漏斗状，基部渐狭成内弯或卷曲的距。花期 8–10 月。分布于江西、浙江。生长于山地林下或林缘水沟边，海拔约 1000 m。

Annual herb. Leaves alternate, ovate-lanceolate, margin crenate-serrate or crenate. Inflorescences 2- or 3-flowered. Flowers pink; lateral sepals 2, broadly ovate or suborbicular, large; lower sepal broadly funnelform, gradually narrowed into a curved or involute spur; upper petal suborbicular; lateral united petals clawed, basal lobes oblong-obovate, distal lobes broadly dolabriform. Fl. Aug–Oct. Forest understories, forest margins, along canals, ca. 1000 m. Distr. Jiangxi, Zhejiang.

花解剖 Flower anatomy

64. 褶萼凤仙花

Impatiens plicatisepala C. Y. Zou, Yan Liu & S. X. Yu

一年生草本。叶互生，卵形或卵状披针形，边缘具圆齿状锯齿，在基部边缘有 2 ~ 4 具柄腺体或无腺体。花序具 1 花。花黄色，大。侧生萼片 2，宽卵形，黄绿色，先端短尖，背面具褶皱；旗瓣具红色条纹，宽卵形；翼瓣具柄，基部裂片长圆形，先端渐尖或尾尖，具丝状毛，上部裂片斧形，大；唇瓣具红色条纹，囊状，急狭成一个钩状，距 2 裂。花果期 7–10 月。分布于广西、湖南。生长于开阔或部分阴暗潮湿的地方、溪边及泥泞处，海拔 1000 ~ 1500 m。

Annual herb. Leaves alternate, ovate or ovate-lanceolate, margin crenate-serrate, with 2 - 4 stipitate glands at basal margin or without glands. Inflorescences 1-flowered. Flowers yellow, large; lateral sepals 2, broadly ovate, yellow-green, apex mucronulate, abaxially plicated; lower sepal red striate, saccate, abruptly narrowed into a hooked spur; spur 2-lobed; upper petal red striate, broadly ovate; lateral united petals clawed; basal lobes oblong, apex acuminate or caudate with a filamentous hair, distal lobes dolabriform, large. Fl. and fr. Jul–Oct. In open or partly shaded moist places, along streams and muddy places, 1000–1500 m. Distr. Guangxi, Hunan.

植株 Plant

花正面观 Flower in front view

花侧面观 Flower in lateral view

花解剖 Flower anatomy

植株　　Plant

花正面观　　Flower in front view

花正面观　　Flower in front view

花侧面观　　Flower in lateral view

65. 罗平凤仙花

Impatiens poculifer Hook. f.

高大草本。叶互生，卵形或倒卵状长圆形，边缘具粗圆齿。总花梗具 3 ~ 4 花。花黄色或粉白色。侧生萼片 2，宽卵形；旗瓣圆形；翼瓣无柄，基部裂片圆形，上部裂片斧形，先端长狭；唇瓣大，半球形或杯状，基部急狭成内弯的短距。花期 8–9 月。分布于云南。生长于混交林下或草坡，海拔 3000 ~ 3600 m。

Tall herbs. Leaves alternate, ovate or obovate-oblong, margin coarsely crenate. Inflorescences 3- or 4-flowered. Flowers yellow or pink-white; lateral sepals 2, broadly ovate; upper petal orbicular; lateral united petals not clawed; basal lobes orbicular, distal lobes dolabriform, apex long narrowed; lower sepal subglobose or cup-shaped, large, abruptly narrowed into an incurved spur. Fl. Aug–Sep. Mixed forests, grassy slopes, 3000–3600 m. Distr. Yunnan.

花解剖　　Flower anatomy

66. 羞怯凤仙花

Impatiens pudica Hook. f.

一年生矮小草本。叶互生，卵形或卵状披针形，边缘具圆齿状锯齿。总花梗具 1 ~ 3 花。花粉红色。侧生萼片 2，宽长圆形、近圆形，僧帽状；旗瓣圆形；翼瓣无柄，基部裂片近圆形或四方形，上部裂片宽斧形；唇瓣漏斗状，基部狭成内弯的细距。花果期 8–10 月。分布于四川。生长于山坡潮湿处，海拔 1300 ~ 2200 m。

Annual herb, small. Leaves alternate, ovate or ovate-lanceolate, margin crenate-serrate. Inflorescences 1–3-flowered. Flowers pink; lateral sepals 2, broadly oblong, suborbicular, or cucullate; lower sepal funnelform, narrowed into an incurved and slender spur; upper petal orbicular; lateral united petals not clawed; basal lobes suborbicular or tetragonous, distal lobes broadly dolabriform. Fl. and fr. Aug–Oct. Moist places on slopes; 1300–2200 m. Distr. Sichuan.

植株 Plant

花正面观 Flower in front view

花解剖 Flower anatomy

花侧面观 Flower in lateral view

植株 Plant

花正面观 Flower in front view

花侧面观 Flower in lateral view

67. 四裂凤仙花

Impatiens quadriloba K. M. Liu & Y. L. Xiang

一年生草本。叶互生，叶片长圆形至卵形长圆形或长圆状披针形，边缘具锐锯齿。总花梗具 2 ~ 4 花。花金黄色。侧生萼片 2，宽卵形，稀近圆形。唇瓣漏斗状，基部急狭成一内弯的距；旗瓣僧帽状。翼瓣具柄，4 裂，基部裂片近圆形，侧裂片镰刀状，上部裂片倒楔形，顶端稍 2 裂。花期 8–10 月。分布于四川。生长于温带冷杉林的潮湿处，海拔 3380 ~ 3520 m。

Annual herb. Leaves alternate, oblong to ovate–oblong or oblong lanceolate, margin sharply serrate. Inflorescences 2–4–flowered. Flower golden yellow; lateral sepals 2, broadly ovate, rarely suborbicular; lower sepal funnel–formed, base abruptly constricted into an incurved spur; dorsal petal cucullate; lateral united petals clawed, 4–lobed, basal lobes suborbicular, side–lobes falcate, distal lobes obcuneate, apex slightly 2–lobed. Fl. Aug–Oct. In moist areas in temperate *Abies* forest, 3380–3520 m. Distr. Sichuan.

花解剖 Flower anatomy

68. 弯距凤仙花

Impatiens recurvicornis Maxim

一年生草本。叶互生，卵状披针形或披针形，边缘具圆齿状锯齿。花单生。花粉紫色；侧生萼片2，半卵形；唇瓣檐部舟状，基部渐狭成内弯的细距；旗瓣圆形；翼瓣近无柄，基部裂片扁长圆形，上部裂片长圆形，顶端圆形。花期8月。分布于湖北、四川。生于湿地、沟边草丛中，海拔500～1200 m。

Annual herb. Leaves alternate, ovate-lanceolate or lanceolate, margin crenate. 1-flowered. Flowers pink-purple; Lateral sepals 2, subovate; Lower sepal navicular, base gradually narrowed into an incurved spur; Upper petal orbicular; lateral united petals ± clawed, basal lobes oblong, distal lobes oblong, apex rounded. Fl. Aug. Moist places in valleys, grasslands along canals, 500–1200 m. Distr. Hubei, Sichuan.

植株 Plant

花解剖 Flower anatomy

花正面观 Flower in front view

花侧面观 Flower in lateral view

69. 短喙凤仙花

Impatiens rostellata Franch.

一年生草本。叶互生，卵形或椭圆形，边缘具圆齿状锯齿。花序具 2 花。花白色、粉红色、黄色或蓝色。侧生萼片 2，宽卵形；旗瓣圆形或宽卵形；翼瓣无柄，基部裂片宽圆形，上部裂片长圆形或狭斧形；唇瓣檐部宽漏斗形，舟状，渐狭成长于檐部卷曲的距。花期 7–8 月，果期 9 月。分布于四川。生长于林缘或草丛中、路边阴湿处，海拔 1600 ~ 2400 m。

Annual herb. Leaves alternate, ovate or elliptic, margin crenate-serrulate. Inflorescences 2-flowered. Flowers white, pink, yellow, or blue; lateral sepals 2, broadly ovate; lower sepal broadly funnelform, navicular, gradually narrowed into an involute spur longer than limb; upper petal orbicular or broadly ovate; lateral united petals not clawed; basal lobes broadly orbicular, distal lobes oblong or narrowly dolabriform. Fl. Jul–Aug, fr. Sep. Forest margins, grasslands, shaded moist places at roadsides, 1600–2400 m. Distr. Sichuan.

居群 Population

花正面观 Flower in front view

花侧面观 Flower in lateral view

花解剖 Flower anatomy

70. 糙毛凤仙花

Impatiens scabrida DC.

一年生草本，茎被柔毛或下部近无毛。叶互生，卵形或卵状披针形，边缘具锐锯齿，上面被疏短糙毛，下面被柔毛；叶柄基部有2球形腺体。总花梗具1～3花。花金黄色；侧生萼片2，卵形；旗瓣宽圆形；翼瓣具柄，基部裂片倒卵形，上部裂片披针形；唇瓣宽漏斗状，基部急狭成内弯的距。花期7–9月。分布于中国西藏；尼泊尔、印度、不丹均有分布。生长于河边灌丛或林下阴湿处，海拔2500～3000 m。

Annual herb. Stem pubescent or subglabrous basally. Leaves alternate, ovate or ovate–lanceolate, margin serrate, sparsely pubescent adaxially, abaxially pubescent, petiole with 2 globose basal glands. Inflorescences 1–3–flowered. Flowers golden–yellow; lateral sepals 2, ovate; lower sepal broadly funnelform, abruptly narrowed into a curved spur; upper petal broadly orbicular; lateral united petals clawed, basal lobes obovate, distal lobes lanceolate. Fl. Jul–Sep. Forest understories, thickets along riverbanks, shaded moist places. 2500–3000 m. Distr. Xizang; Nepal, India, Bhutan.

花解剖 Flower anatomy

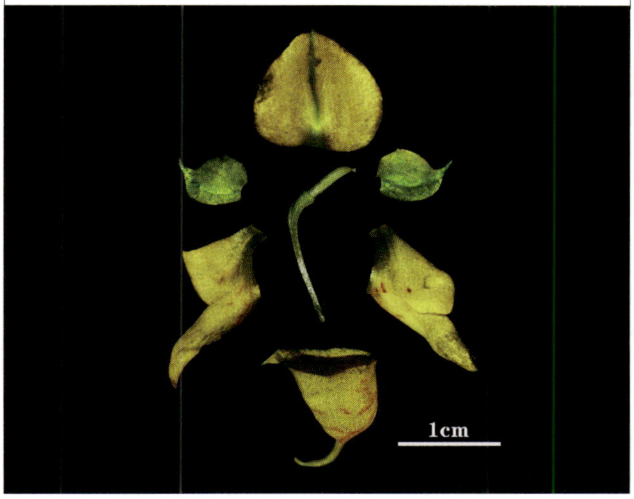

植株 Plant

花正面观 Flower in front view

花侧面观 Flower in lateral view

花序 Inflorescences

群落

花侧面观 Flower in lateral view

花正面观 Flower in front view

71. 日喀则凤仙花

Impatiens serratifolia Hook. f.

一年生草本。叶互生，叶片椭圆形，边缘呈锯齿状。总花梗具 1 或 2 花。花白色。侧生萼片 2，卵形；旗瓣宽卵形至圆形；翼瓣白色，基部裂片倒卵形，上部裂片长圆斧形；唇瓣漏斗状，渐狭成 1 个下弯的距。花期 7–11 月。分布于中国西藏；印度和尼泊尔也有分布。生长于林缘、农田、路边，海拔 2600 ~ 3200 m。

Annual herb. Leaves alternate, elliptic, margins serrate. Inflorescences 1 – 2 flowered. Flowers white; lateral sepals 2, ovate; lower sepals funnelform, gradually tapering into a down-curved spur; upper petal broadly ovate to orbicular; lateral united petals white, basal lobes obovate, distal lobes oblong-dolabriform. Fl. Jul–Nov. In forest margins, cultivated lands, roadside, 2600–3200 m. Distr. Xizang; India, Nepal.

花正面观 Flower in front view

72. 神农凤仙花

Impatiens shennongensis Q. Wang & H. P. Deng

一年生草本，高 15 ~ 30 cm。叶互生，菱形或近菱形，边缘呈粗锯齿状。总花梗具 1 花。花白色。侧生萼片 2，卵形，长约 2 mm，宽约 1 mm；旗瓣圆形，直径 5 mm；翼瓣具柄，基部裂片卵状披针形，先端具丝状刚毛；上部裂片长圆状披针形至椭圆形；唇瓣舟状，无距，长约 5 mm。花期 8 月。分布于湖北。生长于竹林边缘，海拔约 2300 m。

Annual herb, 15 – 30 cm tall. Leaves alternate, rhombic or sub–rhombic, margin coarsely crenate. Inflorescences 1–flowered. Flowers white; lateral sepals 2, ovate, ca. 2 × 1 mm; lower sepal navicular, spur absent, ca. 5 mm long; upper petal orbicular; lateral united petals clawed; basal lobes ovate–lanceolate, apex with a filamentous bristle, distal lobes oblong–lanceolate to elliptic. Fl. Aug. Margins of bamboo forests, ca. 2300 m. Distr. Hubei.

植株 Plant

花正面观 Flower in front view

花侧面观 Flower in lateral view

花解剖 Flower anatomy

植株 Plant

花正面观 Flower in front view

花侧面观 Flower in lateral view

73. 斯格玛凤仙花

Impatiens sigmoidea Hook. f.

一年生草本。叶互生，卵形或卵状披针形，边缘具细锯齿。总花梗具 2 花。花白色或白绿色。侧生萼片 2，卵形，S 状弯曲，全缘或一侧具不明显的细齿；旗瓣圆，僧帽状；翼瓣无柄，基部裂片楔形或倒卵形，上部裂片具柄，斧形；唇瓣漏斗状，基部急狭成内弯的距。花果期 5–10 月。分布于贵州，海拔约 1300 m。

Annual herb. Leaves alternate, ovate or ovate-lanceolate, margin serrulate. Inflorescences 2-flowered. Flowers white or white-green; lateral sepals 2, ovate, S-curved, margin entire or inconspicuously denticulate on one side; lower sepal funnelform, abruptly narrowed into an incurved spur; upper petal cucullate, orbicular; lateral united petals not clawed; basal lobes cuneate or obovate, distal lobes clawed, dolabriform. Fl. and fr. May–Oct. ca. 1300 m. Distr. Guizhou.

花解剖 Flower anatomy

74. 四开凤仙花

Impatiens sikaiensis Q. Luo & Y. Yuan

一年生草本。叶互生，长圆形或长圆状披针形，边缘有粗锯齿。总花梗具 2 花。花黄色。侧生萼片 2，卵形或斜卵形，先端具角状喙，两侧透明；旗瓣近圆形；翼瓣无柄，基部裂片半圆形，上部裂片长圆形；唇瓣宽漏斗形。花期 7–9 月，果期 8–10 月。分布于四川。生长于灌丛和开阔的森林中，海拔 2350 ~ 2535 m。

Annual herb. Leaves alternate, oblong or oblong–lanceolate, margins coarsely serrate. Inflorescences 2–flowered. Flowers yellow; lateral sepals 2, ovate or obliquely ovate, with cornute–rostellate tip, transparent on both sides; lower sepal broadly funnel–shaped; upper petal suborbicular; lateral united petals sessile; basal lobes semicircular, distal lobes obround. Fl. Jul–Sep. and fr. Aug–Oct. In the bushes and open forests, 2350–2535 m. Distr. Sichuan.

植株 Plant

花正面观 Flower in front view

花侧面观 Flower in lateral view

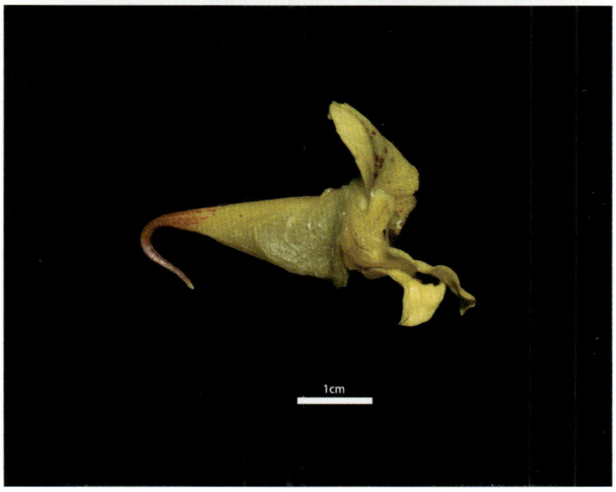

花解剖 Flower anatomy

居群　Population

植株　Plant

花正面观　Flower in front view

花侧面观　Flower in lateral view

75. 康定凤仙花

Impatiens soulieana Hook. f.

高大植株。叶互生，叶片卵形，稀长圆形或圆形，边缘具粗圆齿。总花梗具 1 ~ 3 花。花黄色。侧生萼片 2，宽卵形，稀圆形；旗瓣圆形；冀瓣近无柄，基部裂片卵形，先端具长细丝，上部裂片斧形，顶端圆形或具刚毛唇瓣檐部漏斗状，基部渐狭成与檐部等长（或长于檐部）2 裂的粗距。花期 9–10 月。分布于四川。生长于灌丛中、杂木林下或沟边潮湿处，海拔 1400 ~ 3000 m。

Tall herb. Leaves alternate, ovate, rarely oblong or orbicular, margin coarsely crenate. Inflorescences 1–3-flowered. Flowers yellow; lateral sepals 2, broadly ovate, rarely orbicular; lower sepal funnelform, gradually narrowed into a spur; spur ca. as long as or longer than limb, stout, 2-lobed; upper petal orbicular; lateral united petals ± clawed, basal lobes ovate, apex with a filamentous long hair, distal lobes dolabriform, apex rounded or with a seta. Fl. Sep–Oct. Mixed forests, thickets, moist places by canals, 1400–3000 m. Distr. Sichuan.

花解剖　Flower anatomy

76. 四川凤仙花

Impatiens sutchuenensis Franch. ex Hook. f.

一年生草本。叶互生，卵形或长圆形，边缘具粗圆齿或圆齿。总花梗具 2 或 3 花。花黄白色。侧生萼片 2，圆形或宽卵形；旗瓣圆形或倒卵形；翼瓣无柄，基部裂片长圆形或圆形，上部裂片宽或狭斧形，稍弯，顶部有时具刚毛；唇瓣漏斗状，基部渐狭成弯曲的长距。花期 8–9 月。分布于湖北西部、陕西、四川。生长于山坡林下、沟边潮湿地，海拔 1200 ~ 1900 m。

Annual herb. Leaves alternate, ovate or oblong, margin coarsely crenate or crenate. Inflorescences 2– or 3–flowered. Flowers yellow–white; lateral sepals 2, orbicular or broadly ovate; lower sepal funnelform, gradually narrowed into an incurved long spur; upper petal orbicular or obovate; lateral united petals not clawed; basal lobes oblong or orbicular, distal lobes broadly or narrowly dolabriform, slightly curved, sometimes setose apically. Fl. Aug–Sep. Forests on slopes, along canals, moist places, 1200–1900 m. Distr. Hubei, Shaanxi, Sichuan.

植株 Plant

花正面观 Flower in front view

花侧面观 Flower in lateral view

花解剖 Flower anatomy

居群 Population

植株 Plant

花正面观 Flower in front view

花侧面观 Flower in lateral view

77. 柔茎凤仙花

Impatiens tenerrima Y. L. Chen

一年生草本。茎纤细，自中部有对生的短分枝。叶互生，卵形或宽卵形，边缘疏生粗圆齿。总花梗腋生，具1花。花较小，黄色，唇瓣褐紫色。侧生萼片2，长圆形或卵状长圆形，中肋背面稍具龙骨状突起；旗瓣近圆形，基部微心形；翼瓣近有柄，基部裂片卵状披针形，渐尖，上部裂片较宽，长圆状披针形；唇瓣舟状，具紫褐色条纹，无距。花期8月。分布于四川，生于林下岩石处，海拔约2800 m。

Annual herb. Stem slender, opposite-branched at middle part. Leaves alternate, ovate or broadly ovate, margin remotely coarsely crenate. Inflorescences axillary, 1-flowered. Flowers small, yellow, with a brown-purple lower sepal; lateral sepals 2, oblong or ovate-oblong, abaxial midvein slightly turgid-carinate; upper petal suborbicular, base slightly cordate; lateral united petals ± clawed; basal lobes ovate-lanceolate, apex acuminate; distal lobes broader, oblong-lanceolate; lower sepal navicular, purple-brown striate, without spur. Fl. Aug. Forest understories, stony places; ca. 2800 m. Distr. Sichuan.

花解剖 Flower anatomy

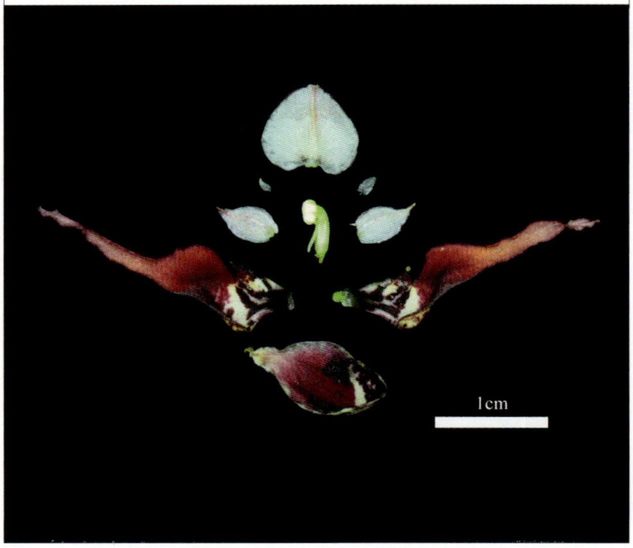

78. 天全凤仙花

Impatiens tienchuanensis Y. L. Chen

一年生草本。叶互生，卵形或卵状披针形，稀卵圆形，边缘具圆齿状锯齿。总花梗具1花。花紫色。侧生萼片2，宽卵形或卵圆形。旗瓣近圆形。翼瓣近无柄，基部裂片圆形，上部裂片宽斧形。唇瓣具紫色的条纹，狭漏斗状，基部狭成2浅裂的弯距。花期9–11月。分布于四川。生长于山坡阴湿处或路边，海拔1100 ~ 1200 m。

Annual herb. Leaves alternate, ovate or ovate–lanceolate, rarely ovate–orbicular, margin crenate–serrulate. Inflorescences 1–flowered. Flowers purple; lateral sepals 2, broadly ovate or ovate–orbicular; lower sepal purple striate, narrowly funnelform, narrowed into a curved, slightly 2–fid spur; upper petal suborbicular; lateral united petals ± clawed; basal lobes orbicular, distal lobes broadly dolabriform. Fl. Sep–Nov. Shaded moist places on slopes, along roadsides, 1100–1200 m. Distr. Sichuan.

居群 Population

植株 Plant

花正面观 Flower in front view

花侧面观 Flower in lateral view

花解剖 Flower anatomy

79. 扭萼凤仙花

Impatiens tortisepala Hook. f.

一年生草本。叶互生，长圆形或卵状长圆形，边缘具圆齿状齿。总花梗具 6 ~ 8 花。花黄色。侧生萼片 2，肾状圆形，扭曲；旗瓣圆肾形；翼瓣具宽柄，基部裂片圆形，上部裂片斧形；唇瓣檐部囊状，基部急狭成内弯的距。花期 8–9 月。分布于四川。生长于山谷阴湿处，海拔 1500 ~ 2900 m。

Annual herb. Leaves alternate, oblong or ovate–oblong, margin crenate. Inflorescences 6–8–flowered. Flowers yellow; lateral sepals 2, reniform–orbicular, tortuous; lower sepal saccate, abruptly narrowed into an incurved spur; upper petal reniform; lateral united petals broadly clawed; basal lobes orbicular, distal lobes dolabriform. Fl. Aug–Sep. Shaded moist places in valleys, 1500–2900 m. Distr. Sichuan.

植株 Plant

花正面观 Flower in front view

花侧面观 Flower in lateral view

花解剖 Flower anatomy

80. 东俄洛凤仙花

Impatiens toxophora Hook. f.

一年生草本。叶互生，叶片卵形，边缘具圆齿或细圆齿。总花梗具 1 ~ 3 花。花淡黄色或淡紫色；侧生萼片 2，宽卵状心形；旗瓣圆形；翼瓣具长而宽的柄，基部裂片小，卵形，具丝状长毛，上部裂片极大，狭或宽斧形，顶端具丝状长毛；唇瓣漏斗状或近囊状，基部狭成 2 浅裂的长距。花期 9 月。分布于四川。生长于山谷溪流中，海拔约 2100 m。

Annual herb. Leaves alternate, ovate, margin crenate or crenulate. Inflorescences 1–3-flowered. Flowers yellowish or purplish; lateral sepals 2, broadly ovate-cordate; lower sepal funnelform or subsaccate, narrowed into a slightly 2-lobed, long spur; upper petal orbicular; lateral united petals long and broadly clawed; basal lobes ovate, small, with a filamentous long hair, distal lobes narrowly or broadly dolabriform, very large, apex with long filamentous hairs. Fl. Sep. By streams in valleys, ca. 2100 m. Distr. Sichuan.

花解剖 Flower anatomy

植株 Plant

花正面观 Flower in front view

花侧面观 Flower in lateral view

植株 Plant

花正面观 Flower in front view

花侧面观 Flower in lateral view

81. 毛柄凤仙花

Impatiens trichopoda Hook. f.

细弱草本。叶互生，卵形，边缘具粗圆齿，或圆齿状锯齿。总花梗具 1 花。花粉红色。侧生萼片 2，斜卵形；旗瓣圆形；翼瓣具短柄；基部裂片小，四方形，上部裂片宽斧形；唇瓣檐部狭漏斗状，基部狭成一个内弯的距；花期 8 月。分布于重庆。生长于林下潮湿处，海拔 1900 ~ 2000 m。

Plants slender. Leaves alternate, ovate, margin coarsely crenate or crenate-serrate. Inflorescences 1-flowered. Flowers pink; lateral sepals 2, obliquely ovate; lower sepal narrowly funnelform, narrowed into an incurved spur; upper petal orbicular; lateral united petals shortly clawed; basal lobes tetragonous, small, distal lobes broadly dolabriform. Fl. Aug. Forest understories, moist places, 1900–2000 m. Distr. Chongqing.

花解剖 Flower anatomy

82. 钩距凤仙花

Impatiens uncata Y. Y. Cong & J. J. Zhou

一年生草本。叶互生，卵形或卵形披针形，基部楔形，边缘锯齿状。总花梗腋生，具 1 或 2 花。花紫色；侧生萼片 2，宽卵圆形；旗瓣肾状圆形；翼瓣具短柄，2 裂，基部裂片狭带状，上部裂片斧形；唇瓣宽漏斗状，基部急狭为一个钩状的 2 裂距。花期 7–8 月。分布于湖南。生长于石灰岩常绿阔叶林林下湿润处，海拔约 213 m。

Annual herb. Leaves alternate, ovate, or ovate-lanceolate, base cuneate, margin crenate. Inflorescences axillary, 1–2 flowered. Flowers purple; lateral sepals 2, broadly ovate-rounded; upper petal, reniform-orbicular; lateral united petals shortly clawed, 2-lobed, basal lobes narrowly lorate; distal lobes dolabriform; lower sepal broadly funnelform, base abruptly narrowed into a hooked, 2-lobed spur. Fl. Jul–Aug. Limestone evergreen broad-leaved forests, shaded moist places, ca. 213 m. Distr. Hunan.

植株 Plant

花解剖 Flower anatomy

花侧面观 Flower in lateral view

花正面观 Flower in front view

居群 Population

植株 Plant

花正面观 Flower in front view

花侧面观 Flower in lateral view

83. 德浚凤仙花

Impatiens uncipetala C. B. Clarke ex Hook. f.

一年生草本。叶互生，叶片椭圆形或卵状长圆形，边缘具疏圆齿。总花梗具 2 花；花绿白色、粉红色或淡紫色；侧生萼片 2，宽卵形；旗瓣扁圆形；翼瓣 2 裂，基部裂片卵圆形，上部裂片斧形，先端渐狭；唇瓣近囊状漏斗形，基部渐狭成内弯的距。花期 8–10 月。分布于云南、西藏；印度、不丹、尼泊尔也有分布。生长于混交林或竹林中，海拔 1800 ~ 2900 m。

Annual herb. Leaves alternate, elliptic or ovate-oblong, margin crenate-serrate. Inflorescences 2-flowered. Flowers greenish-white, pink or pale-purple; lateral sepals 2, broadly ovate; lower sepal subsaccate-funnelform, base gradually narrowed into an incurved spur; upper petal oblate; lateral united petals 2-lobed, basal lobes ovate-orbicular, distal lobes dolabriform, apex gradually narrowed. Fl. Aug–Oct. Mixed forests or bamboo forests, 1800–2900 m. Distr. Yunnan, Xizang; India, Bhutan and Nepal.

花解剖 Flower anatomy

84. 波缘凤仙花

Impatiens undulata Y. L. Chen & Y. Q. Lu

一年生草本。叶互生，叶片卵形或卵圆形。总花梗具 1 ~ 3 花。花黄色。侧生萼片 2，卵圆形，小；旗瓣近圆形；翼瓣近无柄，基部裂片小，上部裂片大，斧形，顶端有缺刻；唇瓣高脚碟形，渐狭成比檐部长的距。花期 8–9 月。分布于四川。生长于林缘或林间草地，海拔 1800 ~ 2000 m。

Annual herb. Leaves alternate, ovate or ovate-orbicular. Inflorescences 1–3-flowered. Flowers yellow; lateral sepals 2, ovate-orbicular, small; lower sepal salver-shaped, gradually narrowed into spur, longer than limb; upper petal suborbicular; lateral united petals ± clawed, basal lobes small, distal lobes dolabriform, large, apically retuse. Fl. Aug–Sep. Forest margins, grasslands between forests,1800–2000 m. Distr. Sichuan.

花解剖 Flower anatomy

果实 Fruit

植株 Plant

花正面观 Flower in front view

花侧面观 Flower in lateral view

植株 Plant

花正面观 Flower in front view

花序 Inflorescences

85. 单花凤仙花

Impatiens uniflora Hayata

一年生草本。叶互生，卵形，椭圆形至披针状椭圆形，边缘具锯齿，上面及下面沿脉被糙毛。花序腋生或顶生，1 或 2 花，花梗常被疏糙短毛，基部具 2 苞片；苞片卵形。花淡红紫色或白色，花冠内面有淡紫色或黄色斑点。侧生萼片 2，卵形或斜卵形；旗瓣近肾形；翼瓣无柄，2 裂，基部裂片长圆形，上部裂片较大，长圆状斧形，顶端凹缺，唇瓣囊状，基部渐狭成长内弯的距。花期 6–10 月。分布于台湾。生长于针叶林山坡或草坡，海拔 1600 ~ 3000 m。

Annual herb. Leaves alternate; ovate or elliptic to lanceolate-elliptic, margin serrate, both surfaces strigose on veins. Inflorescences axillary or terminal, 1(or 2)-flowered. Pedicels often sparsely strigose, 2-bracteate at base; bracts ovate. Flowers pale red-purple or white, pale purple spotted or yellow spotted. Lateral sepals 2, ovate or obliquely ovate. Upper petal subreniform; lateral united petals not clawed, 2-lobed; basal lobes oblong; distal lobes oblong-dolabriform, larger, apex retuse; lower sepal saccate, gradually narrowed into an incurved spur. Fl. Jun–Oct. Understories of coniferous forests on mountain slopes, grasslands; 1600–3000 m. Distr. Taiwan.

花侧面观 Flower in lateral view

86. 巧家凤仙花

Impatiens vaniotiana H. Lév.

一年生草本。叶互生，卵状披针形，边缘具粗圆齿状锯齿。总花梗具 1 或 2 花。花大，金黄色。侧生萼片 2，卵圆形；翼瓣具短柄，基部裂片圆形，顶端具细丝，上部裂片长斧形，顶端具长细丝；唇瓣深囊状，基部急狭成粗而内弯 2 裂的短距；花期 8–10 月。分布于云南。生长于山地溪边，海拔 2700 ~ 3200 m。

Annual herb. Leaves alternate, ovate lanceolate, margin coarsely crenate–serrate. Inflorescence 1–2 flowered. Flowers large, golden yellow; lateral sepals 2, ovate–rounded; lower sepal deeply saccate, base abruptly narrowed into an incurved short spur, spur 2–lobed; lateral united petals with shortly clawed; base lobe orbicular, apex with fifilamentous hair, distal lobes long–dolabriform, apex with a long filamentous hair. Fl. Aug–Oct. Mountain stream side, 2700–3200 m. Distr. Yunnan.

花解剖 Flower anatomy

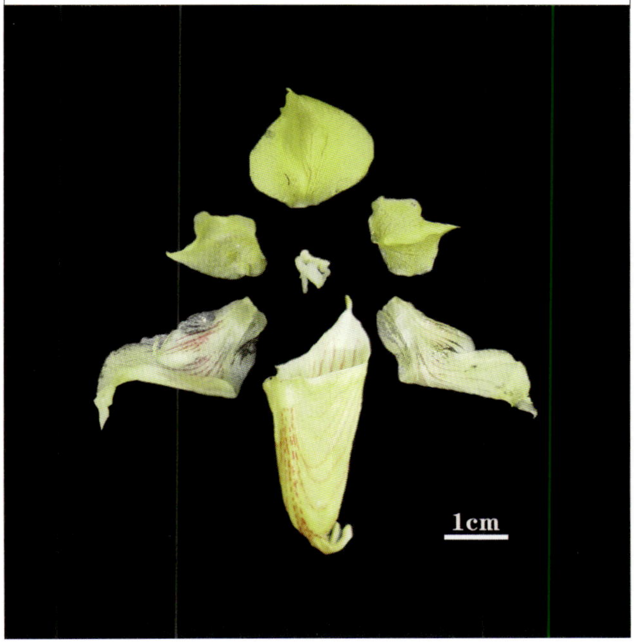

植株 Plant

果实 Fruit

花正面观 Flower in front view

花侧面观 Flower in lateral view

87. 维西凤仙花

Impatiens weihsiensis Y. L. Chen

一年生草本。叶互生，卵形、卵状长圆形或卵状披针形，边缘具粗圆齿。总花梗具 1 花。花紫色或粉紫色。侧生萼片 2，宽卵状圆形，边缘一边具 4 或 5 个小齿；旗瓣圆形；翼瓣近无柄，基部裂片卵形，顶端有长细丝，上部裂片圆状斧形，顶端有长细丝；唇瓣具紫色条纹，漏斗状，基部狭成内弯，2 裂的距。花期 6–8 月。分布于云南。生长于草坡、沟边杂木林中，海拔 2300 ~ 3600 m。

Annual herb. Leaves alternate, ovate, ovate-oblong, or ovate-lanceolate, margin coarsely crenate. Inflorescences 1-flowered. Flowers purple or pink-purple; lateral sepals 2, broadly ovate-rounded, margin 4- or 5-denticulate on one side; lower sepal purple striate, funnelform, narrowed into a curved, 2-lobed spur; upper petal orbicular; lateral united petals ± clawed; basal lobes ovate, apex with a long filamentous hair, distal lobes orbicular-dolabriform, apex with a filamentous long hair. Fl. Jun–Aug. Mixed forests, grasslands, along canals, 2300–3600 m. Distr. Yunnan.

植株　Plant

花正面观　Flower in front view

花侧面观　Flower in lateral view

花解剖　Flower anatomy

88. 武夷山凤仙花

Impatiens wuyiensis J. S. Wang, Y. F. Lu & X. F. Jin

一年生草本。叶互生，叶片卵状椭圆形或长圆状椭圆形，稀卵形或长圆形，边缘具锯齿。总花梗具 2 ~ 4 花（稀 5 或 6 花）。花金黄色。侧生萼片 2，宽卵形或卵圆形；旗瓣圆形；翼瓣 2 裂，基部裂片长圆形，上部裂片斧形；唇瓣漏斗状，基部急狭成一稍内弯的距。花果期 4–9 月。分布于福建。生长于路边或草地潮湿处，岩石上、林下或林缘，海拔 220 ~ 430 m。

Annual herb. Leaves alternate, ovate–elliptic or elliptic–oblong, rarely ovate or oblong, margin crenate. Inforescence 2 – 4–fowered, rarely 5– or 6–fowered. Flowers golden yellow; lateral sepals 2, broadly ovate or ovate–rounded; lower sepal funnelform, base abruptly narrowed into a slightly incurved spur; upper petal orbicular; lateral united petals 2–lobed; basal lobes oblong, distal lobes dolabriform. Fl. and fr. Apr–Sep. In moist places by roadside or in grasslands, on rock face, under forest or at forest margins, 220–430 m. Distr. Fujian.

居群 Population

花序 Inflorescences

花正面观 Flower in front view

花侧面观 Flower in lateral view

花解剖 Flower anatomy

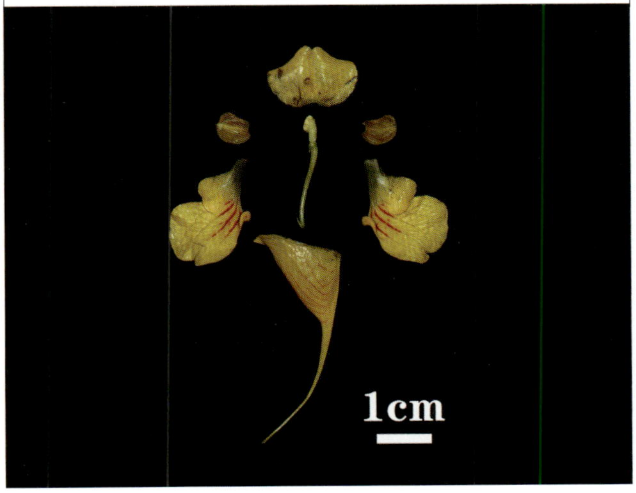

89. 婺源凤仙花

Impatiens wuyuanensis Y. L. Chen

一年生草本。叶互生，椭圆状卵形，边缘具粗圆齿状锯齿，叶柄上部具 1 或 2 对具柄腺体。总花梗具 2 ~ 4 花。花紫色。侧生萼片 2，长圆状卵形；旗瓣近圆形；翼瓣无柄，基部裂片长圆状卵形，小，上部裂片宽斧形；唇瓣檐部狭漏斗状，基部渐狭成内弯或稍弯曲的距。花果期 6 月。分布于江西。生长于林下沟边，海拔约 500 m。

Annual herb. Leaves alternate, elliptic-ovate, petiole with 1 or 2 pairs of stipitate glands apically, margin coarsely crenate-serrate. Inflorescences 2–4-flowered. Flowers purple; lateral sepals 2, oblong-ovate; lower sepal narrowly funnelform, gradually narrowed into an incurved or slightly curved spur; upper petal suborbicular; lateral united petals not clawed, basal lobes oblong-ovate, small, distal lobes broadly dolabriform. Fl. and fr. Jun. Forest understories, along canals, ca. 500 m. Distr. Jiangxi.

植株 Plant

花正面观 Flower in front view

花侧面观 Flower in lateral view

花解剖 Flower anatomy

90. 阳山凤仙花

Impatiens yangshanensis A. Q. Dong & F. W. Xing

一年生植物。叶互生，叶片长圆状披针状或卵状披针形，边缘具粗锯齿。总花梗具 2 花。花紫色。侧生萼片 2，斜卵形，边缘具齿；旗瓣扁圆形或肾形；翼瓣无柄，基部裂片三角形，上部裂片斧形；唇瓣窄舟状，渐狭成一内弯的先端 2 浅裂的距。花果期 6–9 月。分布于广东、湖南。生长于石灰岩上的深色土壤处，海拔 700 ~ 850 m。

Annual herb. Leaves alternate, oblong-lanceolate or ovate-lanceolate, margin coarsely crenate. Inflorescences 2-flowered. Flowers purple; lateral sepals 2, obliquely ovate, margin denticulate; lower sepal narrowly navicular, gradually narrowed into an incurved, slightly 2-lobed spur; upper petal oblate or reniform; lateral united petals not clawed; basal lobes triangular, distal lobes dolabriform. Fl. and fr. Jun–Sep. In dark soil on limestone, 700–850 m. Distr. Guangdong, Hunnan.

居群 Population

花正面观 Flower in front view

花侧面观 Flower in lateral view

植株 Plant

花正面观 Flower in front view

花解剖 Flower anatomy

91. 昭觉凤仙花

Impatiens zhaojueensis Q. Luo

一年生草本。叶互生，狭椭圆形至卵状披针形，边缘具圆齿。总花梗具2花。花粉白色。侧生萼片2，卵形；旗瓣长圆形；翼瓣多少具柄，基部裂片卵形，上部裂片长圆形或长圆状斧形，先端2裂；唇瓣舟状，白色，基部渐狭成一个内弯的距，先端微2裂。花期8–9月，果期9–10月。分布于四川。生长于山谷灌丛、开阔的森林和溪流边，海拔2318~2543 m。

Annual herb. Leaves alternate, narrowly elliptic to ovate-lanceolate, margins scalloped. Inflorescences 2-flowered. Flowers pinkish-white; lateral sepals 2, ovate; lower sepal navicular, white, at base gradually narrowed into an incurved spur, spur shallowly 2-lobed at apex; upper petal oblong; lateral united petals slightly clawed; basal lobes ovate, distal lobes obround or obround-dolabriform, 2-lobed at apex. Fl. Aug–Sep. and fr. Sep–Oct. In valley shrubs, open forests and on sides of streams, 2318 – 2543 m. Distr. Sichuan.

花侧面观 Flower in lateral view

92. 竹溪凤仙花

Impatiens zhuxiensis Q. L. Gan & X. W. Li

一年生草本。叶互生，卵形或卵状披针形，边缘具粗圆齿。总花梗具 1 或 2 花。花黄色，大。侧生萼片 2，卵状披针形；旗瓣肾形，背面中脉稍增厚柄延长成一个喙；翼瓣无柄，基部裂片宽楔形，上部裂片半月状披针形，中部以上有两个小裂片，下部的齿状，上部的线形；唇瓣囊状，口部斜升，基部急狭成一个内弯的距，距下部紫红色，先端 2 裂。花果期 8–9 月。分布于湖北。生长于林缘、路边或沟渠，海拔 700 ~ 1500 m。

Annual herb. Leaves alternate, ovate or ovate-lanceolate, margin coarsely crenate. Inflorescences 1(or 2)-flowered. Flowers mostly yellow, large; lateral sepals 2, ovate-lanceolate; lower sepal saccate, mouth oblique, base abruptly contracted into an incurved spur; spur purple red at lower part, 2-lobed at apex; upper petal reniform, midvein abaxially slightly thickened and elongated into a rostrum; lateral united petals not clawed; basal lobes broadly cuneate, distal lobes semilunate-lanceolate, with two lobules above middle part of distal lobe, lower one dentate, upper one linear. Fl. and fr. Aug-Sep. Along forest margins, roadsides or ditches, 700–1500 m. Distr. Hubei.

居群 Population

花正面观 Flower in front view

花解剖 Flower anatomy

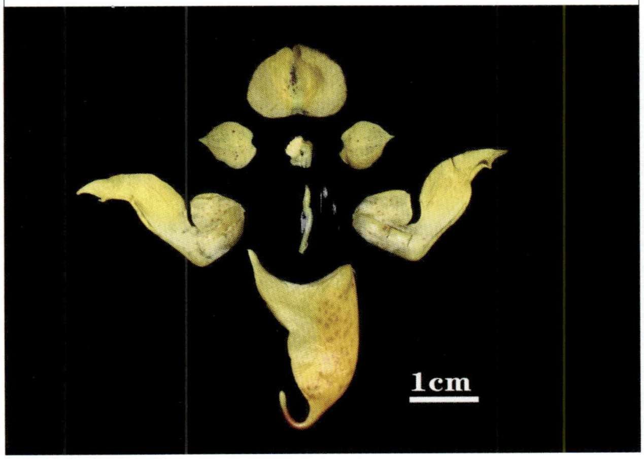

花侧面观 Flower in lateral view

IV 束花组
Impatiens sect. *Fasciculatae*

多年生草本。无总花梗。4 侧生萼片。蒴果长纺锤形。主要分布于我国西南地区，印度、尼泊尔、不丹及缅甸也有分布。

Perennial herb; without inflorescences; sepals 4–lateral; capsule long fusiform. Mainly distributed in the southwestern region of China, India, Nepal, Bhutan, and Myanmar.

1. 锐齿凤仙花

Impatiens arguta Hook. f. & Thomson

多年生草本。叶互生，卵形或卵状披针形，边缘有锐锯齿。总花梗具1或2花。花粉红色或紫红色；萼片4，外面2个半卵形，内面2个狭披针形；旗瓣圆形；翼瓣无柄，2裂，基部裂片宽长圆形，上部裂片斧形，先端2浅裂；唇瓣囊状，基部延长成内弯的短距。花期7–11月。分布云南、四川、西藏；印度、尼泊尔、不丹及缅甸也有分布。生长于河谷灌丛草地、林下潮湿处或水沟边，海拔1850～3200 m。

注：锐齿凤仙花、林芝凤仙花、南迦巴凤仙花不仅在形态上极为近似，分布区也高度重叠，这三种极有可能为同一物种，存在种内变异，本书暂将这三种单独收录。

Perennial herb. Leaves alternate, ovate or ovate-lanceolate, margin sharply serrate. Inflorescences 1-or 2-flowered. Flowers pink or purple-red; lateral sepals 4; outer 2: subovate, inner 2: narrowly lanceolate; lower sepal saccate, narrowed into an incurved, short spur; upper petal orbicular; lateral united petals not clawed, 2-lobed, basal lobes broadly oblong, distal lobes dolabriform, apex 2-fid. Fl. Jul–Nov. Forest understories, thickets, grasslands in valleys, along canals, moist places; 1850–3200 m. Yunnan, Sichuan, Xizang; India, Nepal, Bhutan, Myanmar.

植株 Plant

花序 Inflorescences

花侧面观 Flower in lateral view

花正面观 Flower in front view

花解剖 Flower anatomy

居群 Population

花侧面观 Flower in lateral view

花正面观 Flower in front view

2. 林芝凤仙花

Impatiens lingzhiensis Y. L. Chen

多年生草本。叶互生，线状长圆形或线状披针形，稀线形，边缘具锐细锯齿。总花梗具 2 花。花浅紫色；萼片 4，外面 2，半球形，镰状弯，内面 2 线形；旗瓣圆形；翼瓣几有柄，基部裂片卵状长圆形，上部裂片宽长圆形；唇瓣囊状，基部狭成钩状内弯的距。花期 6–9 月。分布于西藏。生长于林下潮湿处，海拔 2500 ~ 2700 m。

Perennial herb. Leaves alternate，linear–oblong or linear–lanceolate, rarely linear, margin sharply serrate. Inflorescences 2–flowered. Flowers pale purple; lateral sepals 4,outer 2: subglobose, curved, inner 2: linear; lower sepal saccate, narrowed into a hooked, incurved spur; upper petal orbicular; lateral united petals ± clawed; basal lobes ovate–oblong, distal lobes broadly oblong. Fl. Jun–Sep. Forest understories, moist places; 2500–2700 m. Distr. Xizang.

花解剖 Flower anatomy

3. 南迦巴瓦凤仙花

Impatiens namchabarwensis R. Morgan, Y. M. Yuan & X. J. Ge

多年生草本。叶互生，叶片卵形。总花梗具 1 或 2 花，有时单生，花深蓝色。侧生萼片 4 枚，外面 2 枚半卵形，内面 2 枚狭披针形；旗瓣圆形；翼瓣无柄，2 裂，基部裂片长圆形，上部裂片斧形，顶端 2 浅裂；唇瓣囊状，基部渐狭成内弯的短距。花期 7-10 月。分布于西藏。生长于森林下层、灌丛、山谷中的草地，河谷潮湿处，海拔 900 ~ 1000 m。

Perennial herb. Leaves alternate, ovate. Inflorescences 1–or 2–flowered, bright ultramarine blue; lateral sepals 4, outer 2: subovate, inner 2: narrowly lanceolate; lower sepal saccate, narrowed into an incurved, short spur; upper petal orbicular; lateral united petals not clawed, 2–lobed; basal lobes oblong, distal lobes dolabriform, apex 2–fid. Fl. Jul– Oct. Forest understories, thickets, grasslands in valleys, along canals, moist places; 900–1000 m. Distr. Xizang.

花解剖 Flower anatomy

植株 Plant

花正面观 Flower in front view

花侧面观 Flower in lateral view

居群 Population

V 蝎尾状花序组
Impatiens sect. *Scorpioidae*

多年生草本。近蝎尾状聚伞花序；侧生萼片 2。蒴果长纺锤形，弯曲。分布于我国西南、华南地区。

Perennial herb; cymes subscorpioid; lateral sepals 2; capsule long fusiform, curved. Distributed in the southwestern and southern regions of China.

1. 贝苞凤仙花

Impatiens conchibracteata Y. L. Chen & Y. Q. Lu

多年生草本。叶互生，叶片卵状椭圆形，边缘具锯齿。总花梗具 1 ~ 3 花。花黄色。侧生萼片 2 枚，圆形；旗瓣近圆形，在背部中脉的中部有喙状突起；翼瓣具柄，基部裂片圆形，上部裂片宽斧形；唇瓣深囊状，基部收缩为短而弯曲的距。分布于四川。生长于林缘阴湿处，海拔 1800 ~ 2800 m。

Perennial herb. Leaves alternate, ovate-elliptic, margin serrate. Inflorescences 1–3-flowered. Flowers yellow; lateral sepals 2, orbicular; lower sepal deeply saccate, constricted into a curved, short spur; upper petal suborbicular, abaxial midvein rostellate at middle; lateral united petals clawed; basal lobes orbicular, distal lobes broadly dolabriform. Forest understories, shaded moist places; 1800–2800 m. Distr. Sichuan.

花解剖　Flower anatomy

植株　Plant

花正面观　Flower in front view

花序　Inflorescences

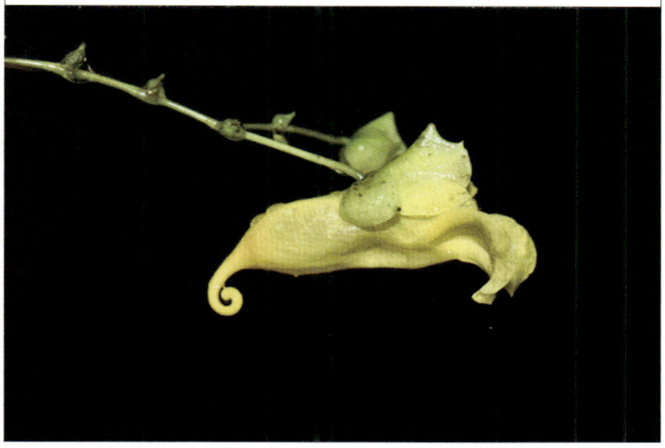

花侧面观　Flower in lateral view

植株 Plant

植株 Plant

花侧面观 Flower in lateral view

花正面观 Flower in front view

2. 滇南凤仙花

Impatiens duclouxii Hook. f.

多年生草本。叶互生，卵形或卵状椭圆形，边缘具粗锯齿。总花梗具3~6花。花黄色。侧生萼片2，圆形或倒卵形，具小尖；旗瓣圆形，背面具宽三角形鸡冠状突起；翼瓣具宽短柄，基部裂片圆形，上部裂片斧形；唇瓣囊状，基部狭成内弯，顶端钩状卷曲的距。花期8–9月，果期9–10月。分布于云南；泰国也有分布。生长于混交林下或密林中，海拔1500 ~ 2500 m。

Perennial herb. Leaves alternate, ovate or ovate–elliptic, margin coarsely serrate. Inflorescences 3–6–flowered. Flowers yellow; lateral sepals 2, orbicular or obovate, apex mucronulate; lower sepal saccate, narrowed into an incurved, involute, hooked spur; upper petal orbicular, abaxial midvein thickened, broadly triangular cristate; lateral united petals broadly shortly clawed; basal lobes orbicular, distal lobes dolabriform. Fl. Aug–Sep, fr. Sep–Oct. Understories of mixed and dense forests; 1500–2500 m. Distr. Yunnan; Thailand.

花解剖 Flower anatomy

3. 环萼凤仙花

Impatiens cyclosepala Hook. f.

多年生草本。叶互生，叶片卵形或卵状披针形，边缘具圆齿状锯齿。总花梗具 3～5 花。花淡黄，具淡紫色条纹。侧生萼片 2，圆形；旗瓣近圆形；翼瓣无柄，基部裂片近圆形，上部裂片宽倒卵；唇瓣宽囊状，基部急收缩成内弯的距。花期 7–8 月。分布于云南。生长于石灰岩山谷溪边或潮湿处，海拔约 2600 m。

注：湖南凤仙花、长角凤仙花、滇南凤仙花、贝苞凤仙花、环萼凤仙花等在形态上极为相近，本书编者团队通过多年的野外考察，发现这几个种间形态存在连续和过渡变异，其种间界限有待通过分子系统学证据进一步研究确认。因此，本书将这几个种单独收录，且不做分类学处理。

Perennial herb. Leaves alternate, ovate or ovate-lanceolate, margin crenate-serrate. Inflorescences 3–5-flowered. Flowers yellowish, purplish striate. Lateral sepals 2, orbicular. Lower sepal broadly saccate, abruptly constricted into an incurved. Upper petal suborbicular; lateral united petals not clawed; basal lobes suborbicular; distal lobes broadly ovate. Fl. Jul–Aug. By streams, moist places in limestone valleys; ca. 2600 m. Distr. Yunnan.

植株 Plant

花序 Inflorescences

花侧面观 Flower in lateral view

花正面观 Flower in front view

4. 湖南凤仙花

Impatiens hunanensis Y. L. Chen

多年生草本。叶互生，卵形或卵状披针形，边缘具粗圆齿或圆齿状锯齿。总花梗具 3 或 4 花。花黄色。侧生萼片 2，斜卵形或近圆形。旗瓣圆形，背面中肋具鸡冠状突起；翼瓣具短柄，基部裂片圆形，上部裂片斧形；唇瓣囊状，基部急狭成长 10 ~ 12 mm，钩状或内卷的距。花果期 7–10 月。分布于湖南、江西、广东、广西。生长于山谷林下河边或岩石上，海拔 700 ~ 800 m。

Perennial herb. Leaves alternate, ovate or ovate–lanceolate, margin coarsely crenate or crenate–serrate. Inflorescences 3– or 4–flowered. Flowers yellow; lateral sepals 2, obliquely ovate or suborbicular; lower sepal saccate, abruptly narrowed into a hooked or incurved spur 10–12 mm; upper petal orbicular, abaxial midvein cristate; lateral united petals shortly stipitate, basal lobes orbicular, distal lobes dolabriform. Fl. and fr. Jun– Oct. Forests, riversides, stony places in valleys, 700–800 m. Distr. Hunan, Jiangxi, Guangdong, Guangxi.

植株 Plant

植株 Plant

花正面观 Flower in front view

花侧面观 Flower in lateral view

花解剖 Flower anatomy

5. 长角凤仙花

Impatiens longicornuta Y. L. Chen

多年生草本。叶互生，卵形或卵状椭圆形，边缘有圆齿状齿。总花梗具 2 或 3 花，稀 4。花黄色。侧生萼片 2，斜卵形或近圆形；旗瓣兜状，椭圆状圆形，背面具鸡冠状突起，冠突先端有长达 1 cm 的长角；翼瓣 2 裂，基部裂片宽卵形，上部裂片斧形；唇瓣深囊状，基部急收缩成长 10 mm 内弯的距。花期 10 月。分布于湖南。生长于山谷溪流边，海拔约 820 m。

Perennial herb. Leaves alternate, ovate or ovate-elliptic, margin crenate-serrate. Inflorescences racemose, 2- or 3(or 4)-flowered. Flowers yellow; lateral sepals 2, obliquely ovate or suborbicular; lower sepal deeply saccate, abruptly constricted into an incurved spur ca. 10 mm; upper petal cucullate, elliptic-orbicular, abaxial midvein conspicuously thickened, cristate, crista apically with a long cornu (horn) ca. 1 cm; lateral united 2-lobed; basal lobes broadly ovate, distal lobes dolabriform. Fl. Oct. By streams in valleys, ca. 820 m. Distr. Hunan.

植株 Plant

花序 Inflorescences

花正面观 Flower in front view

花侧面观 Flower in lateral view

花解剖 Flower anatomy

6. 红纹凤仙花

Impatiens rubrostriata Hook. f.

多年生草本。叶互生，卵形、椭圆形或长卵状圆形，边缘具粗圆锯齿。总花梗具 3 ~ 5 花。花白色，具红色条纹。侧生萼片 2，阔卵形；旗瓣圆形，背面中肋具龙骨突；翼瓣 2 裂，基部裂片椭圆形，上部裂片斧形；唇瓣囊状，基部下延，形成向内弯曲的短距。花期 6–7 月，果期 7–9 月。分布于云南、广西。生长于山谷溪旁、疏林下潮湿处或灌丛下草地，海拔 1700 ~ 2600 m。

Perennial herb. Leaves alternate, ovate, elliptic, or oblong, margin coarsely crenate–serrate. Inflorescences 3–5–flowered. Flowers white, red striate; lateral sepals 2, broadly ovate; lower sepal saccate, base narrowed into an incurved, short spur; upper petal orbicular, abaxial midvein carinate; lateral united petals 2–lobed; basal lobes elliptic; distal lobes dolabriform. Fl. Jun–Jul, fr. Jul–Sep. Understories of sparse forests, thickets, by streams in valleys, grasslands, humid moist places, 1700–2600 m. Distr. Yunnan, Guangxi.

植株 Plant

花正面观 Flower in front view

花解剖 Flower anatomy

VI 单花组
Impatiens sect. *Uniflorae*

一年或多年生草本。花单生或簇生，或 2–3 花成退化总状，或总状花序近伞形；侧生萼片 2；蒴果短纺锤形。种子椭圆形、种皮具附属物纹饰。分布于我国西南、华南、华东地区；印度、非洲、马达加斯加也有分布。

Annual or perennial herb; flower solitary or fascicled, or degenerate raceme with 1–2 flowers, or raceme approximating umbel; lateral sepals 2; capsule short fusiform; seeds ellipsoid, seedcoat ornamented with appendages. Distributed in southwestern, southern, and eastern regions of China, as well as India, Africa, and Madagascar.

居群 Population

植株 Plant

花序 Inflorescences

花侧面观 Flower in lateral view

1. 杏黄凤仙花

Impatiens armeniaca S. H. Huang

多年生草本。叶互生，卵状椭圆形或宽卵形，边缘具圆齿。总花梗具 2 或 3 花。花杏黄色；侧生萼片 2，宽卵形；旗瓣圆形；翼瓣 2 裂，基部裂片卵形，上部裂片长圆状斧形；唇瓣漏斗形，基部渐狭成内弯的长距。花期 7–8 月。分布于云南。生长于溪边沟谷雨林下，海拔 950 ~ 1200 m。

Perennial herb. Leaves alternate, ovate elliptic or broad ovate, margin crenate. Inflorescences 2–3 flowers. Flower apricot yellow; lateral sepals 2, wide ovate; lower sepal funnelform, base gradually narrowed into a curved spur; upper petal round; lateral united petals 2-lobed; basal lobes ovate, distal lobes oblong-dolabriform. Fl. Jul–Aug. Stream side rainforest in valley, 950–1200 m. Distr. Yunnan.

花解剖 Flower anatomy

2. 缅甸凤仙花

Impatiens aureliana Hook. f.

矮小草本。叶互生，叶片卵形或卵状披针形，边缘具不明显的圆齿或全缘。花单生上部叶腋，粉紫色；侧生萼片 2，狭钻形；旗瓣宽倒卵形；翼瓣 2 裂，基部裂片宽长圆形，先端微凹，上部裂片三角状卵形，先端圆形或微凹；唇瓣檐部舟状，基部急狭成细长的距。花期 7–9 月。分布于云南；缅甸也有分布。生长于阔叶林中或河岸边，海拔 680 ~ 1700 m。

Small herb. Leaves alternate, ovate or ovate–lanceolate, margin inconspicuously crenate or nearly entire. Inflorescences 1–flowered in upper leaf axils, pink–purple; lateral sepals 2, narrowly subulate; lower sepal navicular, gradually narrowed into a slender spur; upper petal broadly obovate; lateral united petals 2–lobed, basal lobes broadly oblong, apex slightly retuse, distal lobes triangular–ovate, apex rounded or emarginate. Fl. Jul–Sep. Broad–leaved forests, riverbanks, 680–1700 m. Distr. Yunnan; Myanmar.

花解剖 Flower anatomy

植株 Plant

花正面观 Flower in front view

花侧面观 Flower in lateral view

3. 凤仙花

Impatiens balsamina L.

一年生草本。叶互生，最下部叶有时对生；叶片披针形、狭椭圆形或倒披针形，边缘有锐锯齿。花单生或 2 或 3 朵簇生于叶腋，无总花梗。花白色、粉红色或紫色，单瓣或重瓣；侧生萼片 2，卵形或卵状披针形；旗瓣圆形；翼瓣 2 裂，基部裂片小，倒卵状长圆形，上部裂片近圆形，先端 2 浅裂；唇瓣深舟状，基部急狭成内弯的距。花期 7–10 月。我国各地庭园广泛栽培。

Annual herb. Leaves alternate, sometimes lowest ones opposite; lanceolate, narrowly elliptic or oblanceolate, margin deeply serrate. Inflorescences 1–flowered, or 2 or 3 flowers fascicled in leaf axils, without peduncles. Flowers white, pink, or purple, simple or double petalous; lateral sepals 2, ovate or ovate–lanceolate; lower sepal deeply navicular, abruptly narrowed into an incurved spur; upper petal orbicular; lateral united petals 2–lobed; basal lobes obovate–oblong, small, distal lobes suborbicular, apically retuse. Fl. Jul–Oct. A common ornamental plant, widely cultivated in gardens and houses throughout China.

植株 Plant

花侧面观 Flower in lateral view

花正面观 Flower in front view

花解剖 Flower anatomy

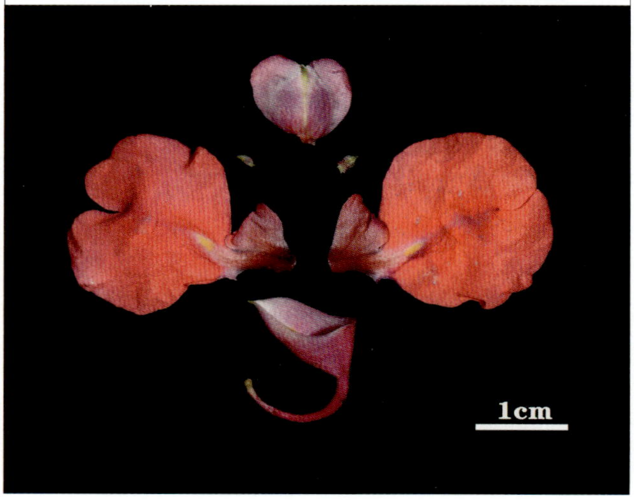

4. 秋海棠叶凤仙花

Impatiens begoniifolia S. Akiyama & H. Ohba

一年生草本。叶互生，椭圆形或卵形，边缘具浅圆齿。总花梗具 2 花。花粉红色或黄色；侧生萼片 2，钻状披针形；旗瓣圆形；翼瓣 2 裂，基部裂片宽倒卵形，上部裂片卵状斧形；唇瓣舟形，基部收缩成直立的距。花期 10 月，果期 11 月。分布于云南。生长于常绿阔叶林下阴湿处，海拔 1000 ~ 1400 m。

Annual herb. Leaves alternate, elliptic or ovate, margin shallowly crenate. Inflorescences 2–flowered. Flowers pink or yellow; lateral sepals 2, subulate–lanceolate; upper petal orbicular; lateral united petals 2–lobed, basal lobes broadly obovate, distal lobes ovate–dolabriform; lower sepal navicular, base constricted into an erect spur. Fl. Oct, fr. Nov. Understories of evergreen forests, moist places, 1000–1400 m. Distr. Yunnan.

植株 Plant

花序 Inflorescences

花侧面观 Flower in lateral view

花解剖 Flower anatomy

居群 Population

植株 Plant

果实 Fruit

花侧面观 Flower in lateral view

花正面观 Flower in front view

5. 陈谋凤仙花

Impatiens chenmoui Zheng W. Wang, Xiao C. Li & Q. Wang ter.

一年生草本。茎直立。叶互生，狭椭圆形或长圆状披针形。花序生上部叶腋，具 1 花。花粉色或淡紫色。侧生萼片 2，线形；旗瓣圆形；翼瓣无柄，基部裂片大，倒卵形，先端常凹，上部裂片小，斧形，先端钝；唇瓣漏斗状，基部渐狭成距，稀无距。花果期 4–12 月。分布于云南，生于石灰岩山脊的常绿阔叶林下，海拔 1500 ~ 1700 m。

Annual herb. Stem erect. Leaves alternate, narrowly elliptic or oblong–lanceolate. Inflorescences in upper leaf axils, 1 – flowered. Flowers pink or lavender; lateral sepals 2, linear; upper petal circular; lateral united petals sessile; basal lobes large, obovate, apex often concave, distal lobes small, axe–shaped, apex rounded; lower sepal funnelform, base gradually constricted into a spur, rarely absent. Fl. and fr. Apr–Dec. Under evergreen broad–leaved forest at an elevation of 1500–1700 m on the limestone mountain ridge. Distr. Yunnan.

花解剖 Flower anatomy

6. 华凤仙

Impatiens chinensis L.

一年生草本。叶对生，无柄或几无柄，叶片线形或线状披针形，稀倒卵形，边缘疏生刺状锯齿。花单生或 2 或 3 朵簇生于叶腋，无总花梗。花紫红色或白色；侧生萼片 2，线形；旗瓣圆形；翼瓣 2 裂，基部裂片近圆形，上部裂片宽倒卵形至斧形；唇瓣漏斗状，基部渐狭成内弯或卷曲的长距。分布于安徽、福建、广东、广西、海南、湖南、江西、云南、浙江等地；印度、马来西亚、缅甸、泰国、越南也有分布。生长于池塘、水沟旁、田边或沼泽地，海拔 100 ~ 1200 m。

Annual herb. Leaves alternate, sessile or subsessile, linear or linear–lanceolate, rarely obovate, margin remotely spiniform–serrate. Inflorescences 1–flowered, or flowers 2– or 3–fascicled in leaf axils; peduncles absent. Flowers purple–red or white; lateral sepals 2, linear; lower sepal funnelform, gradually narrowed into an incurved or involute, slender spur; upper petal orbicular; lateral united petals 2–lobed; basal lobes suborbicular, distal lobes broadly obovate to dolabriform. Beside ponds, streamside, field margins, swamps, 100–1200 m. Distr. Anhui, Fujian, Guangdong, Guangxi, Hainan, Hunan, Jiangxi, Yunnan, Zhejiang; India, Malaysia, Myanmar, Thailand, Vietnam.

植株 Plant

居群 Population

花正面观 Flower in front view

花侧面观 Flower in lateral view

花解剖 Flower anatomy

7. 绿萼凤仙花

Impatiens chlorosepala Hand.-Mazz.

多年生草本。叶常密集茎上部，互生，叶片长圆状卵形或披针形，边缘具圆齿状齿。总花梗具 1 或 2 花。花淡红色。侧生萼片 2，绿色，斜宽卵形或近圆形；旗瓣圆形；翼瓣 2 裂，基部裂片半圆形，上部裂片长圆形；唇瓣檐部漏斗状，基部急狭成内弯或卷曲的距。花期 4–12 月。分布于广东、广西、贵州、湖南。生长于山谷水旁阴处或溪旁疏林，海拔 300 ~ 1300 m。

Perennial herb. Leaves often crowded in upper part of stem, alternate, oblong-ovate or lanceolate, margin crenate. Inflorescences 1- or 2-flowered. Flowers reddish; lateral sepals 2, green, obliquely broadly ovate or suborbicular; lower sepal funnelform, abruptly narrowed into an involute or incurved spur; upper petal orbicular; lateral united petals 2-lobed, basal lobes suborbicular, distal lobes oblong. Fl. Apr–Dec. Sparse forests in valleys, by water in shaded places, 300–1300 m. Distr. Guangdong, Guangxi, Guizhou, Hunan.

居群 Population

花正面观 Flower in front view

花侧面观 Flower in lateral view

花正面观 Flower in front view

花解剖 Flower anatomy

8. 山南凤仙花

Impatiens dorjeekhandui Chowlu, S. S. Dash & Gogoi

一年生草本。叶互生，卵形。花序具 2 ~ 6 花。花双色，白色和紫色。侧生萼片 2，线形，具短柔毛；旗瓣宽卵形，背面中肋角状，具柔毛；翼瓣双色，白色和紫色，上部裂片卵形，白色，下部裂片斧形，紫色；唇瓣舟形，白色，具短柔毛，口部具紫色线条，渐狭成末端弯曲的距。花期 8–9 月。生长于针阔混交林下；海拔 1700 ~ 2900 m。分布于西藏。

Annual herb. Leaves alternate, ovate. Inflorescence 2 – 6–flowered. Flowers bicolored, whitish and purple; lateral sepals 2, linear, hairy; dorsal petal widely ovate, dorsal side with a pubescent horn–like appendage; lateral united petals bicolored, whitish and purple, basal lobes ovate, whitish; distal lobes dolabriform, purple; lower sepal navicular, whitish, with purple lines at mouth, pubescent, tapering into a spur, tip incurved. Fl. Aug–Sep. Understories of a mixed needleleaf and broadleaf forest, 1700–2900 m. Distr. Xizang.

花解剖　Flower anatomy

植株　Plant

花序　Inflorescences

花侧面观　Flower in lateral view

花正面观　Flower in front view

居群 Population

植株 Plant

花侧面观 Flower in lateral view

9. 贡山凤仙花

Impatiens gongshanensis Y. L. Chen

多年生矮小草本。叶互生，披针形或狭长圆状披针形，边缘具密圆齿状齿。总花梗具 1 花。花蓝紫色或黄色。侧生萼片 2，斜宽卵形或卵圆形；旗瓣圆形；翼瓣 2 裂，基部裂片圆卵形，上部裂片斧形；唇瓣檐部宽漏斗形，基部急狭成内卷的距。花期 8–9 月。分布于云南；缅甸。生长于瀑布旁石缝中，海拔 1200 ~ 1300 m。

Perennial herb, small. Leaves alternate, lanceolate or narrowly oblong–lanceolate. Inflorescences 1–flowered, margin densely crenate. Flowers blue–purple or yellow; lateral sepals 2, obliquely ovate or ovate–orbicular; upper petal orbicular; lateral united petals 2–lobed, basal lobes orbicular–ovate, distal lobes dolabriform; lower sepal broadly funnelform, abruptly narrowed into an involute spur. Fl. Aug–Sep. Stony crevices by waterfalls, 1200–1300 m. Distr. Yunnan; Myanmar.

花解剖 Flower anatomy

10. 横断山凤仙花

Impatiens hengduanensis Y. L. Chen

多年生草本。叶互生，卵形或长圆状卵形，边缘具圆齿状齿。总花梗具 1 花。花小，金黄色；侧生萼片 4，外面 2 枚卵状披针形，内面 2 枚极小，线状披针形；旗瓣椭圆形，兜状；翼瓣 2 裂；基部裂片卵状长圆形，上部裂片斧形；唇瓣狭漏斗状，基部渐狭成上弯或卷曲的距。分布于云南；缅甸。生长于常绿林林缘，海拔 1400 ~ 1500 m。

Perennial herb. Leaves alternate, ovate or oblong-ovate, margin crenate-serrate. Inflorescences 1-flowered. Flowers golden-yellow, small; lateral sepals 4, outer 2: ovate-lanceolate, inner 2: linear-lanceolate, minute; lower sepal narrowly funnelform, gradually narrowed into a recurved or incurved spur; upper petal cucullate, elliptic; lateral united petals 2-lobed; basal lobes ovate-oblong, distal lobes dolabriform. Margins of evergreen forests, 1400–1500 m. Distr. Yunnan; Myanmar.

植株 Plant

果实 Fruit

花解剖 Flower anatomy

花侧面观 Flower in lateral view

植株 Plant

花侧面观 Flower in lateral view

花正面观 Flower in front view

11. 金平凤仙花

Impatiens jinpingensis Y. M. Shui & G. F. Li

多年生草本。叶互生，叶片椭圆形，两面上都有短柔毛，边缘具圆齿状齿。总花梗具 1 或 3 花。花黄色，具红色斑块；侧生萼片 2，卵形；旗瓣椭圆形；翼瓣具红色斑块，基部裂片宽三角状倒卵形，上部裂片长圆形；唇瓣舟状，收缩成一螺旋状内弯的距。花期 7–11 月，果期 9 月 – 次年 1 月。分布于云南。生长于常绿阔叶林中潮湿的溪边，海拔 1400 ~ 1975 m。

Perennial herb. Leaves alternate, elliptic, pubescent on both surfaces, margin crenate. Inflorescences 1 – 3 flowers. Flowers yellow with reddish patches; lateral sepals 2, ovate; lower sepal navicular, constricted into a spirally incurved spur; upper petal elliptic; lateral united petals with reddish patches, basal lobes widely triangular–obovate, the distal lobe oblong. Fl. Jul–Nov; fr. Sep–Jan of next year. Along wet brooks in evergreen broad–leaved forest, 1400–1975 m. Distr. Yunnan.

花解剖 Flower anatomy

12. 狭萼凤仙花

Impatiens lancisepala S. H. Huang

多年生草本。叶互生，卵圆形或卵状长圆形，边缘具短尖锯齿。总花梗具1或2花。花黄色。侧生萼片2，披针形，绿色；旗瓣圆形；翼瓣2裂，基部裂片扁圆形，有红色斑块，上部裂片斧形；唇瓣漏斗形，基部渐狭成内弯的长距。花果期9–11月。分布于云南。生长于次生林下，海拔1000～1300 m。

Perennial herb. Leaves alternate, ovate or ovate-oblong, margin mucronate-serrate. Inflorescences 1–2 flowers. Flower yellow; lateral sepals 2, lanceolate, green; upper petal orbicular; lateral united petals 2-lobed; base lobes oblate with red patch, distal lobes dolabriform; lower sepal funnelform, base gradually narrowed into an incurved and long spur. Fl. And fr. Sep–Nov. In secondary forests, 1000–1300 m. Distr. Yunnan.

花解剖 Flower anatomy

植株 Plant

花正面观 Flower in front view

花侧面观 Flower in lateral view

13. 宽瓣凤仙花

Impatiens latipetala S. H. Huang

多年生草本，具短的匍匐根状茎。叶互生，叶片卵状长圆形或卵状披针形，边缘疏锯齿。总花梗具 1 花。花淡黄色。侧生萼片 2，宽卵形；旗瓣圆形；翼瓣 2 裂，基部裂片宽倒卵形或近方形，上部裂片宽斧形；唇瓣漏斗形，基部渐狭成螺旋状卷曲的距。花果期 9–11 月。分布于云南。生长于林缘或路边，海拔约 1300 m。

Perennial herb, with a short creeping rhizome. Leaves alternate, ovate–oblong or ovate–lanceolate, margin sparsely serrate. Inflorescences 1–flowered. Flower yellowish; lateral sepals 2, broadly ovate; lower sepal funnelform, base gradually narrowed into a spirally involute spur; upper petal round; lateral united petals 2–lobed; basal lobes broadly obovate or sub–square, distal lobes broadly dolabriform. Fl. And fr. Sep–Nov. Forest edge or roadside elevation, ca. 1300 m. Distr. Yunnan.

居群 Population

植株 Plant

花正面观 Flower in front view

花侧面观 Flower in lateral view

花解剖 Flower anatomy

14. 蒙自凤仙花

Impatiens mengtszeana Hook. f.

多年生草本。叶互生，叶片卵形、倒卵形、椭圆形或倒披针形，边缘具圆齿状齿。总花梗具 1 或 2 花。花黄色。侧生萼片 2，卵形或卵状披针形；旗瓣圆形；翼瓣 2 裂，基部裂片圆形至宽三角状倒卵形，上部裂片宽斧形至近圆形；唇瓣具红色斑点，漏斗状或近囊状，收缩成一个卷曲的距。花期 8–10 月。分布于云南。生长于山谷河边、山涧水沟边或混交林中潮湿处，海拔 600 ~ 2100 m。

Perennial herb. Leaves alternate, ovate, obovate, elliptic or oblanceolate, margin crenate–serrate. Inflorescences 1– or 2–flowered. Flowers yellow; lateral sepals 2, ovate or ovate–lanceolate; lower sepal red spotted, funnelform or subsaccate, narrowed into an involute spur; upper petal orbicular to broadly ovate; lateral united petals 2–lobed, basal lobes orbicular to broadly triangular–obovate, distal lobes broadly dolabriform to suborbicular. Fl. Aug–Oct. Mixed forests, riversides, along canals in valleys, moist places, 600–2100 m. Distr. Yunnan.

植株 Plant

花侧面观 Flower in lateral view

花正面观 Flower in front view

花解剖 Flower anatomy

果实 Fruit

15. 山地凤仙花

Impatiens monticola Hook. f.

多年生草本。叶互生，叶片卵状椭圆形或倒卵形，边缘具圆齿状齿或圆齿状锯齿。总花梗生长于上部叶腋，具2花。花浅黄色。侧生萼片2，卵形或圆形，绿色；旗瓣圆形；翼瓣2裂，基部裂片近圆形，上部裂片斧形；唇瓣檐部舟状，基部狭成内弯的距。花期7–9月，果期10月。分布于四川、重庆。生长于林缘阴湿处或路边石缝中，海拔900 ~ 1800 m。

Perennial herb. Leaves alternate, ovate-elliptic or obovate, margin crenate or crenate-serrate. Inflorescences 2-flowered. Flowers yellowish; lateral sepals 2, green, ovate or orbicular; lower sepal navicular, narrowed into an incurved spur; upper petal orbicular; lateral united petals 2-lobed, basal lobes suborbicular, distal lobes dolabriform. Fl. Jul–Sep, fr. Oct. Forest margins, shaded moist places, stony crevices of roadsides, 900–1800 m. Distr. Sichuan, Chongqing.

居群 Population

花正面观 Flower in front view

花侧面观 Flower in lateral view

花解剖 Flower anatomy

16. 多枝凤仙花

Impatiens multiramea S. H. Huang

多年生草本，多分枝。叶互生，叶片卵形或卵状椭圆形，边缘疏锯齿。总花梗具 1 花。花黄色。侧生萼片 2，卵形，淡绿色；旗瓣圆方形；翼瓣 2 裂，基部裂片扁圆形，上部裂片卵状三角形；唇瓣漏斗形，基部渐狭成长而螺旋卷曲的距。花期 9–10 月。分布于云南。生长于次生林下，海拔 1000 ~ 1300 m。

注：绿萼凤仙花、蒙自凤仙花、山地凤仙花 、多枝凤仙花和宽瓣凤仙花在形态上极为相近（有文献将其处理为蒙自凤仙花），本书编者团队通过多年的野外考察，发现这几个种间形态存在连续和过渡变异，其种间界限有待通过分子系统学证据进一步研究确认。因此，本书将这几个种单独收录，且不做分类学处理。

Perennial herb, branched. Leaves alternate, ovate or ovate-ellipse, margin sparsely serrate. Inflorescences 1-flowered. Flower yellow; lateral sepals 2, ovate, pale green; upper petal orbicular-square; lateral united petals 2-lobed; basal lobes oblate, distal lobes ovate-triangular; lower sepal funnelform, base gradually narrowed into a spirally incurved and long spur. Fl. Sep–Oct. Secondary forests, 1000–1300 m. Distr. Yunnan.

居群 Population

花正面观 Flower in front view

花侧面观 Flower in lateral view

花解剖 Flower anatomy

17. 那坡凤仙花

Impatiens napoensis Y. L. Chen

多年生草本，茎横走或平卧。叶互生，卵形或卵状椭圆形，边缘具圆齿状齿。总花梗具 1 花。花粉红色。侧生萼片 2，宽卵形；旗瓣近圆形；翼瓣近 2 裂，基部裂片扁球形，上部裂片斧形；唇瓣檐部宽漏斗形，基部渐狭成内弯的距。花期 11 月。分布于广西、云南。生长于山地岩缝中，海拔约 1300 m。

Perennial herb, stem prostrate or procumbent. Leaves alternate, ovate or ovate–elliptic, margin crenate. Inflorescences 1–flowered. Flowers pink; lateral sepals 2, broadly ovate; lower sepal broadly funnelform, gradually narrowed into an incurved spur; upper petal suborbicular; lateral united petals 2–lobed, basal lobes oblate, distal lobes dolabriform. Fl. Nov. Stony crevices on slopes, ca. 1300 m. Distr. Guangxi, Yunnan.

植株 Plant

花正面观 Flower in front view

花侧面观 Flower in lateral view

花解剖 Flower anatomy

18. 伸展凤仙花

Impatiens porrecta Wall. ex Hook. f. & Thomson

一年生草本。叶螺旋排列，叶片卵形至椭圆形，边缘具细圆齿状锯齿。总花梗具 1 或 3 花。花橙色到黄色；侧生萼片 2，绿色或黄白色，卵形至窄卵形；旗瓣椭圆形至圆形；翼瓣 2 裂，基部裂片倒卵形或倒卵状三角形；上部裂片近圆形或长倒卵形；唇瓣漏斗形，渐狭成内弯的距。花期 8–11 月。分布于云南、西藏；尼泊尔、印度、孟加拉国、缅甸、老挝、泰国也有分布。生长于常绿林的溪流或潮湿处，海拔 600 ~ 2750 m。

Annual herb. Leaves spirally arranged, ovate to elliptic, finely crenate–serrate along margins. Inflorescence 1–3 flowered. Flowers orange to yellow; lateral sepals 2, green or whitish yellow, ovate to narrowly ovate; lower sepal funnelform, gradually constricted into incurved spur; upper petal elliptic to orbicular; lateral united petal 2–lobed; base lobes obovate to obovate–triangular, distal lobes suborbicular or elongate–obovate. Fl. Aug–Nov. The streams or in hu–mid areas of evergreen forest, 600–2750 m. Distr. Yunnan, Xizang; Nepal, India, Bangladesh, Myanmar, Laos, Thailand.

居群 Population

花正面观 Flower in front view

花侧面观 Flower in lateral view

花解剖 Flower anatomy

19. 柔毛凤仙花

Impatiens puberula DC.

一年生草本，茎直立，上部被柔毛。叶互生，椭圆形或椭圆状披针形，上面被糙伏毛，下面沿脉被柔毛，边缘具圆齿。花梗顶生或生于上部叶腋，具 1 花。苞片钻形，被黄褐色柔毛。花蓝紫色。侧生萼片 2，宽卵形，被疏毛；旗瓣圆形，突起上缘被微毛；翼瓣无柄，2 裂，基部裂片小，圆形，上部裂片宽半倒卵形，唇瓣檐部锥状或漏斗状，基部狭成内弯的长距。花期 6–7 月。分布于中国西藏；尼泊尔、印度、不丹也有分布。生于林缘草丛中或林下，海拔 2100 ~ 2500 m。

Annual herb. Stem erect, pubescent in upper part. Leaves alternate, elliptic or elliptic–lanceolate, adaxially strigose, abaxially pubescent especially on veins, margin crenate. Inflorescences terminal or in upper leaf axils, 1–flowered; bracts subulate, brown pubescent. Flower blue–purple. Lateral sepals 2, broadly ovate, sparsely puberulent; upper petal orbicular, puberulent on apical margin; lateral united petals not clawed, 2–lobed; basal lobes orbicular, small; distal lobes broadly subovate; lower sepal obconic or funnelform, narrowed into an incurved, long spur. Fl. Jun–Jul. Forest understories, forest margins, grasslands; 2100–2500 m. Distr. Xizang; Nepal, India, Bhutan.

植株 Plant

果实 Fruit

花正面观 Flower in front view

花侧面观 Flower in lateral view

花解剖 Flower anatomy

20. 滇红凤仙花

Impatiens quintadecimacopii G. W. Hu & Q. F. Wang

一年生草本。叶互生，叶片基部和叶柄上部有2或3对具柄腺体；叶片卵形至椭圆形披针形，边缘具粗锯齿。总花梗常具2花。花粉红色；侧生萼片2，半透明白色，基部呈粉红色，先端为绿色，披针形至椭圆形；旗瓣椭圆形至近圆形；翼瓣2裂；基部裂片斧形，上部裂片近三角状半圆形；唇瓣漏斗形，渐狭成弯曲的距。花果期6–11月。分布于云南。生长于在绿色阔叶林湿润处，海拔约1540 m。

Annual herb. Leaves alternate, with 2 or 3 pairs of stipitate glands at base of lamina and on upper petiole; ovate to elliptic–lanceolate, margin coarsely crenate. Inflorescences usually 2–flowered. Flowers pink; lateral sepals 2, translucently white with base pinkish and apex greenish, lanceolate to elliptic; lower sepal funnelform, gradually narrowed into incurved spur; upper petal elliptic to suborbicular; lateral united petals 2–lobed; basal lobes dolabriform, distal lobes subtriangular semicircle. Fl. and fr. Jun to Nov. Moist areas in ever–green broad–leaved forests, ca. 1540 m. Distr. Yunnan.

花解剖　Flower anatomy

植株　Plant

居群　Population

花正面观　Flower in front view

花侧面观　Flower in lateral view

居群 Population

花正面观 Flower in front view

花侧面观 Flower in lateral view

21. 毛萼凤仙花

Impatiens trichosepala Y. L. Chen

多年生矮小草本。叶互生，常密集于茎上部，叶片狭披针形或倒披针形，边缘具圆齿状齿。总花梗具 1 花。花单生，黄色。侧生萼片 2，卵形或长圆状卵形，背面及边缘具长毛；旗瓣兜状，圆形；翼瓣 2 裂，基部裂片近圆形，上部裂片宽斧形；唇瓣宽漏斗状，基部渐狭成内弯的距。花期 7–9 月。分布于广西、贵州、云南。生长于山谷河边、疏林，或潮湿草丛中，海拔 500 ~ 900 m。

Perennial herb, small. Leaves alternate, often crowded at upper part of stem, narrowly lanceolate or oblanceolate, margin crenate-serrate. Inflorescences 1-flowered. Flower solitary, yellow; lateral sepals 2, ovate or oblong-ovate, with hairs abaxially and at margin; upper petal cucullate, orbicular; lateral united petals 2-lobed, basal lobes suborbicular, distal lobes broadly dolabriform; lower sepal broadly funnelform, gradually narrowed into an incurved spur. Fl. Jul–Sep. Sparse forests in valleys, moist grasslands, riversides; 500–900 m. Distr. Guangxi, Guizhou, Yunnan.

花解剖 Flower anatomy

22. 三瓣凤仙花

Impatiens tripetala Roxb. ex DC.

一年生草本。下部叶对生，上部叶互生；叶片卵形至椭圆形，边缘具浅锯齿。花单生或 2 ~ 4 朵簇生长于叶腋，花序梗极短。花粉紫色。侧生萼片 2 枚，线状披针形，小；唇瓣囊状，基部急狭成内弯的细距；旗瓣椭圆形；翼瓣 2 裂，基部裂片宽椭圆形，上部裂片呈三角状卵形。花期 3–9 月。分布于云南；不丹、孟加拉国、印度也有分布。生长于路边或林缘阴湿处，海拔 350 ~ 900 m。

Annual herb. Lower leaves opposite; upper leaves alternate; ovate to elliptic, margin shallowly serrate. Flowers solitary, or 2–4 flowers fascicled in leaf axils, with an extremely short peduncle. Flowers pink–purple; lateral sepals 2, linear lanceolate, small; lower sepal saccate, base abruptly narrowed into an incurved spur; upper petal ovate; lateral united petals 2–lobed, basal lobes broadly ovate; distal lobes triangular–ovate. Fl. Mar–Sep. Moist places of forest margins or roadsides; 350–900 m. Distr. Yunnan; Bhutan, Bangladesh, India.

花侧面观 Flower in lateral view

花正面观 Flower in front view

花解剖 Flower anatomy

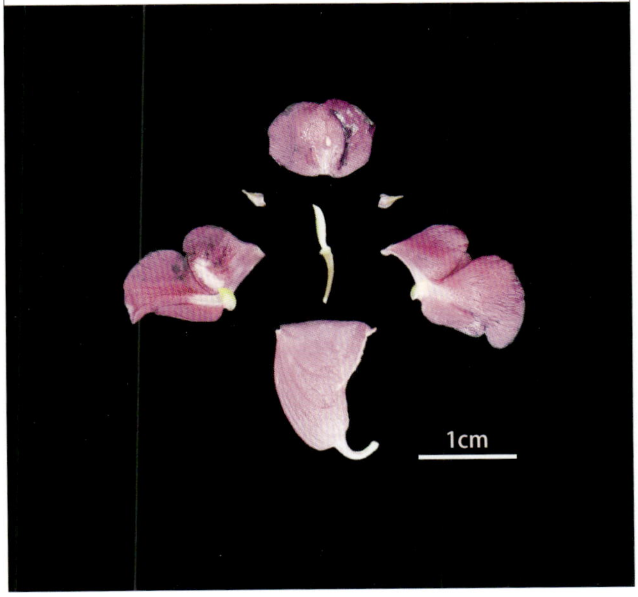

花枝 Flower branches

居群 Population

花正面观 Flower in front view

花侧面观 Flower in lateral view

花解剖 Flower anatomy

23. 苏丹凤仙花

Impatiens walleriana Hook. f.

多年生草本，肉质，无毛或很少在茎尖微被短柔毛。叶互生，叶柄有具柄腺体，叶片宽椭圆形或卵形至长圆状椭圆形，边缘具圆齿。花序生于茎上部及分支叶腋，通常 2（–5）花，有时具 1 花。苞片线状披针形或钻形。花朵大小及颜色多样，红色、深红、粉红色、紫红色、紫色或白色。侧生萼片 2，绿色或白色，卵状披针形或线状披针形。旗瓣宽倒心形或倒卵形；翼瓣无柄，2 裂；基部和上部裂片在大小和性状上几乎相等；基部裂片倒卵形或倒卵状匙形；上部裂片全缘或微缺；唇瓣浅舟状，急狭成内弯的距，距线形。花期 6–10 月。分布于世界各地，被广泛种植。生长于沿海林区、河边灌木丛、河边、阴凉处、潮湿处，也可在花园和温室中种植。

Perennial herb, succulent, glabrous or rarely slightly pubescent at shoot apices. Leaves alternate, petiole with stipitate glands, broadly elliptic or ovate to oblong-elliptic, margin crenate. Inflorescences in leaf axils of upper stem and branches, usually 2(–5)-flowered, sometimes 1-flowered. Bracts linear-lanceolate or subulate. Flowers variable in size and color: red, crimson-red, pink, purple-red, purplish violet, or white. Lateral sepals 2, greenish or whitish, ovate-lanceolate or linear-lanceolate. Upper petal broadly obcordate or obovate; lateral united petals not clawed, 2-lobed; basal and distal lobes nearly equal in size and shape; basal lobes obovate or obovate-spatulate; distal lobes margin entire or emarginate; lower sepal shallowly navicular, abruptly constricted into a curved spur, spur filiform. Fl. Jun–Oct. Distributed around the world and widely cultivated. Coastal forest areas, riverine thickets, river margins, shaded places, humid places, also cultivated in gardens and greenhouses.

24. 吴氏凤仙花

Impatiens wuchengyihii S. Akiyama & H. Ohba

多年生草本，全株被开展的柔毛。叶互生，叶片宽椭圆形至椭圆形，两面疏生短柔毛，边缘具圆齿。总花梗具 2 花。花黄色。侧生萼片 2 枚，披针形，被柔毛；旗瓣圆形；翼瓣 2 裂，基部裂片宽三角状倒卵形，上部裂片半圆形；唇瓣檐部舟状，基部收缩成距。花果期 7–11 月。分布于云南。生长于山谷阴湿处、水沟边，海拔 700 ~ 1500 m。

Perennial herb. Plants spreading tomentose. Leaves alternate, broadly elliptic to elliptic, both surfaces sparsely pubescent, margin crenate. Inflorescences 2–flowered. Flowers yellow; lateral sepals 2, linear, densely pubescent; lower sepal navicular, narrowed into a spur; upper petal orbicular; lateral united petals 2–lobed; basal lobes broadly triangular–obovate, distal lobes suborbicular. Fl. and fr. Jul–Nov. Shaded moist places in valley, streamsides, 700–1500 m. Distr. Yunnan.

花解剖 Flower anatomy

植株 Plant

花正面观 Flower in front view

花侧面观 Flower in lateral view

25. 金黄凤仙花

Impatiens xanthina H. F. Comber

多年生矮小草本。叶互生或近轮生，叶片披针形或椭圆状披针形，或长圆状匙形，边缘具圆齿状锯齿。总花梗具 1 或 2 花。花金黄色，喉部具紫褐色斑；侧生萼片 2，三角状卵形；旗瓣近圆形，僧帽状；翼瓣 2 裂，基部裂片圆形，上部裂片倒卵状斧形；唇瓣狭漏斗形，基部渐狭成卷曲的距。花果期 8–11 月。分布于云南、缅甸。生长于山谷、林下岩石边阴湿处，海拔 1600 ~ 2800 m。

Perennial herb, small. Leaves alternate or subverticillate, lanceolate, elliptic-lanceolate, or oblong-spatulate, margin crenate-denticulate. Inflorescences 1- or 2-flowered. Flowers golden-yellow, mouth purple-brown spotted; lateral sepals 2, triangular-ovate; lower sepal narrowly funnelform, gradually narrowed into an involute spur; upper petal cucullate, suborbicular; lateral united petals 2-lobed; basal lobes orbicular, distal lobes dolabriform or ovate-dolabriform. Fl. and fr. Aug–Nov. Shaded humid places in forest understories, valleys, 1600–2800 m. Distr. Yunnan; Myanmar.

居群 Population

植株 Plant

生境

花正面观 Flower in front view

花侧面观 Flower in lateral view

花解剖 Flower anatomy

26. 盈江凤仙花

Impatiens yingjiangensis S. Akiyama & H. Ohba

多年生草本。叶互生，叶片椭圆形或卵状椭圆形，边缘具浅圆齿。总花梗通常具 2 花。花粉红色或黄色；侧生萼片 2，圆形；旗瓣宽卵形；翼瓣 2 裂，基部裂片宽长圆形，上部裂片卵状斧形；唇瓣檐部舟状，基部急收缩成内卷的距。花期 5–11 月。分布于云南。生长于山谷密林中、河边湿地，或岩石上，海拔 1000 ~ 1400 m。

Perennial herb. Leaves alternate, elliptic or ovate–elliptic, margin shallowly crenate. Inflorescences usually 2–flowered. Flowers pink or yellow; lateral sepals 2, orbicular; lower sepal limb navicular, abruptly constricted into an involute spur; upper broadly ovate; lateral united petals 2–lobed; basal lobes broadly oblong, distal lobes ovate–dolabriform. Fl. May–Nov. Dense forests in valleys, moist places on riverbanks or stony places, 1000–1400 m. Distr. Yunnan.

花解剖 Flower anatomy

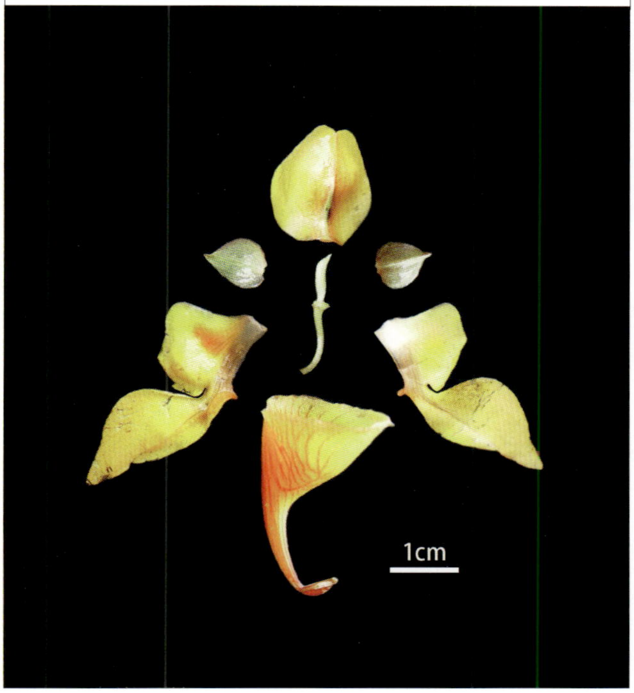

居群 Population

植株 Plant

花侧面观 Flower in lateral view

花正面观 Flower in front view

27. 拟金黄凤仙花

Impatiens xanthinoides G. W. Hu

一年生小草本。叶互生，披针形或椭圆状披针形，边缘具粗圆齿状小齿。花序 1 或 2 花。花金黄色，小。侧生萼片 2，淡黄色，披针形或狭卵形；旗瓣盔状，宽卵形；翼瓣具柄，近基部具红色条纹，基部裂片小，宽约 2 mm，椭圆形，上部裂片扇形。花果期 8–11 月。分布于云南。生长于溪边具苔藓的岩石上，海拔 900 ~ 1000 m。

Annual herb, small. Leaves alternate, lanceolate or elliptic–lanceolate, margin coarsely crenate–denticulate. Inflorescences 1– or 2–flowered. Flowers golden–yellow, small; lateral sepals 2, pale yellow, lanceolate or narrowly ovate; lower sepal obconic, limb navicular, base abruptly narrowed into an incurved spur; upper petal galeiform, widely ovate; lateral united petals stipitate, red striae nearly at base; basal lobes small, elliptic, ca. 2 mm wide, distal lobes fan–shaped. Fl. and fr. Aug–Sep. On the rocks mixed with mosses along streams, 900–1000 m. Distr. Yunnan.

植株 Plant

花正面观 Flower in front view

花侧面观 Flower in lateral view

花解剖 Flower anatomy

参考文献

[1] ÁLVAREZ I, WENDEL J F. Ribosomal ITS sequences and plant phylogenetic inference[J]. Molecular phylogenetics and evolution, 2003, 29(3): 417–434.

[2] CAI X Z, HU G W, CONG Y Y. *Impatiens xanthinoides* (Balsaminaceae), a new species from Yunnan, China[J]. Phytotaxa, 2015, 227(3): 261–267.

[3] CHASE M W, CHRISTENHUSZ M J M, FAY M F, et al. An update of the Angiosperm Phylogeny Group classification for the orders and families of flowering plants: APG IV[J]. Botanical Journal of the Linnean Society, 2016, 181(1): 1–20.

[4] CHEN Y L, AKIYAMA S, OHBA H. BALSAMINACEAE[M]//WU Z Y, RAVEN P H (eds). Flora of China: Vol 12. Beijing: Science Press; St. Louis: Missouri Botanical Garden Press. 2007: 43–113.

[5] DING S, LIU H, WANG B, et al. *Impatiens piufanensis* var. *villosa* (Balsaminaceae), a new variety from Hubei and Hunan, China[J]. Phytotaxa, 2022, 560(2): 241–246.

[6] DU C, LIAO S, BOUFFORD D E, et al. Twenty years of Chinese vascular plant novelties, 2000 through 2019[J]. Plant Diversity, 2020, 42(5): 393–398.

[7] FISCHER E, RAHELIVOLOLONA M E. New taxa of *Impatiens* (Balsaminaceae) from Madagascar. I[J]. Adansonia, 2002, 24(2): 271–294.

[8] FUJIHASHI H, AKIYAMA S, OHBA H. Origin and relationships of the Sino–Himalayan *Impatiens* (Balsaminaceae) based on molecular phylogenetic analysis, chromosome numbers and gross morphology[J]. Journal of Japanese Botany, 2002, 77: 284–295.

[9] GILG E F. Balsaminaceae africanae[J]. Botanische Jahrbücher fur Systematik, Pflanzengeschichte und Pflanzengeographie, 1909. 43: 97–128.

[10] Grey–Wilson C. *Impatiens* of Africa[M]. Rotterdam: A. A. Balkema, 1980.

[11] GU J Z, YANG N, PENG Y C, et al. *Impatiens shangjiangensis* (Balsaminaceae), a new species from Yunnan, China[J]. Annales Botanici Fennici, 2021, 58(4–6): 197–201.

[12] HU T, PENG S, ZHOU X, et al. Two new species of *Impatiens* (Balsaminaceae) from Gaoligong Mountains, Yunnan, China[J]. Phytotaxa, 2022, 566(3): 268–278.

[13] JANSSENS S B, GEUTEN K, YUAN Y M, et al. Phylogenetics of *Impatiens* and *Hydrocera* (Balsaminaceae) Using Chloroplast *atpB-rbcL* Spacer Sequences[J]. Systematic Botany, 2006, 31: 171–180.

[14] JANSSENS S B, GEUTEN K, VIAENE T, et al. Phylogenetic utility of the AP3/DEF K–domain and its molecular evolution in *Impatiens* (Balsaminaceae)[J]. Molecular Phylogenetics and Evolution, 2007, 43(1): 225–239.

[15] JANSSENS S B, VINCKIER S, BOSSELAERS, K., et al. (2019). Palynology of African *Impatiens* (Balsaminaceae)[J]. Palynology, 43(4), 621–630.

[16] MANSION G, STRUWE L. Generic delimitation and phylogenetic relationships within the subtribe

Chironiinae (Chironieae: Gentianaceae), with special reference to *Centaurium*: evidence from nrDNA and cpDNA sequences[J]. Molecular Phylogenetics and Evolution, 2004, 32(3): 951–977.

[17] HOOKER JD (1908) Les espèces du genre "*Impatiens*" : dans l' herbier du muséum de Paris[J]. Nouvelles Archives du Muséum d' Histoire Naturelle, Paris, 1908, 4(10) : sér 4, 10, 233 - 272.

[18] HOOKER J D, THOMSON T. Balsaminaceae. In: Praecursores ad floram Indicam[J]. Botanical Journal of the Linnean Society, 1859, 4: 106–157.

[19] HOOKER J D. The Flora of British India, Vol 1[M]. London: L. Reeve, 1875: 440–483.

[20] MORLON H, ROBIN S, HARTIG F. Studying speciation and extinction dynamics from phylogenies: addressing identifiability issues[J]. Trends in Ecology & Evolution, 2022, 37(6): 497–506.

[21] PENG S, CONG Y Y, TIAN J, et al. *Impatiens bullatisepala* (Balsaminaceae), a new species from Guizhou, China[J]. Phytotaxa, 2021A, 500(3): 217–224.

[22] PENG S, RONO P C, YANG J X, et al. Description of a new species and lectotypification of two names in *Impatiens* sect. *Racemosae* (Balsaminaceae) from China[J]. Plants, 2021B, 10(9): 1812.

[23] PENG Y C, PENG S, YANG N, et al. *Impatiens bomiensis* (Balsaminaceae), a new species from Xizang, China[J]. Nordic Journal of Botany, 2020, 38(8) :.

[24] PERRIER DE LA BÂTHIE H. Les *Impatiens* de Madagascar[J]. Archives de Botanique. Mémoire, 1934, 7(1):1–124.

[25] Schneeweiss G M, Colwell A, Park J M, et al. Phylogeny of holoparasitic *Orobanche* (Orobanchaceae) inferred from nuclear ITS sequences[J]. Molecular Phylogenetics and Evolution, 2004, 30(2): 465–478.

[26] SHIMIZU T , TAKAO S. Taxonomic Significance of the Inner Structure of the Ovary in the Genus *Impatiens* (Balsaminaceae) [J]. Botanical Magazine, Tokyo, 1982, 95: 89–99.

[27] SONG Y , YUAN Y M, KUPFER P. Seedcoat micromorphology of *Impatiens* (Balsaminaceae) from China[J]. Botanical Journal of The Linnean Society, 2005, 149(2):195–208.

[28] SONG Y X, CONG Y Y, KUANG R P, et al. *Impatiens sterilis*, a rare new species of *Impatiens* with reduced sterile inflorescences from Yunnan, China[J]. Taiwania, 2021A, 66(1): 48–52.

[29] SONG Y X, PENG S, CONG Y Y, et al. *Impatiens rapiformis*, a new species of *Impatiens* with root tuber from Yunnan, China[J]. Nordic Journal of Botany, 2021B, 39(5):1–7.

[30] SONG Y X, XIAO Y, PENG S, et al. Two new species of *Impatiens* from China, and taxonomic insights into the Longifilamenta Group, which is endemic to China[J]. Plants, 2021C, 10(8): 1697.

[31] Utami N, Shimizu T. Seed morphology and classification of *Impatiens* (Balsaminaceae)[J]. Blumea, 2005, 50(3): 447–456.

[32] VIVEKANANTHAN K, RATHAKRISHNAN N C, SWAMINATHAN M S, et al. Balsaminaceae[M]//Hajra P K, Chakraverty R K, Dixit R D, Mondal M S, Chatterjee U (eds). Flora of India: Vol 4. Kolkata: Botanical Survey of India, 1997: 95–229.

[33] WARBURG O, REICHE K. Balsaminaceae[M]//Engler H G A & Prantl K A E (eds). Die natürlichen Pflanzenfamilien: Teil 3. Leipzig: Wilhelm Engelmann, 1895: 383–392.

[34] WARBURG O. Balsaminaceae africanae[J]. Botanische Jahrbücher fur Systematik, Pflanzengeschichte und Pflanzengeographie, 1897, 22: 46–53.

[35] YU S X, JANSSENS S B, ZHU X, et al. Phylogeny of *Impatiens* (Balsaminaceae): integrating molecular and

morphological evidence into a new classification[J]. Cladistics, 2016, 32(2): 179–197.
[36] YUAN Y M , SONG Y, GEUTEN K, et al. Phylogeny and biogeography of Balsaminaceae inferred from ITS sequences data[J]. Taxon, 2004, 53(2): 391–403.
[37] ZHENG Y M, ZHANG G L, WU N F, et al. *Impatiens spiralis* (Balsaminaceae), a new species from Yunnan, China[J]. Nordic Journal of Botany, 2023, 2023(8): e03862.
[38] 蔡秀珍, 刘克明, 朱晓文, 等. 凤仙花属部分植物的花粉形态[J]. 园艺学报, 2008 (3): 389–394.
[39] 蔡秀珍, 易任远, 庄远红, 等. 凤仙花属植物种皮微形态特征在系统分类中的应用[J]. 园艺学报, 2013, 40(7): 1337–1348.
[40] 陈艺林. 国产凤仙花属植物的研究[J]. 植物分类学报, 1978, 16(2): 36–55.
[41] 陈艺林. 西藏凤仙花科新植物[J]. 植物分类学报, 1980, 18(3): 380–382.
[42] 陈艺林. 中国凤仙花属四新种[J]. 植物分类学报, 1989, 27(5): 395–404.
[43] 陈艺林. 横断山区新植物[J]. 植物分类学报, 1990, 28(6): 483–491.
[44] 陈艺林. 国产凤仙花属六新种[J]. 植物分类学报, 1999, 37(1): 88–99.
[45] 陈艺林. 国产凤仙花属三新种[J]. 植物分类学报, 2000, 38(6): 557–562.
[46] 陈艺林, 鲁迎青. 四川凤仙花属六新种[J]. 云南植物研究, 1990, 12(1): 22–30.
[47] 郭慧, 闫瑞亚, 张梅, 等. 凤仙花属总状花序组的花粉形态及其分类学意义[J]. 广西植物, 2016 (1): 83–95.
[48] 鲁迎青. 凤仙花属花粉形态及其分类学意义[J]. 植物分类学报, 1991, 29(4): 352–357.
[49] 马骥, 李新荣, 张景光, 等. 我国种子微形态结构研究进展. 浙江师范大学学报(自然科学版). 2005 (2): 121–127.
[50] 倪穗, 李纪元. 山茶属植物花粉形态的研究进展[J].江西林业科技,2007 (3): 41–43+55.
[51] 王茜, 杨旭东, 夏常英, 等. 凤仙花组（*Impatiens* sect. *Impatiens*）植物花粉形态研究[J]. 园艺学报, 2020, (05): 893–906.
[52] 夏常英. 凤仙花属（*Impatiens*）棒凤仙花亚属（subg. Clavicarpa）的系统学研究及分类修订[D]. 重庆: 西南大学, 2020.
[53] 于胜祥. 中国凤仙花[M]. 北京: 北京大学出版社, 2012.
[54] 袁桃花, 李美君, 任柳伊, 等. 中国野生凤仙花属物种多样性和地理分布数据集[J]. 生物多样性, 2022, 30(5):22019
[55] 曾蕾, 闫瑞亚, 张梅, 等. 凤仙花属棒凤仙亚属(凤仙花科)植物花粉形态的分类学意义. 广西植物, 2016, (10):1245–1252.
[56] 张林静, 郭慧, 李晓花, 等. 凤仙花属总状花序组的种皮微形态观察研究[J]. 园艺学报, 2016, 43(8): 1545–1554.
[57] 张彩飞, 彭帅, 田径, 等. 云南凤仙花属一新种及一新记录种（英文）[J]. 植物科学学报, 2020, 38(4): 437–447.
[58] YUAN Y M, FISCHER E, SMETS E, et al. Phylogeny and Biogeography of Balsaminaceae Inferred from ITS Sequences[J]. Taxon, 2004,53(2): 391–403.
[59] JANSSENS S, GEUTEN K, YUAN Y M, et al. Phylogenetics of *Impatiens* and Hydrocera (Balsaminaceae) Using Chloroplast atpB–rbcL Spacer Sequences[J]. Systematic Botany, 2006, 31: 171–180.
[60] BARTHLOTT W. Microstructural features of seed surfaces//Heywood H，Moore D. Current concepts in plant taxonomy[M]. London: Syst Asociat Acad Press., 1984.

[61] 鲁迎青, 陈艺林. 凤仙花属种子形态及其在分类学上的意义[J]. 植物分类学报, 1991, 29(3): 252–257.

[62] 刘长江, 林祁, 贺建秀. 中国植物种子形态学研究方法和术语[J]. 西北植物学报, 2004, 24(1): 178–188.

[63] SONG Y, YUAN Y M, KUPFER P. Seedcoat micromorphology of *Impatiens* (Balsaminaceae) from China[J]. Botanical Journal of The Linnean Society, 2005, 149(2): 195–208.

[64] GREY WILSON C. 1980b. *Impatiens* of Africa. Rotterdam: A.A. Balkema Press.

[65] LU YQ. 1991. Pollen morphology of *Impatiens* L. (Balsaminaceae) and its taxonomic implications. Journal of Systematics and Evolution 29: 352 – 357.

[66] JANSSENS SB, WILSON SY, YUAN YM, et al. 2012b. A total evidence approach using palynological characters to infer the complex evolutionary history of the Asian *Impatiens* (Balsaminaceae). Taxon 61: 355 – 367.

[67] YU SX, JANSSENS SB, ZHU XY, et al. 2016. Phylogeny of *Impatiens* (Balsaminaceae): Integrating molecular and morphological evidence into a new classification. Cladistics32: 179 – 197.

[68] ZENG L, YAN RY, ZHANG M, et al. 2016. Taxonomic significance of the pollen morphology of subgen. Clavicarpa (*Impatiens*, Balsaminaceae). Guihaia 36: 1245 – 1252.

[69] 蔡秀珍, 易任远, 庄远红, 等. 凤仙花属植物种皮微形态特征在系统分类中的应用[J]. 园艺学报, 2013, 40(07): 1337–1348.

[70] 张林静, 郭慧, 李晓花, 等. 凤仙花属总状花序组的种皮微形态观察研究[J]. 园艺学报, 2016, 43(8): 1545–1554.

中文名索引

E

F

G

H

J

K

L

拉丁名索引

M

N

O

P

Q

R

后 记

凤仙花科中的凤仙花属（*Impatiens*），作为开花植物物种最丰富的属之一，历来因其复杂的分类问题而让许多研究者深感困惑。尤其是一些类群的花形相近，形态上存在明显的连续变异现象，给物种界定带来了极大的挑战。自 19 世纪以来，许多欧洲植物分类学家如 J. D. Hooker 等人基于传教士从中国采集的标本描述了许多物种，其中有些物种在今天看来仍然充满不确定性，且考证起来困难重重。随着时间的推移，尽管现代分类学方法取得了长足进展，但凤仙花属的物种界定依然不能得到完全的解决。我们对凤仙花进行了多年的野外调查，常常需要在险峻的山地和潮湿的森林中跋涉，面对凤仙花属物种间复杂的形态差异，也需要仔细观察并不断积累标本和数据。每一份在野外的收获都凝结着汗水和坚持，而每一朵凤仙花的盛开，也仿佛在向我们展示着自然界的神奇与奥妙。

在此，我们要衷心感谢那些在我们野外调查过程中提供帮助的同行和专家们。无论是同行的植物学者，还是为我们提供支持的植物爱好者和当地工作人员，每一个人的付出都在这本书的成书过程中起到了至关重要的作用。没有他们的支持与帮助，许多野外考察也许将会困难重重。同时，也要特别感谢田代科、喻勋林、刘演、周繇、白新祥、牛洋、朱鑫鑫、蔡磊、郭世伟、李晓晨、罗强、熊驰、孟德昌、田琴、肖艳、周建军、杨斌、蒋洪、白增福、郭克疾、许敏、董上、杨家鑫、张玲、陈凯、彭令、包锦徽等，他们为本书提供了精美的彩色照片。书中的每一张彩色照片都让凤仙花属植物的美丽得以栩栩如生地呈现。正是有了这些照片的点缀，本书的内容才更加丰富与多维，呈现出凤仙花属那独特的、令人陶醉的魅力。

凤仙花属是一群极具多样性而又美丽的植物。编辑完成这本书，既是我们心中多年的一个愿望，也是我们团队在凤仙花研究过程中的一个阶段性总结。书稿的完成并非研究的终点，而是新的起点。后期我们将继续在该类群的分类、系统进化及资源保护等方面作更深入研究。